（2018年）

发电厂继电保护及自动控制技术应用研究

中国水力发电工程学会继电保护专业委员会 编

中国水利水电出版社
www.waterpub.com.cn
·北京·

内 容 提 要

本书是2018年“发电厂继电保护及自动控制技术应用研究”交流会暨中国水力发电工程学会继电保护专业委员会年会论文集，共收录32篇论文。这些论文汇聚了广大设计人员和工程技术人员大量的研究和实践成果，内容涉及继电保护、励磁、电站自动化等方面。论文集内容丰富，实用性强，对继电保护及自动控制技术从业者有较高参考价值和借鉴意义，可供相关学者、专家以及工程技术人员参考。

图书在版编目（CIP）数据

发电厂继电保护及自动控制技术应用研究. 2018年 / 中国水力发电工程学会继电保护专业委员会编. -- 北京 : 中国水利水电出版社, 2019.4
ISBN 978-7-5170-7496-0

Ⅰ. ①发… Ⅱ. ①中… Ⅲ. ①发电厂－电力系统－继电保护－研究②发电厂－电力系统－自动控制－研究 Ⅳ. ①TM621.3②TM77

中国版本图书馆CIP数据核字(2019)第041590号

书 名	发电厂继电保护及自动控制技术应用研究（2018年） FADIANCHANG JIDIAN BAOHU JI ZIDONG KONGZHI JISHU YINGYONG YANJIU（2018 NIAN）
作 者	中国水力发电工程学会继电保护专业委员会 编
出版发行	中国水利水电出版社 （北京市海淀区玉渊潭南路1号D座 100038） 网址：www.waterpub.com.cn E-mail：sales@waterpub.com.cn 电话：（010）68367658（营销中心）
经 售	北京科水图书销售中心（零售） 电话：（010）88383994、63202643、68545874 全国各地新华书店和相关出版物销售网点
排 版	北京时代澄宇科技有限公司
印 刷	北京印匠彩色印刷有限公司
规 格	184mm×260mm 16开本 12.5印张 304千字
版 次	2019年4月第1版 2019年4月第1次印刷
印 数	0001—1000册
定 价	**78.00**元

《发电厂继电保护及自动控制技术应用研究（2018年）》

编　委　会

前　言

2017年“发电厂继电保护及自动控制技术应用研究”交流会暨中国水力发电工程学会继电保护专业委员会年会在贵州顺利召开，会议由中国水力发电工程学会电力系统自动化专业委员会、中国水力发电工程学会继电保护专业委员会主办，三峡集团、上海利乾电力科技有限公司协办。

电源是电力系统的核心部分，更是智能电网不可或缺的一个重要组成部分。随着大型核电和水电以及新能源的大量建设，给发电厂继电保护及自动控制技术提出了新的要求。如何保证发电厂继电保护更加安全可靠、发电厂自动控制装置如何与智能电网配合协调，是继电保护和自动控制设备所面临的一个重大挑战。为此，中国水力发电工程学会继电保护专业委员会决定举办本次学术研讨会，研讨电厂继电保护、自动控制、励磁等专业在设计、运维、开发中存在的问题，分享并总结经验，交流各种保护和自动控制技术的解决方案，探讨新技术、新挑战及发展趋势等。

本次大会得到了电力各界人士的热烈响应，电力系统自动化及继电保护的前辈和多位专家学者给予了细致的关怀和指导。会议征集到多篇论文，精选出32篇出版。论文观点明确，主题突出，论证有力，密切联系本职工作，是生产管理工作的真切感受、实践经验的理性反思、技术方法的提炼总结，能够紧扣继电保护、自动化、励磁技术领域的实际问题，特别是抓住当前热点和难点问题寻求解决的方法，具有一定的针对性和实用价值。

在论文编辑出版过程中，我们得到了有关单位和人员的大力支持和帮助。借此机会，对积极组织、推荐论文的各发电公司、设计院、电科院、设备制造厂等单位的领导、工作人员和所有提交论文的作者表示衷心的谢意。

本次会议是在中国水力发电工程学会继电保护专业委员会的直接领导下召开的，协办单位为本次会议的召开开展了大量的工作，陈小明、陈俊、晋兆安等为本次会议的召开付出了艰辛的努力，中国水利水电出版社对本论文集的出版给予了热情的支持和帮助，在此一并表示衷心的感谢。

编者

2019年3月

目　录

二滩水力发电厂水轮发电机转子绕组匝间短路故障的在线监测

陈　俊[1]，张琦雪[1]，郭玉恒[2]，王思良[2]，任保瑞[2]，郝亮亮[3]

（1. 南京南瑞继保电气有限公司，江苏　南京　211102；2. 二滩水力发电厂，四川　攀枝花　617000；3. 北京交通大学电气工程学院，北京　海淀　100044）

【摘　要】　转子绕组匝间短路是大型发电机常见的电气故障，该故障初期隐蔽性很强，故障特征微弱，若任故障持续发展会造成励磁电流增加、输出无功减小、机组振动加剧、大轴磁化等一系列恶劣后果。二滩水力发电厂的多台机组在大修时发现转子匝间短路，为实现对故障的在线监测，首先建立了故障的数学模型，实现了故障的数字仿真；根据仿真结果，并对比其他电气故障特征，得出了该故障的独有特征，据此实现故障的在线监测；开发了在线监测装置，并在二滩水力发电厂4号机组上投运。灵敏性分析表明，装置能实现对转子绕组1匝短路故障的灵敏监测。

【关键词】　转子绕组匝间短路；在线监测；二滩水力发电厂；数学模型；故障特征

0　引言

转子绕组匝间短路是大型同步发电机常见的一种电气故障，近年来对该故障的报道屡见不鲜。轻微的短路故障不会给发电机带来严重的后果，但若无法实现故障的早期诊断，而任其不断恶化，会引起励磁电流的增加、输出无功能力的降低以及机组振动的加剧。故障还有可能恶化为发生在励磁绕组与转子本体之间的一点或两点接地故障，严重时还可能会烧伤轴颈、轴瓦，给发电机组及电力系统的安全稳定运行带来巨大的威胁。

二滩水力发电厂的水轮发电机也曾发生转子绕组匝间短路故障，2015年对1号机组进行交流阻抗及功率损耗测量中经过反复检查，确定共18个磁极交流阻抗值偏低，存在匝间短路现象。随后水电厂对6个交流阻抗值最低的磁极进行了更换，但其余12个磁极交流阻抗值仍然偏低，需要择机进行更换。为避免这些存在安全隐患的磁极故障恶化，需要进行持续有效的监测。

事实上，除加工工艺不良以及绝缘缺陷等原因造成的稳定性转子绕组匝间短路外，发电机转子高速旋转中励磁绕组承受离心力造成绕组间的相互挤压及移位变形、励磁绕组的热变形、通风不良引起的局部过热以及金属异物等是导致转子绕组发生匝间短路的重要原因，这些原因引起的动态匝间短路故障多在发电机的实际运行中发生。如果能够在发电机运行中实现对转子绕组匝间短路故障的在线监测，及时发现处于萌芽期的小匝数早期故障，监视其发展并确定是否需要检修，就能避免轻微的故障恶化成为严重的匝间短路或转子接地故障。这对保障大型发电机的安全运行具有重要的意义，因此有必要深入研究并实现二滩水力发电厂水轮发电机转子绕组匝间短路故障的在线监测。

本文通过建立故障的数学模型，实现对二滩水力发电厂水轮发电机转子匝间短路故障的数字仿真，并据此得到故障的电气特征；采用故障录波TA所提供的定子分支电流和相电流，得到定子不平衡电流，进而实现故障的在线监测；开发在线监测装置，根据相关录波数据对监测定值进行整定。灵敏性分析表明，装置能实现对故障的灵敏监测。

1 二滩水力发电厂发电机转子绕组匝间短路故障的仿真及故障特征分析

1.1 转子绕组匝间短路故障的数学模型

在转子绕组匝间短路故障的数学建模中，会遇到许多不同于正常运行及定子绕组内部故障的新问题。首先，虽然定子绕组是正常的，但故障励磁绕组产生的空间谐波磁场会在相绕组内部感应不平衡电流，而且发生在转子的故障将导致发电机拓扑结构改变，需要重新建立适用于转子绕组匝间短路故障的数学模型。其次，由于故障将会引起转子各极励磁绕组的结构差异（除非各极都发生同样的故障），与励磁绕组相关的电感参数的计算同正常时及定子内部故障时均有所不同，还需要建立转子绕组的电感参数模型（包括励磁绕组电感、励磁与阻尼互感）以及定子和转子绕组之间的互感参数模型。

参考文献［1］列出以定子、转子所有回路电流为变量的状态方程，即

$$(\boldsymbol{M}'+\boldsymbol{M}_{\mathrm{T}})\,p\boldsymbol{I}'+(p\boldsymbol{M}'+\boldsymbol{R}'+\boldsymbol{R}_{\mathrm{T}})\,\boldsymbol{I}'=\boldsymbol{E} \tag{1}$$

式中：$\boldsymbol{I}'$为定子、转子各回路的电流，在转子方面包括励磁绕组的正常回路和故障附加回路，由所有阻尼条构成的网型回路；$\boldsymbol{M}'$为回路电感矩阵，由于定子、转子之间的相对运动产生，为时变矩阵；$\boldsymbol{R}'$为回路电阻矩阵；$\boldsymbol{R}_{\mathrm{T}}$与电网线路及变压器的漏感、电阻和励磁系统的内电感、内电阻有关，都是常数方阵；$\boldsymbol{E}$由电网电压和励磁系统电源电压组成，是已知的列向量。

式（1）为同步发电机转子绕组匝间短路故障的多回路数学模型，该模型通过了动模样机的实验验证，基于该模型可对二滩水力发电厂水轮发电机发生的转子绕组匝间短路故障进行仿真。

1.2 二滩水力发电厂发电机转子绕组匝间短路故障的仿真结果

图1为二滩水力发电厂水轮发电机发生励磁绕组19%匝间短路故障的仿真波形，限于篇幅仅列出定子a1和a2分支电流、定子三相电流及励磁电流波形。

由图1可见，故障前后定子各分支电流较故障前明显增大，但定子相电流基本保持不变；故障后励磁电流的直流分量明显增大，且出现了正常运行时没有的谐波分量。由于图1比较密集，图2分别把对应的故障前和故障后的稳态波形进行了对比。

由图2（a）和图2（b）可更清楚地看到，故障后定子分支电流不仅大于正常运行，且出现了正常运行时没有的谐波分量；由图2（c）可见，故障后定子两分支间出现了明显的谐波差流；虽然励磁电流出现了谐波分量，但谐波分量明显较直流分量小得多。

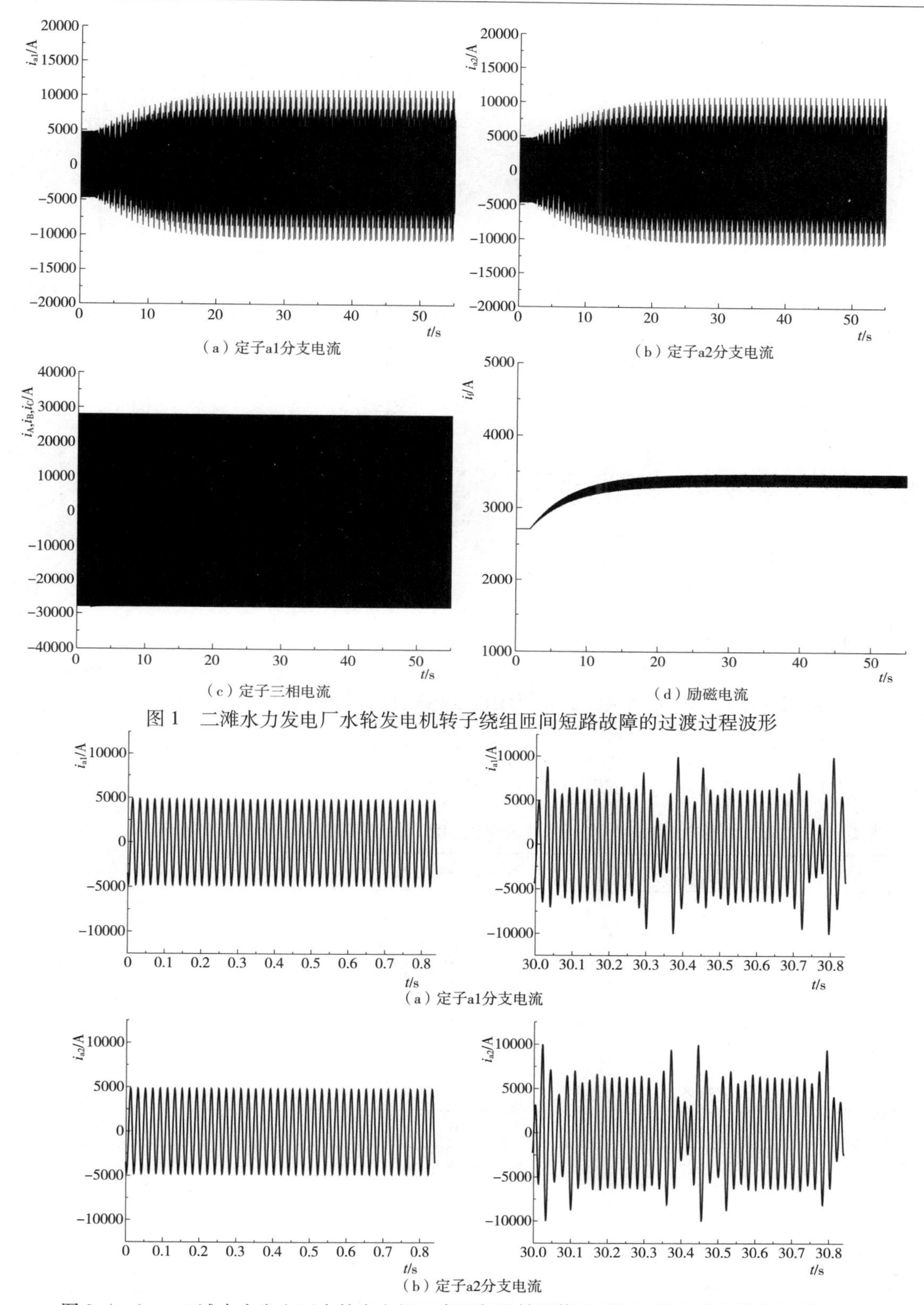

（a）定子a1分支电流

（b）定子a2分支电流

（c）定子三相电流

（d）励磁电流

图 1　二滩水力发电厂水轮发电机转子绕组匝间短路故障的过渡过程波形

（a）定子a1分支电流

（b）定子a2分支电流

图 2（一）　二滩水力发电厂水轮发电机正常运行及转子绕组匝间短路故障的稳态波形对比

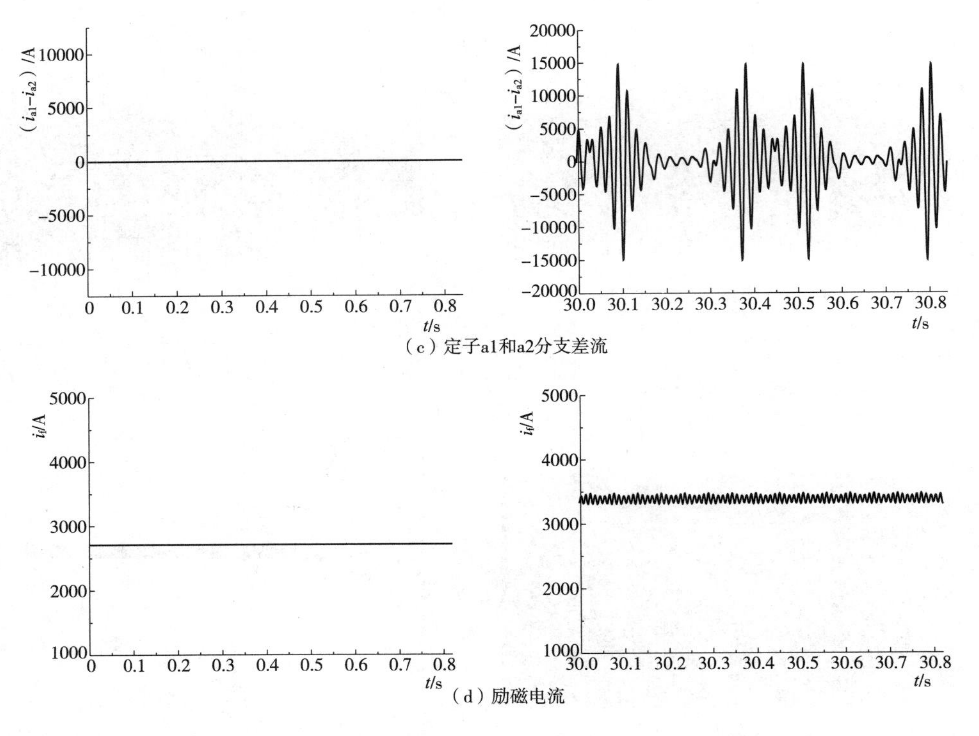

（c）定子a1和a2分支差流

（d）励磁电流

图 2（二） 二滩水力发电厂水轮发电机正常运行及转子绕组匝间短路故障的稳态波形对比

1.3 二滩水力发电厂水轮发电机转子绕组匝间短路故障特征分析

为了进一步分析二滩水力发电厂水轮发电机发生转子绕组匝间短路的故障特征，对故障前后的各电流稳态波形进行了 FFT（快速傅里叶变换）分析，见表 1。

表 1 二滩水力发电厂水轮发电机发生转子绕组匝间短路的稳态电流傅里叶分析结果 单位：A

稳态电气量各次谐波分量		故障前正常稳态	转子绕组匝间短路
a1 分支电流各次谐波的有效值	1/21 次	0	101.9
	2/21 次	0	128.2
	3/21 次	0	36.4
	4/21 次	0	51.6
	5/21 次	0	17.4
	6/21 次	0	59.3
	7/21 次	0	93.8
	8/21 次	0	32.7
	9/21 次	0	80.1
	10/21 次	0	62.0
	11/21 次	0	93.5
	12/21 次	0	303.5

续表

稳态电气量各次谐波分量		故障前正常稳态	转子绕组匝间短路
a1 分支电流各次谐波的有效值	13/21 次	0	465.3
	14/21 次	0	393.5
	15/21 次	0	17.1
	16/21 次	0	99.7
	17/21 次	0	670.6
	18/21 次	0	1111
	19/21 次	0	1308
	20/21 次	0	1381
	基波	3402	3402
	22/21 次	0	1309
励磁电流各次谐波的有效值	直流分量	2709.1	3346
	6/21 次	0	59.94
	12/21 次	0	32.03
	18/21 次	0	18.65
	24/21 次	0	3.15
	30/21 次	0	46.05
	36/21 次	0	27.22
	2 次	0	13.73

从仿真波形及表 1 可以看到，二滩水力发电厂水轮发电机发生转子绕组匝间短路后的故障特征如下：

（1）故障前后定子相电流大小基本不变，且均以基波为主。

（2）故障后定子分支出现正常时不存在的 1/21 次、2/21 次等一系列与极对数相关（二滩水力发电厂水轮发电机极对数为 21）的分数次谐波电流。

（3）正常运行时分支差流为零，故障后出现了明显的分支谐波差流（也为 1/21 次、2/21 次等分数次谐波）。

（4）故障后励磁电流的直流分量变大，且出现了幅值很小的离散次数的分数次谐波分量。

2　二滩水力发电厂水轮发电机转子绕组匝间短路故障的在线监测装置

2.1　监测对象的选取

若要实现对转子绕组匝间短路故障的在线监测，所选取的监测对象需满足两个基本要求：①特征量不能太小，特征量太小必然会给监测带来难度；②需保证所选取监测对象的特征具有排他性，是转子绕组匝间短路故障所独有。

从表1可见，故障后的励磁电流交流分量十分小。这是因为阻尼绕组的存在，故障引起的转子故障成分主要分布在阻尼电流中。因此，励磁电流不适宜作为监测对象。

由参考文献［2］可知，同步发电机发生定子机端外部短路时，定子稳态电流中仅存在基波及3次、5次等奇数次谐波；转子稳态电流中仅存在直流分量及2次、4次等偶数次谐波。当发生定子内部短路（包括匝间短路、相间短路）时，虽然短路的定子绕组也会产生分数次和偶数次空间谐波磁场，但该磁场仅在定子中感应基波及奇数次谐波电流。由参考文献［3］可知，当发生定子分支开焊故障时，定子和转子也分别出现与定子内部短路相同的谐波。而发生定子单相接地故障时，仅定子会出现基波零序电压及3次谐波电压，而不会对定子分支电流产生明显影响。

由参考文献［4］可知，当发生转子偏心（主要指静偏心）故障时，定子分支不平衡电流也仅为基波及奇数次谐波，仍不会产生偶数次及分数次谐波。发生在转子的一点接地故障不会引起气隙磁场的畸变，在定子侧无反应。而转子两点接地故障同样导致励磁绕组部分短路，其引起的定子不平衡电流特征与转子绕组匝间短路故障相同。但GB/T 14285—2006《继电保护和安全自动装置技术规程》中要求1MW及以上的发电机均应装设专用的转子一点接地保护装置，现场发生两点接地故障的可能性较小。并且由于保护原理的不完善，目前的发电机并无专用的转子两点接地故障保护。考虑到转子两点接地故障的危害性，若发生转子两点接地故障，并导致转子绕组匝间短路故障监测的报警也是合理的。

另外，某些异常工况（如系统振荡）也可能引起定子各分支及相电流的偶数及分数次谐波。但此时引起的定子电流在同相各分支是相等的，不会导致相绕组内部不平衡电流的产生。

综上，发生在定子和转子的各种故障及异常工况均不会产生定子相绕组内部1/21次、2/21次等与极对数相关的一系列分支不平衡电流，该电气特征为二滩水力发电厂水轮发电机转子绕组匝间短路故障的独有特征，且从仿真中可以看出该特征在故障后十分明显。

2.2 基于定子稳态不平衡电流有效值的在线监测装置

由于定子稳态不平衡电流中的这些分数次谐波均由转子绕组匝间短路故障引起，且不同于其他故障以及系统振荡等不正常状态，如果将该不平衡电流的稳态总有效值而非某一单次谐波有效值作为参考量，可包含所有的故障特征量，实现故障特征的最大程度提取。实际应用中采用不平衡电流滤除基波及奇数次谐波后的其他不平衡电流总有效值作为监测判据。

PCS－988A发电机转子绕组匝间故障监测装置检测发电机定子绕组分支（组）TA及零序电流型横差TA电流，通过计算定子不平衡电流的有效值，实现发电机转子绕组匝间故障的监测。PCS－988A装置的主要功能有：

（1）转子绕组匝间短路故障的监测。

（2）异常功能的判别：TV断线和TA异常的判别。

（3）辅助功能，包括通信、录波、打印、对时、人机交互、装置自检、事件记录等。

PCS－988A的产品部署视图如图3所示。装置可接入机端TV、机端TA、励磁变TA、中性点TA以及零序电流横差TA。

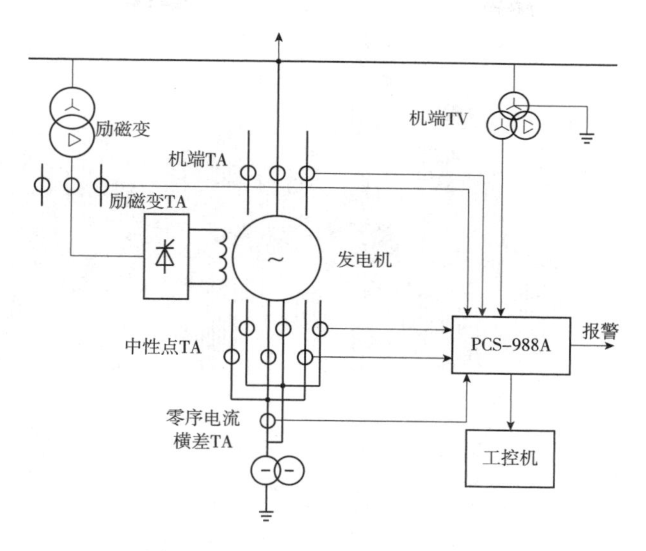

图 3　PCS－988A 的产品部署视图

3　二滩水力发电厂发电机转子绕组匝间短路在线监测装置的定值整定及灵敏性分析

图 4 是 2017 年 3 月 17 日对 4 号机正常运行时单元件横差电流 i_{o1} 和 i_{o2} 的录波数据，当时该发电机的有功功率约为 0.8p.u.，无功功率约为 0.02p.u.。

经过离线的傅里叶分析，可知：①横差 1 的不平衡电流总有效值为 0.62A，基波有效值为 0.50A，3 次谐波有效值为 0.12A，其他谐波有效值为 0.35A；②横差 2 的不平衡电流总有效值为 0.65A，基波有效值为 0.51A，3 次谐波有效值为 0.2A，其他谐波有效值为 0.35A。

监测定值应按躲过发电机空载及并网额定运行情况下的最大不平衡电流整定。从可靠防误动的角度，并且考虑到发电机未满载，乘以 2 倍的可靠系数，取单元件横差电流 Ⅰ 段定值监测定值为 0.35×2＝0.70A，Ⅰ 段延时取为 90s。单元件横差电流 Ⅱ 段定值考虑乘以 4 倍的可靠系数，取为 0.35×4＝1.40A，Ⅱ 段延时取 60s。

当监测 Ⅰ 段报警时应密切关注发电机的运行情况，而当监测 Ⅱ 段报警时应尽快转移机组负荷平稳停机进行检查。

为定量描述监测原理反映转子绕组匝间短路故障的灵敏性，定义监测的灵敏系数为转子绕组匝间短路故障时定子不平衡电流总有效值与监测定值的比值。显然对于不同短路匝数的故障，监测的灵敏系数也不同。采用前文提出的数学模型可计算出不同位置、不同匝数金属性短路时的不平衡电流有效值，进而得到发生相应短路故障时监测的灵敏系数，当灵敏系数 $k_{sen} \geqslant 1.2$ 时认为监测能灵敏报警。

采用经实验验证的转子匝间短路故障计算模型对二滩水力发电厂发电机不同匝数短路时进入零序电流型横差保护 TA 的稳态不平衡电流有效值进行计算，见表 2（二次值，不含基波和 3 次谐波分量）。

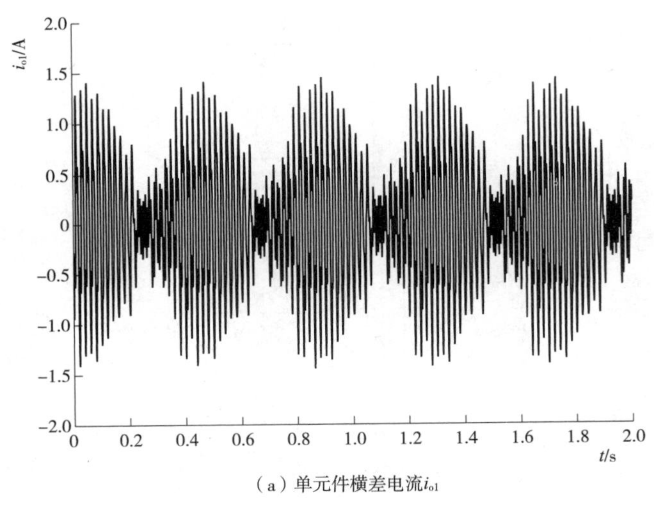

（a）单元件横差电流i_{o1}

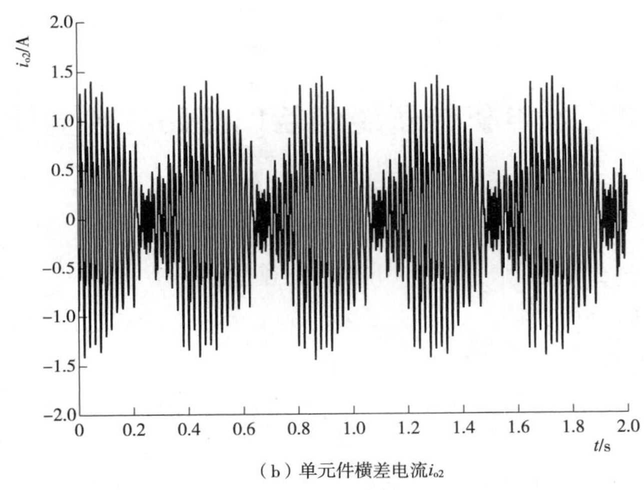

（b）单元件横差电流i_{o2}

图 4　4 号机正常运行时单元件横差电流实测录波波形

表 2　不同匝数短路时进入零序电流型横差保护 TA 的稳态不平衡电流有效值（二次值）

短路匝数	1	2	3	4	5
不平衡电流有效值/A	1. 11	2. 22	3. 34	4. 45	5. 56

从表 2 可以看出，短路 1 匝的不平衡电流有效值已达 1. 11A。此时，理论上对于单匝金属性短路，Ⅰ段的监测灵敏性已经达到 1. 11/0. 70＝1. 59，非常灵敏。

4　结语

转子绕组匝间短路是大型水轮发电机经常发生的电气故障，本文基于二滩水力发电厂水轮发电机故障时的仿真结果，提出了基于与极对数相关的稳态不平衡电流有效值的在线监测方法，并研发了在线监测装置。目前装置运行正常，灵敏性分析表明，监测装置可实现对二滩水力发电厂 4 号机组金属性短路的无死区灵敏监测。

参考文献

[1] 郝亮亮，孙宇光，邱阿瑞，等. 同步发电机励磁绕组匝间短路故障稳态数学模型及仿真［J］. 电力系统自动化，2010，34（18）：51－56.

[2] Gao J D，Zhang L Z，Wang X H. AC Machine Systems［M］. Beijing：Tsinghua University Press and Springer，2009.

[3] 孙宇光. 同步发电机定子绕组内部故障的暂态仿真和保护分析［D］. 北京：清华大学，2003.

[4] 诸嘉惠，邱阿瑞. 转子偏心对凸极发电机主保护不平衡电流的影响［J］. 电力系统自动化，2009，33（7）：57－60.

[5] 郝亮亮，孙宇光，邱阿瑞，等. 基于主保护不平衡电流有效值的转子匝间短路故障监测［J］. 电力系统自动化，2011，35（13）：83－87，107.

作者简介

陈　俊（1978—　），男，高级工程师，从事电气主设备微机保护的研究和开发工作。E－mail：chenj@nrec.com

张琦雪（1974—　），男，高级工程师，从事电厂继电保护及自动化装置研发工作。

郭玉恒（1972—　），男，高级工程师，从事水电运行与技术管理工作。

王思良（1986—　），男，工程师，从事电力系统继电保护及发电厂自动化控制工作。

任保瑞（1983—　），男，高级工程师，从事电力系统继电保护及发电厂自动化控制工作。

郝亮亮（1985—　），男，副教授，研究方向为电气主设备保护与监测。

基于直采电网频率提高一次调频及 AGC 性能的分析

刘剑平

（浙江浙能嘉华发电有限公司，浙江　嘉兴　314201）

【摘　要】　本文对一次调频的原理和主要技术指标进行了详细介绍，提出一系列信号采集及逻辑优化提高一次调频考核指标的优化方案，使火电机组的一次调频技术指标满足华东电网的要求，实现稳定电网频率的目的。

【关键词】　火电机组；频率；一次调频；AGC

0　引言

电网频率是衡量电网质量的一个重要指标。提供合格的电能，保证电网的安全，是所有并网电厂的职责和义务。当系统发生大的事故，系统出力发生突变时，如果机组具有一次调频能力，系统频率的波动幅度、周期会比未投入一次调频小得多。机组的一次调频对维持电网频率的稳定有极其重要的作用，特别是对于那些快速调节机组比重小的电网尤为关键。

1　系统概述

嘉兴火电厂 6 号机组为亚临界、一次中间再热、单轴四缸四排汽凝汽式汽轮机。汽轮机调节和控制系统主要由集散控制系统（distributed control system，DCS）和数字电液控制系统（digital electric－hydraulic control system，DEH）组成。

2　机组一次调频控制逻辑

一次调频是 DEH 与协调控制系统（coordination control system，CCS）相互配合、共同作用的结果，既要实现电网一次调频的快速性，又要保持控制系统的整体协调性。在汽轮机快速响应外界负荷指令和频率变化的同时，锅炉也跟随汽轮机快速响应，调节锅炉燃料，维持主汽压力的稳定，满足汽轮机的需求。

2.1　DEH 侧的一次调频

机组 DEH 侧一次调频控制采用常规的控制策略，采用转速不等率 5%，±2r/min 死区计算出转速差对应的流量指令信号，并与总阀位指令进行叠加。DEH 阀位控制模式如图 1 所示。

DEH 阀位控制模式下，一次调频对应的阀位与总阀位指令叠加经过阀门流量管理模块计算后转换成各个调节阀的阀位开度。该调频回路为开环控制过程，电网频率变化时，保证机组负荷对一次调频的快速响应。

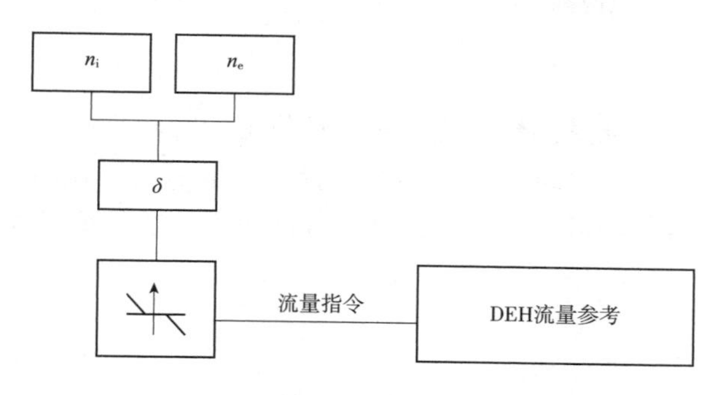

图 1　DEH 阀位控制模式

DEH 功率控制模式下，一次调频对应的阀位和给定的阀位指令叠加后与实际负荷指令通过功率调节器实现机组的功率闭环控制。该模式在机组正常运行方式下一般不投用，而采用 CCS 控制。

2.2　CCS 侧的一次调频

汽轮机实际转速以网间变量形式由 DEH 传递至 CCS，在 CCS 逻辑中实际转速通过函数 $f(x)$ 变为频率。根据转速不等率 5%和 0.0333Hz 的死区计算出调频的功率。经过一阶滞后环节进行滤波、功率限幅，限速率模块后叠加在给定负荷指令中，并将机组的负荷指令计算机分别送至锅炉主控和汽机主控，由汽机主控 PI 调节器实现机组功率闭环校正功能。锅炉主控的压力调节器平衡机前压力，以消除一次调频过程中阀门快速动作引起的主蒸汽压力波动，维持机组的稳定。

3　机组一次调频的主要参数依据

3.1　一次调频稳定时间

一次调频稳定时间是指转差或频差超出一次调频死区开始到机组负荷最后一次进入偏离稳态值偏差为±5%范围之内，且以后不再越出此范围的所需要的时间。机组投入 CCS 或自动发电控制（automatic gain control，AGC）运行时，应剔除负荷指令变化的因素。机组参与一次调频的稳定时间应小于 1min。

3.2　转速不等率

转速不等率为，在额定参数下，机组由零功率升至额定功率对应的转速变化与额定转速比值的百分数。机组转速不等率应为 4%～5%，该技术指标不计算调频死区影响部分。

3.3　一次调频响应时间

一次调频响应时间是指转差或频差超出一次调频死区开始到机组负荷可靠地向调频方向开始变化的时间。机组参与一次调频的响应时间应小于 3s。

3.4 一次调频死区

一次调频死区是指一次调频调节系统在额定转速附近对转速或网频的不灵敏区。为了在电网周波变化较小的情况下提高机组运行的稳定性，一般进行一次调频。在额定转速附近，一次调频调节系统对转差或频差存在不灵敏区，因此机组调节系统设置有一次调频死区。一次调频死区应在±0. 033Hz 或±2r/min 范围内。

3.5 一次调频响应滞后时间

一次调频响应滞后时间是指转差或频差最后一次超出一次调频死区开始到机组负荷向正确的调频方向开始变化的时间。机组一次调频响应滞后时间应小于 3s。

3.6 一次调频负荷响应速度

机组一次调频负荷响应速度应满足：燃煤机组达到 75%目标负荷的时间应不大于 15s，达到 90%目标负荷的时间应不大于 30s，燃气轮机机组负荷达到 90%目标负荷的时间应不大于 15s。

3.7 一次调频负荷变化幅度

机组参与一次调频的调频负荷变化幅度下限应大于机组稳燃负荷，机组参与一次调频的调频负荷变化幅度上限应进行限制，限制幅度在（6%～10%）额定功率之间；额定负荷运行的机组，应参与一次调频，增负荷方向最大调频负荷增量幅度不小于 3%额定功率。

3.8 一次调频最大调频负荷增量幅度

额定负荷运行的机组，应参与一次调频，增负荷方向最大调频负荷增量幅度不小于 5%额定功率。

4 机组一次调频动作优化分析

4.1 信号源的误差分析

机组 DEH 侧一次调频原有控制采样信号源是转速信号，其测量范围为 0～3000r/min，最小误差为 1r/min。在一次调频±12r/min 的调速偏差范围内，将达到最大 8. 333%的误差。若再加上±2r/min 死区计算出转差，将导致一次调频的启动偏差较大。一次调频测量范围见表 1。

表 1　一次调频测量范围

转速/（$r \cdot min^{-1}$）	模拟量	频率/Hz
+12	20	+0. 200
0	12	0
−12	4	−0. 200

在表 1 量程范围内，转速 24 个点对应频率 400 个点。转速误差是频率信号误差的 16 倍。因此，应考虑是否采用频率来替代转速信号，使折算后最大转速偏差降低到 0.52%左右。因此，直采电网频率作为 DEH 调节信号将使一次调频动作更精准。

4.2 调频死区因素

调频死区是一次调频最重要的参数之一。调频死区设置的大小关系着一次调频的响应速度以及出力。死区设置过小，即使轻微的频率偏差也可能引起调速器动作，从而导致发电机阀门的频繁调节，影响机组的使用寿命和系统的稳定性；死区设置过大，当系统发生较大功率缺额时调速器不动作，不利于一次调频快速动作提升频率到规定的范围之内，影响系统一次调频能力，甚至可能导致重大事故。一次调频死区设置参数见表 2。

表 2　一次调频死区设置参数

机组号	机组容量/MW	不等率/%	死区/ $(r \cdot min^{-1})$
1	330	5	-1.5~1.4
2	330	5	-1.8~1.8
5	660	5	-1.6~1.5
6	660	5	-1.6~1.5
7	1000	5	-1.698~1.698
8	1000	5	-1.698~1.698

在实际应用过程中，根据每台机组的不同特性，通过试验差异化设置死区。为了加快机组对一次调频的响应速度，将一次调频的死区由±2r/min 改为±1.6r/min，导致发电机阀门频繁调节，故障率有明显上升。因此，本次将死区改为±1.8r/min，以缩短设备故障周期。

4.3 负荷增量达标分析

为了保证机组调节的负荷增量达到电网 5%的要求，拟加强转速不等率控制，使其不等率偏差为 4.5%。不等率计算公式为

$$\delta = -\frac{\Delta f}{f_N}\left(\frac{\Delta P}{P_N}\right)^{-1} \times 100\%$$

式中：δ 为转速不等率,%；ΔP 为一次调频的功率调节量；P_N为额定功率；f_N为额定频率。

修改转速不等率为 4.5%，使机组一次调频在发电机转速每变化 1r/min 功率调节量为 4.44MW，通过这种方式增加调门开度，进而提高负荷增量。一次调频频差与负荷修正函数的关系见表 3。

表 3　频差与负荷修正表

转差/ $(r \cdot min^{-1})$	频差/Hz	负荷修正量/MW
11	0.183	39.9
2	0.033	0
2	-0.033	0
-11	-0.183	-39.9

4.4 试验结果分析

转速差为 2r/min 时进行机组一次调频响应试验，得到如下结论：当机组负荷为 580MW 和 390MW 时，一次调频响应时间分别是 1.1s 和 1.5s，开始的 15s 内机组实际调节量达到稳定后，负荷增量分别为 8.1MW 和 9.3MW；试验时负荷理论调节量为 8MW，因此试验结果完全满足电网的要求。

转差为 4r/min 时进行机组一次调频响应试验，得到如下结论：当机组负荷为 570MW 和 390MW 时，一次调频响应时间分别是 1.6s 和 1.3s，15s 稳定后负荷增量分别为 17.9MW 和 19.2MW；试验时负荷理论调节量为 16MW，因此试验结果完全满足电网要求。

5 结语

本文从机组的调频原理及电网对电厂实时性考核出发，提出一系列信号采集及逻辑优化提高一次调频考核指标的优化方案，使机组的一次调频技术指标满足华东电网的要求，实现稳定电网频率的目的。

参考文献

[1] 沈丛奇，归一数，程际云，等. 快动缓回一次调频策略［J］. 电力系统自动化，2015，39（13）：158－162.
[2] 华北电力科学研究院有限责任公司. 火力发电机组一次调频试验及性能验收导则［S］. 北京：中国标准出版社，2013.

作者简介

刘剑平（1970— ），男，浙江兰溪人，高级工程师，工学学士，主要从事发电厂设备管理工作。

系统冲击对参与汽轮机DEH调节的功率变送器的影响及应对措施

江　蓉，陈建斌

（福建华电可门发电有限公司，福建　福州　350500）

【摘　要】　分析系统冲击过程中发电机功率变送器输出畸变导致机组协调控制功能混乱的原因，并提出相关预防控制措施。通过采用新型智能变送器抑制系统冲击时直流以及谐波分量造成的发电机功率变送器输出畸变，减小输出信号时延，加强功率变送器4~20mA输出信号接地屏蔽减小干扰，大大提高了机组协调控制功能的有效性。应用实践表明，新型智能变送装置可以很好地满足机组DEH调节的要求。

【关键词】　功率变送器；DEH系统；干扰；谐波；直流分量

0　引言

随着电力系统自动化程度的提高，发电厂DCS、DEH、AVC、AGC、协调控制等自动化设备得到广泛应用。发电机功率（含有功、无功功率）作为其中的一个重要参数，其可靠、稳定性不但直接影响到自动化设备的运行，而且对发电机组的安全运行也有十分重要的影响。2013年6月1日乐清电厂一回出线因雷击接地故障导致2台机组误切机，浙江省调的调查结论为电网故障时机组功率变送器输出值发生畸变是导致机组误切的根本原因。可门公司在2014年以来也发生过多起因系统冲击导致机组协调控制功能混乱事件，本文结合相关事件调查处理过程分析功率变送器输出畸变的原因并提出相关预防控制措施。

1　事件概况

可门公司共4台600MW汽轮发电机，采用3/2主接线，经500kV同杆双回线路接入福州北500kV站，如图1所示。

2014－2－27 3：39：03 500kV水笠线B相故障重合不成功跳闸，可门公司受到系统冲击，导致1号机组（410MW）－112MW触发机组RB、2号机组+113MW、3号机组-32MW、4号机组-38MW。

2014－3－15 19：47：12 500kV笠福线跳闸，B相故障重合不成功跳闸，可门公司受到系统冲击导致1号机组+69MW、2号机组-13.8MW、3号机组+7MW、4号机组+37MW。

2014－3－19 18：53：57 500kV川宁线跳闸，B相瞬时接地故障重合成功，可门公司受到系统冲击导致1号机组-3.6MW、2号机组+20MW、3号机组-113MW、4号机组+0.5MW。各机组在系统冲击过程中的功率变化情况见表1。

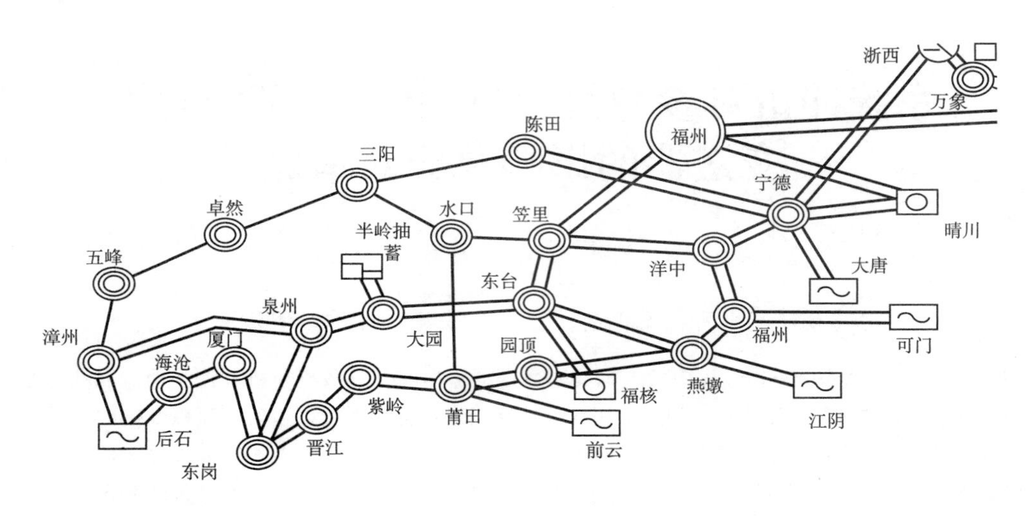

图 1　福建省 500kV 网架主接线图

表 1　　**各机组在系统冲击过程中的功率变化情况**　　单位：MW

波动情况分析		2014－2－27 3：39		2014－3－15 19：47		2014－3－19 18：53	
		500kV 水笠线跳闸		500kV 笠福线跳闸		500kV 川宁线跳闸	
		故障录波	DCS 系统	故障录波	DCS 系统	故障录波	DCS 系统
1 号机组	波动前	404.0	410.0	567.0	599.0	603.0	612.6
	波动时	340.0	298.0	501.0	668.0	538.0	608.9
	差值	-64.0	-112.0	-66.0	69.0	-65.0	-3.6
2 号机组	波动前	381.0	390.0	571.0	603.2	602.0	572.0
	波动时	321.0	503.0	506.0	589.4	530.0	592.0
	差值	-60.0	113.0	-65.0	-13.8	-72.0	20.0
3 号机组	波动前	427.0	436.0	579.0	601.0	602.0	602.5
	波动时	366.0	404.0	507.0	608.0	535.0	489.3
	差值	-61.0	-32.0	-72.0	7.0	-67.0	-113.2
4 号机组	波动前	435.0	448.0	560.0	600.0	606.0	574.8
	波动时	369.0	410.0	488.0	637.0	538.0	575.3
	差值	-66.0	-38.0	-72.0	37.0	-68.0	0.5

2　事件分析与处理

系统冲击发生后，由调取的故障录波数据分析，四机各参数在系统波动期间变化趋势、幅度一致，发电机有功功率均从故障时刻开始下降，历时 20ms 左右降至最低值，而后上升。

但 DCS 调取的历史曲线与故障录波不一致，特别是 2014－2－27 500kV 水笠线故障时送热控参与 1 号机 DEH 调节的 3 个有功功率变送器输出数据出现 2 个下降、1 个上升，分析及处理如下：

（1）功率变送器动态响应时间。国标要求功率变送器响应时间应小于 400ms。可门公司采用的功率变送器实测为 200～300ms，存在一定的离散性。其中 1 号机组 GPW2（DEH1）为 2011 年产品，GPW3（DEH2）、GPW8（DEH3）为 2007 年产品，不同批次变送器的响应时间不尽相同。更换为同一批次的新功率变送器后，实测其响应时间为 250ms 左右。

（2）系统故障期间存在的谐波分量。系统故障的暂态过程不可避免存在谐波分量，2 次谐波将导致变送器输出增大，5 次谐波将导致变送器输出减少。在受谐波分量影响时，因响应时间的不同，变送器内含有电感，对谐波衰减不一，导致 3 个变送器输出趋势不一致（DEH1 输出上升、DEH2 与 DEH3 输出下降）。传统变送器未有滤波功能，选择具有自动滤波功能的变送器，这样在发生电气故障或电气操作时可以自动滤除谐波分量，避免输出畸变。但若增加自动滤波功能，传统变送器的响应时间将超国标规定。

（3）检查各变送器模拟量输出电缆屏蔽线是否可靠接地，尤其是送至 DEH 机柜的功率变送器电缆应独立，减少干扰。

（4）将 DCS 显示用的有功功率变送器（GPW1 与 GPW2、GPW3、GPW8 同型号）二次输出串入故障录波装置，动态监视变送器的输出，分析变送器在系统故障下的传变特性。

（5）将 4 台发电机有功功率变送器电源及二次电压回路分开，GPW1 与 GPW2 取自 TV1、GPW3 与 GPW8 取自 TV2，减少 TV 断线导致机组协调控制功能混乱的可能性。

采取以上应对措施后，运行一年以来可门公司各机组受系统故障冲击时最大功率突变量均控制在 80MW 以内，取得一定的抑制效果。

3　传统功率变送器与微机型智能变送器的比对试验

目前国内对功率变送器的技术标准中没有动态测量性能要求和精度指标，传统功率变送器采用的积分采样测量原理已不满足汽轮机 DEH 系统在外部电力系统暂态变化过程中对发电机功率的测量要求。

将微机型智能变送装置与传统变送器电压回路并联、电流回路串联后接入故障录波装置；利用三相试验装置输入电流、电压，模拟 TV 开关偷跳情况下，对传统变送器与微机型智能变送器的 4～20mA 输出信号进行比对试验，如图 2 所示。

通过比对试验可以确认：微机型功率测控装置的动态响应速度控制在 80ms 以内（远远优于传统积分式功率变送器的 200ms 时延），实现对系统故障的快速响应，满足汽轮机 DEH 系统对发电机转速控制的要求。

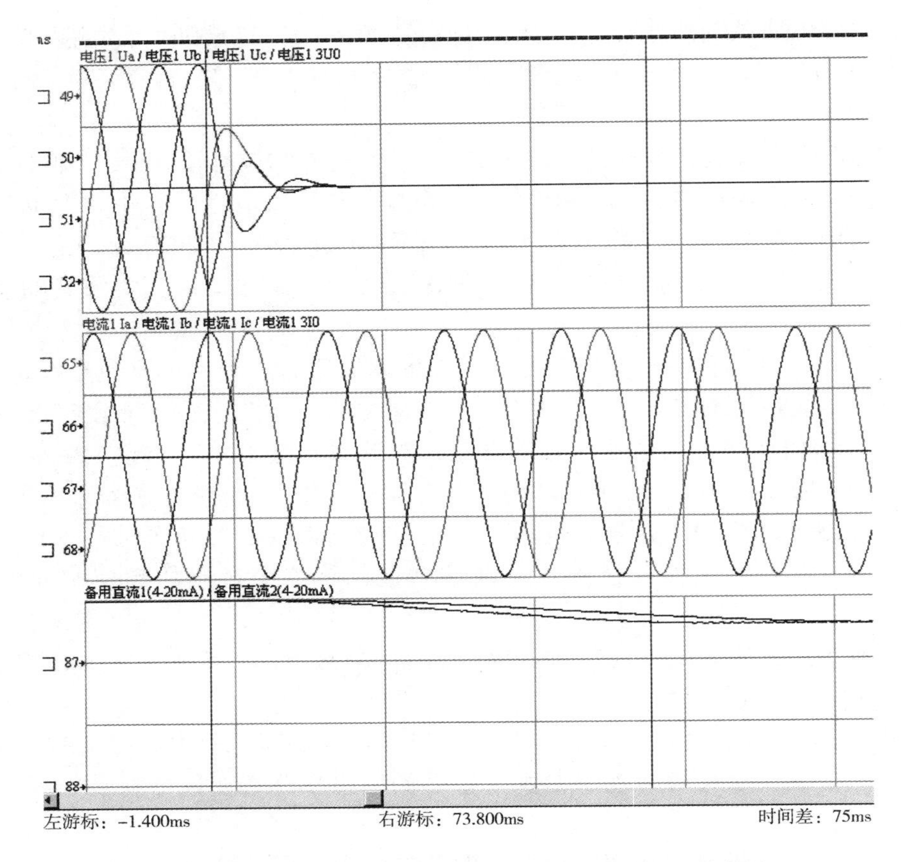

图 2　传统功率变送器与微机型智能变送器的比对试验结果

4　针对传统功率变送器先天不足的改进及应对措施

（1）发生变压器和应涌流或系统故障时 TA 暂态特性差导致 TA 饱和。由于功率变送器接入的是测量级 TA，测量精度较高（0.2 级或 0.5 级），但抗饱和性能较差。在区外故障时，测量级 TA 由于暂态特性差会饱和；此外在有变压器空充产生和应涌流时，和应涌流中的衰减直流分量也会导致测量级 TA 饱和。即使采用带 TA 自动滤波功能的新型功率变送器，由于 TA 饱和的影响，也无法解决在系统冲击时正确转变功率输出问题。针对测量级 TA 易饱和，而保护级 TA 不易饱和的特性，最有效的办法是同时接入发电机机端保护级 TA 和测量级 TA，采用能根据测量到的故障特征量自动切换参与功率计算的电流测量值的测控装置进行变送器升级改造。正常运行情况下采用测量级 TA，以保证测量精度；系统故障情况下采用保护级 TA，确保在暂态情况下也能实时、真实地提供准确的功率信号，避免输出功率快速大幅波动。

（2）TV 断线无法闭锁导致功率变送器输出跌落。新型测控装置通过接入双电源、双 TV、双 TA，可以有效判断 TV 断线、TA 断线，满足汽轮机 DEH 系统对发电机功率测量的可靠性要求。

（3）功率变送器动态响应性能较差。新型测控装置采用全周傅里叶算法计算有功功率和无功功率，算法具有良好的暂态特性，确保系统短路故障时功率的准确测量。当保护级 TA 的电流大于 1.1 倍额定电流时，功率计算采用保护级 TA 电流；否则采用测量级 TA 电流，兼顾正常运行和故障情况下的准确测量。

5 新型发电机智能变送器装置的应用

2016 年下半年可门公司利用机组调停检修时段，在不改变外部回路接线的情况下，对 1 号、2 号机组原机组变送器屏进行改造。在原机组变送器屏安装 3 套发电机智能变送装置（构成参与机组 DEH 调节的三取二逻辑）与 2 套多功能快速变送装置（用于主变、高厂变、励磁变的信号采集）。投运半年期间设备运行稳定，未发生异常报警。2017 年 4 月 21 日福建电网发生近区 B 相接地故障系统冲击，新旧型号功率变送器在系统冲击的表现如图 3～图 5 所示。

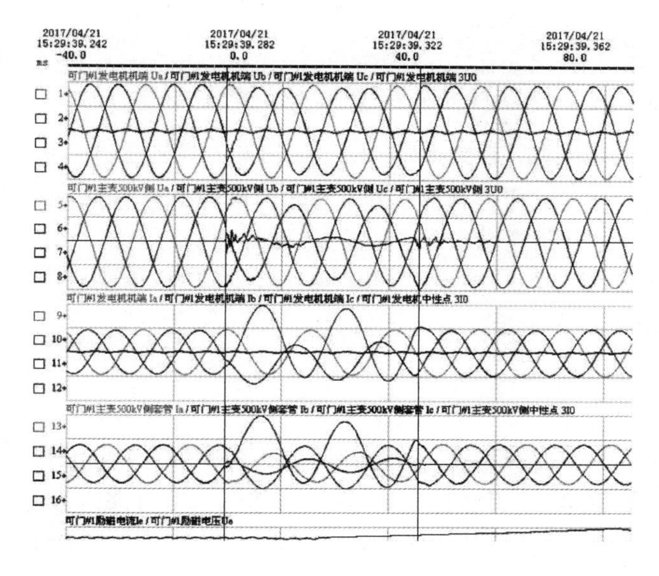

图 3　1 号机组故障录波图

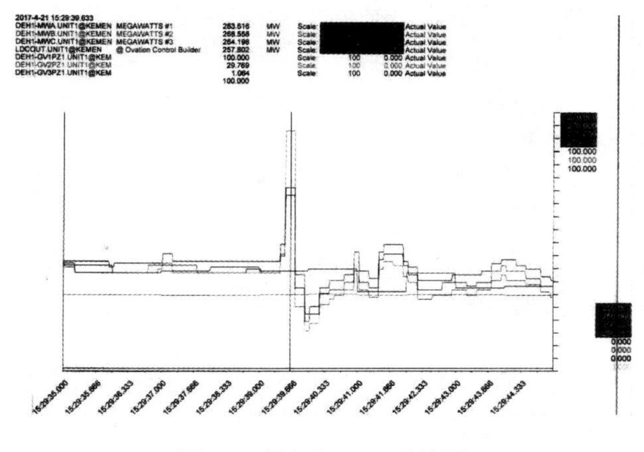

图 4　1 号机组 DCS 录波图

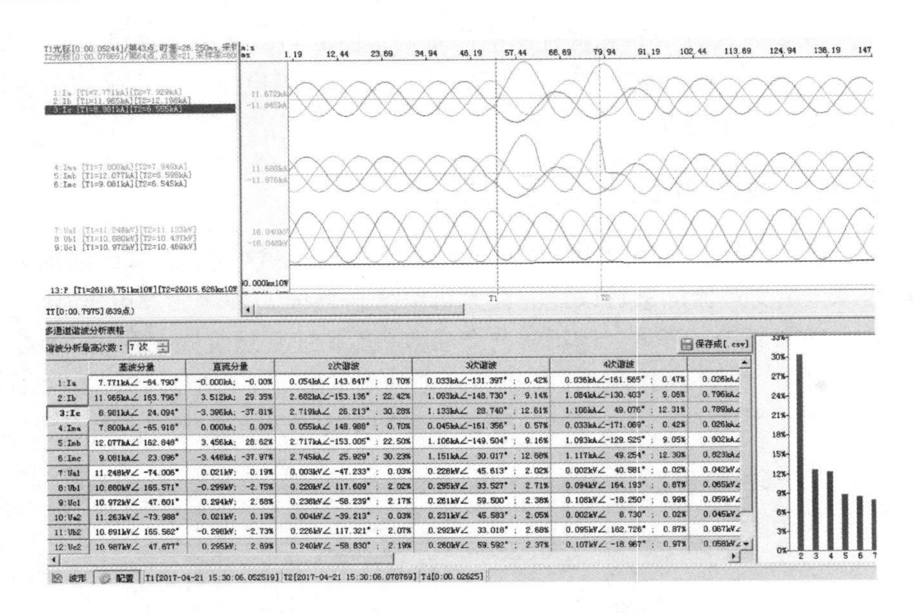

图 5　新型智能变送器 TA 切换录波图（图中通道 13 曲线是功率 4～20mA 直流信号）

从录波资料可以看出系统冲击时直流分量及各次谐波含量都较大，尤其是直流分量约为 38%，2 次谐波约为 30%，对传统变送器将造成较大的输出偏差；而新型智能变送器通过 TA 切换以及算法优化后，实际输出仅增加 0.5%。以上实例证明新型智能变送器的数据采集精度完全满足机组 DEH 调节的要求。

6　结语

新型测控装置增加自动滤波功能，采用测量级与保护级 TA 电流自动切换，兼顾正常运行和故障情况下的准确测量；同时新型测控装置的动态响应性能大大提高了汽轮机 DEH 系统在外部电力系统暂态变化过程中对发电机功率测量的准确性。

参考文献

[1] 张宝，杨涛，项谨，等. 电网瞬时故障时气轮机气门快控误动作原因分析 [J]. 中国电力，2014，47 (5)：18－21.

[2] 杨涛，黄晓明，宣佳卓. 火电机组有功功率变送器暂态性能分析 [J]. 继电保护原理及控制技术的研究与探讨（发电侧），2014：360－364.

[3] 上海利乾电力科技有限公司. BPT 9301 型发电机智能变送器装置使用说明书 [R]. 2015.

作者简介

江　蓉（1982—　），女，福建清流人，高级技师，从事电厂继电保护专业技术管理工作。

陈建斌（1973—　），男，福建福清人，工程师，从事电厂电气专业技术管理工作。

1000MW 机组电压无功自动控制（AVC）系统应用

杨军宝[1]，叶　茂[1]，王恒祥[1]，张　成[1]，吴小青[2]

（1. 皖能铜陵发电有限公司，安徽　铜陵　244012；
2. 西北电力设计院，陕西　西安　710075）

【摘　要】　铜陵电厂 5 号机组是安徽省首台单机容量为 1000MW 的超超临界发电机组，通过 500kV 母线接入华东电网，电厂侧采用电压无功自动控制系统（automatic voltage control，AVC）对 500kV 母线电压进行控制。AVC 系统根据华东网调下发的电压增量值计算出电厂母线的无功出力，在机组间合理地分配无功，保持电厂的母线电压在电压目标值附近，提高了电网电压质量。

【关键词】　发电厂；电压无功自动控制系统；电压增量值；远方调度

0　引言

近年来，随着大功率发电机组的增多及特高压、超高压电网的建成，对供、用电的质量要求也日益苛刻。为有效控制系统无功功率与电压，提高电力系统运行的稳定性，逐步降低网损，需要对系统电压和无功功率实现以下控制：①保证电力系统静态和暂态的稳定性；②优化网损，降低线路无功传输和无功潮流不合理引起的有功损耗。人工手动控制电压靠经验，在实时性及准确性上有所欠缺，难以适应现代电力系统发展的要求。华东地区电网作为一个典型的受端大电压，无功、电压问题突出。在华东电网所辖区域，无功功率分布不均。另外随着华东地区超高压的建设，电网无功功率在不同电压等级之间交互频繁，带来一定的损耗。综上，必须通过 AVC 系统保证电压和无功功率分布满足系统要求。下文主要介绍铜陵电厂 AVC 子站。

1　工程简介

皖能铜陵电厂 5 号机组是安徽省首台单机容量 1000MW 的超超临界发电机组，本期 5 号机组采用发电机-变压器-线路组接线方式接入 500kV 华东电网。电厂侧采用 AVC 系统对 500kV 母线电压进行控制。5 号机组励磁调节器对无功的调节速率很快，这就要求 AVC 系统能够根据母线电压对应无功的变化率，准确地计算出每一次调节脉冲的输出宽度，以防止过调。

2　设备配置方案

目前 AVC 装置有两种方式。一是基于 PLC 的 AVC 独立装置，主要由中控单元（上位机）和执行终端（下位机）构成，该装置是一个分布式集散控制系统，软硬件可以模块化组合；二是基于远程终端单元（remote terminal unit，RTU）的 AVC 一体化装置，在 RTU 主机中加载调整策略及完善保护措施的 AVC 专用软件，通过 RTU 与省调、网调的通道，接收 AVC 主站系统下达的电厂母线指令，并直接使用 RTU 采集的机组及母线数据，并由 RTU 输入输出模块作为 AVC 控制执行单元。

通过对工程调研及两种方式的技术比较，并根据工程实际情况，考虑由于本期工程 RTU 主机在老厂网控楼布置，本期工程新增 RTU 子系统，为减少数据传输转接中的精度损失，考虑采用独立装置。

由 2 台 AVC 子站中控单元（上位机）组成一面 AVC 主机屏，采用主、备机热备用方式；由 1 台 AVC 子站执行终端（下位机）组成 AVC 终端屏，终端机主要器件采用进口工业级 PLC，性能稳定可靠。提供多路开入量、开出量和模拟量输入、输出，满足生产调节的需要。上位机和下位机采用现场总线方式连接，当主通道通信出现故障可自动切换到备用通道，不影响系统正常运行。

AVC 主机屏及 AVC 终端屏均布置在 5 号机电气电子设备间。铜陵电厂 AVC 子站拓扑图如图 1 所示。

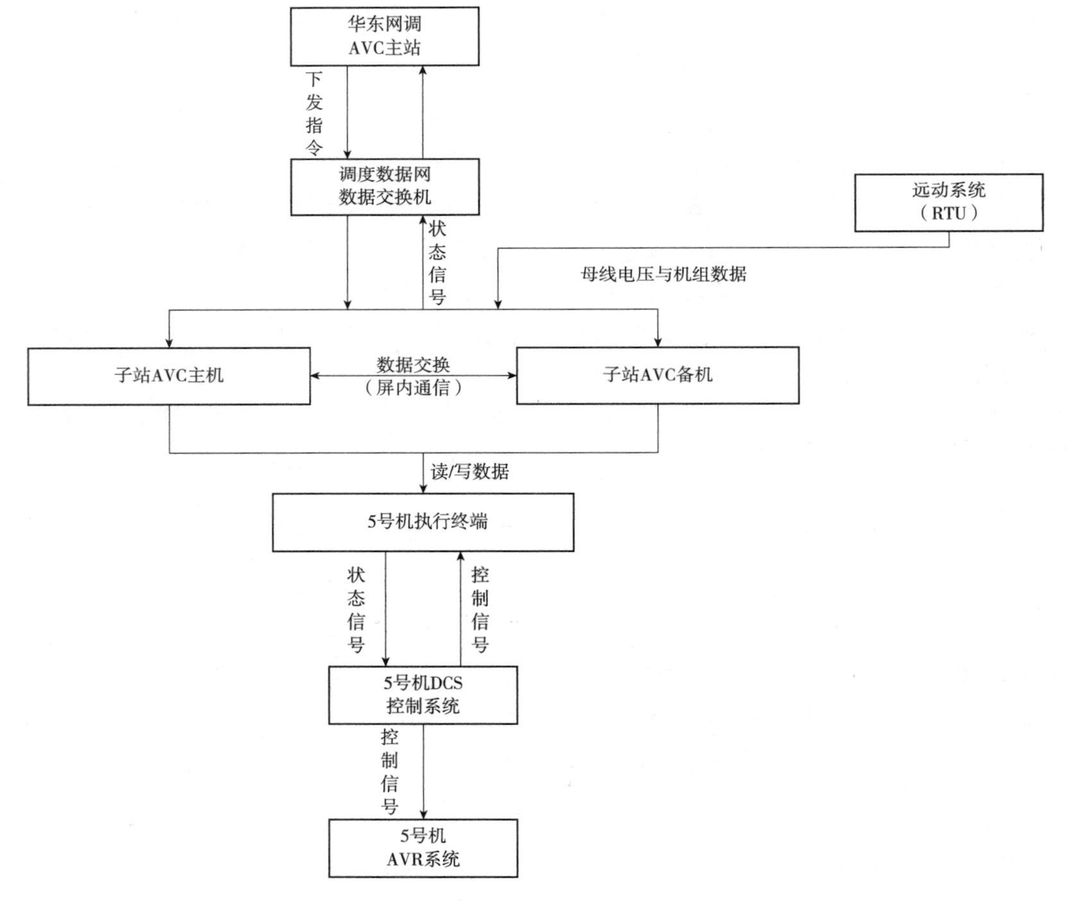

图 1　铜陵电厂 AVC 子站拓扑图

3 AVC 装置的工作原理及控制策略

发电机无功出力与机端电压受其励磁电流的影响，当励磁电流发生改变时，发电机的无功出力与机端电压也随之增减。励磁电流的改变则是通过调整励磁调节器（automatic voltage regular，AVR）电压的给定值来实现的。调度中心 AVC 主站每隔一段时间对网内具备条件的发电机组下发母线电压指令，发电厂侧通信数据处理平台同时接受主站的母线电压指令和远动终端采集的实时数据，将数据通过现场通信网络发送至无功自动调控装置。AVC 装置经过计算，综合考虑系统及设备故障以及 AVR 各种限制、闭锁条件后，给出当前运行方式下，在发电机能力范围内的调节方案，然后向 AVR 发出控制信号，通过增减 AVR 给定值来改变发电机励磁电流，进而调节发电机无功出力，使机组无功或母线电压维持在调度中心下达的母线电压指令或无功指令附近。AVC 系统工作原理系统图如图 2 所示。

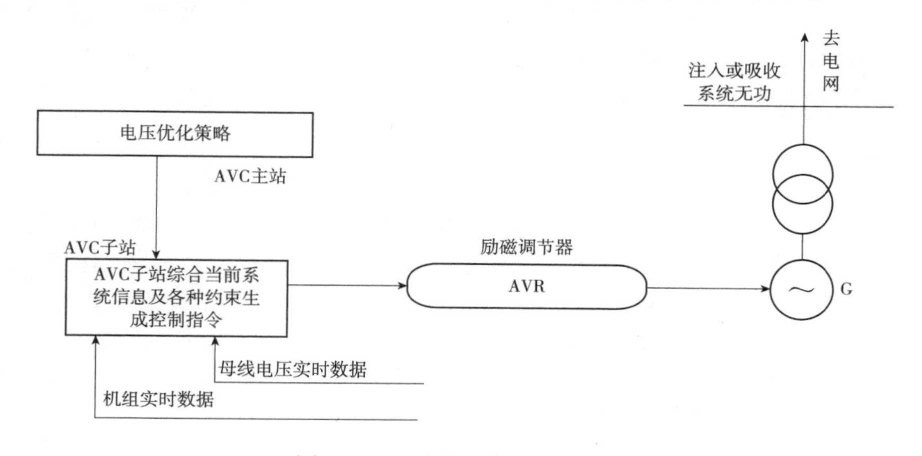

图 2　AVC 系统工作原理系统图

华东电力调度中心对铜陵电厂 AVC 子站下发母线电压调节指令后，AVC 子站根据下发的指令并且结合当前机组运行工况，需先估算出目标无功，分配给各机组。估算过程如下：先对系统阻抗进行估算，即

$$X=(U_{now}-U_{last})/(\sum Q_{now}/U_{now}-\sum Q_{last}/U_{last})$$

根据估算出来的系统阻抗，对目标无功进行估算，即

$$\sum Q_{target}=(U_{target}-U_{now})U_{target}/X+\sum Q_{now}U_{target}/U_{now}$$

式中：X 为系统阻抗；U_{now} 为当前母线电压；U_{last} 为上次母线电压；U_{target} 为母线电压目标；$\sum Q_{now}$ 为当前总无功；$\sum Q_{target}$ 为总无功目标；$\sum Q_{last}$ 为上次总无功。

此计算结果受系统运行方式及母线变化情况影响，具有一定的时效性。在实际应用中，对无功目标值的估算进行了多次修正，保证计算的准确性。

估算出总无功后，要根据分配策略针对机组分配。机组无功分配时，应保证各机组端电压在安全极限内，同时尽可能同步变化，保证相似的调控裕度。通过调整机组的无功出力和机端电压，使高压母线电压达到系统给定值。常用的分配方法主要有等功率因数、等无功裕度、等机组无功三种。

（1）等功率因数。各台机组在无功上、下限之内按照功率因数相同的原则进行无功分配，无功分配和负荷相关性大，达到极限后不再参与调解。

（2）等无功裕度。各台机组在无功上、下限之内按照功率因数相同的原则进行分配，分配量与有功出力相关性大，达到极限后不再参与调节。

（3）等机组无功。各台机组在无功上、下限之内按照相同容量进行分配。

4　AVC 系统的控制模式

4.1　厂内控制模式

铜陵电厂 AVC 子站系统上位机通过电力调度数据网与华东网调 AVC 主站建立通信联系，华东网调 AVC 主站收到子站上送的上位机自检正常及机组投入信号后，下发电压目标值至 AVC 子站。子站收到目标值，参考当前母线及线路工况，在机组可控情况下，计算出当前所需无功增量，并将无功增量按照上位机预设的分配策略下发至 AVC 执行终端，执行终端将无功增量换算成脉冲信号，通过 DCS 转发至励磁系统，由励磁系统调节机组无功功率，满足调度电压要求。

4.2　调度端指令控制方式

上位机通过电厂调度数据网数据交换机，接收调度端下达的母线电压增量指令。该指令表示 AVC 系统当前需要调节的母线电压增量值。指令每隔 5min 下发一次，若指令在设定的时间内未刷新，则切换至本地控制模式，按照设置好的电压曲线进行控制。电压计划曲线作为备用控制指令，防止与主站通信中断时或主站端维护时，AVC 子站不可控。

4.3　AVC 子站安全运行约束条件

为了保证发电机及电网安全运行，子站 AVC 系统有安全约束。在安全约束条件触发时，子站系统可自动闭锁输出，待当前工况恢复正常时，重新恢复调控。主要安全约束如下：

（1）AVC 系统信号断线或掉线、装置故障、异常、失电及远动通信故障时，发出报警信号，同时退出运行。

（2）AVC 子站量测异常。

（3）AVC 子站调节多次无效果。

（4）AVR 出现异常信号时，应闭锁控制。

（5）机组有功出力低于限值时，应闭锁控制。

（6）主变高压侧母线（节点）电压越闭锁值，应闭锁控制。

（7）机组机端电压越闭锁值，应闭锁控制。

（8）机组机端电流越闭锁值，应闭锁控制。

（9）机组有功越闭锁值，应闭锁控制。

（10）机组无功越闭锁值，应闭锁控制。

（11）厂用电母线电压越闭锁值，应闭锁控制。

（12）系统出现低频振荡或大的扰动时，应闭锁 AVC 功能。

（13）励磁电流越限，应闭锁控制。

5 AVC 系统与 DCS 控制

5.1 正常投入

DCS 发出投入指令 10s 内收到 AVC 反馈的 AVC 投入状态信号后，DCS 需要把 AVR 励磁增/减磁控制权限切至 AVC 自动控制方式，同时屏蔽 DCS 手动增/减磁方式。

若 10s 后仍未收到 AVC 投入状态信号，DCS 不切换 AVR 励磁增/减磁控制权限，并且输出 AVC 装置异常告警，同时发出 AVC 退出命令。

5.2 正常退出

DCS 发出退出指令，DCS 系统应立刻将 AVR 励磁增/减磁控制权限切回 DCS 手动控制方式。如果 10s 内 DCS 装置未收到 AVC 装置应反馈 AVC 退出状态信号，DCS 装置需产生 AVC 装置异常告警，同时发出 AVC 退出命令。

5.3 异常情况处理

（1）在 AVC 已投入状态下，AVC 投入状态消失、AVR 自动信号消失或 AVR 异常信号出现，DCS 系统应立刻将 AVR 励磁增/减磁控制权限切回 DCS 手动控制方式，自动发出 AVC 退出指令，并发出异常告警。

（2）在 AVC 退出状态下，AVC 投入状态不正确或者接收到来自 AVC 的增/减磁指令，DCS 系统应确保 AVR 励磁增/减磁控制权限切在 DCS 手动控制方式，自动发出 AVC 退出指令，并发出异常告警。

（3）DCS 系统如同时接收到 AVC 发出的增/减磁指令，则应立刻将 AVR 励磁增/减磁控制权限切回 DCS 手动控制方式，自动发出 AVC 退出指令，并发出异常告警。

（4）如 DCS 系统接收到 AVC 发出增/减磁指令超过 3s，则应立刻将 AVR 励磁增/减磁控制权限切回 DCS 手动控制方式，自动发出 AVC 退出指令，并发出异常告警。

6 工程应用中遇到的问题及解决办法

6.1 设备选型配置

一般监控系统的单元控制部分均采用传统工控机，最上层主控系统一般采用服务器，AVC 子站系统属于单元控制级的监控系统，采用工控机作为单元控制主机是传统做法。但传统的工控机由于结构原因存在一些问题，如传统工控机采用底板+主板+其他各种功能卡件。这种板卡式结构最突出的问题就是，由于厂商不同，各种功能卡和 CPU 主板经常会出现在芯片级层面上电源电压、晶振频率、各种板卡上数字信号的时序上有细微偏差，导致兼容性很差，根本无法一起工作；有的虽然可以兼容，但是可靠性不高，在信号时序越偏越大时会重新同步各种信号时序。大多数情况下没有问题，但有时可能导致一些现象奇怪的问题（如接口偶尔掉数据，鼠标、键盘偶尔失灵等），极端情况下会出现死机。另外板卡和插槽之间也容易由于各种原因造成接触不良。而单纯的嵌入式系统，虽然性能比较可靠（但极度依赖于嵌入式系统的软硬件研发人员研发功底），但功能扩展能力不强，没有足够的系统资源应付日益复杂的现场需求，也不能适应目前软件图形应用、数据库应用、软件组态等高级应用的要求。

由于传统工控机和单纯嵌入式工控机存在以上问题，设备选型前考虑采用更为先进的新型低功耗、高可靠的嵌入式工控机。嵌入式工控机，全机集成贴片设计，没有任何插槽和插卡式器件。这种介于传统工控机和单纯嵌入式系统之间的结构和设计是目前监控系统单元控制主机的一种发展趋势，是一种工控机平台上的嵌入式系统。其结合了工控机和嵌入式系统两者的优点，既充分具备传统工控机资源丰富（接口类型和数量丰富，较大内存和大硬盘的海量存储），可支持各种高级应用的优点，又具有单纯嵌入式系统稳定可靠、功耗很低（主机功耗小于10W）的优点。避免了插卡式结构在运输和长期运行中产生的松动、氧化等各种原因引起的接触不良和兼容性的问题，保证设备安全稳定运行。

6.2 DCS系统改造说明

铜陵电厂在AVC子站系统接入DCS系统后，与DCS系统中有关AVC子站的逻辑做了如下约束：

（1）AVC子站下发至DCS系统的单次增/减磁脉冲值不得大于3s且两次调节命令间隔须大于2s，否则将切除AVC。

（2）在AVC系统进行补偿调节时，脉冲幅度可能较小，所以要求DCS系统计算周期不得低于250ms，防止丢失控制脉冲。

（3）AVC执行终端投切由运行人员在集控室控制盘上直接操作，要求DCS每个操作信号不低于3s。

（4）DCS系统收到AVC子站发出的“自检正常”和励磁系统接入的“AVR自动信号”后，才可投入AVC执行终端。

（5）运行人员可直接切除AVC执行终端。

（6）子站“自检正常”“AVR自动”“励磁系统异常”其中一个出现时，DCS系统自动切除AVC执行终端。

（7）AVC子站正常投入后，运行人员不可通过控制盘收改变机组无功，防止无功突变。

7 结语

本文从铜陵电厂AVC系统建设与运行的角度出发，对铜陵电厂AVC系统的控制逻辑、安全约束条件进行了阐述。铜陵电厂5号机组AVC子站系统自投运以来，为华东电网节能损耗做出了重要贡献，同时也促进了铜陵电厂自动化水平的提高。

参考文献

[1] 韦钢，张永健，陆剑峰，等. 电力系统概论［M］. 2版. 北京：中国电力出版社，2007.

[2] 电力工业部，电力规划设计总院. 电力系统设计手册［M］. 北京：中国电力出版社，1998.

[3] 西北电力设计院. 电力工程电气设计手册（2）［M］. 北京：水利电力出版社，1989.

作者简介

杨军宝（1980— ），男，本科，工程师，安徽芜湖人，主要从事发电厂电气技术管理工作。E－mail：tlpoweryjb@ 163. com

叶　茂（1982— ），男，本科，工程师，安徽黄山人，主要从事发电厂技术管理工作。E－mail：smallyemao@ yahoo. com. cn

王恒祥（1981— ），男，本科，工程师，安徽池州人，现从事发电厂绩效管理和技术管理工作。E－mail：whx8761@ 163. com

张　成（1978— ），男，本科，工程师，安徽芜湖人，主要从事发电厂技术管理工作。E－mail：249638312@ qq. com

吴小青（1974— ），女，本科，高级工程师，陕西西安人，主要从事发电厂电气设计工作。E－mail：wuxiaoqing@ nwepdi. com

智能变送装置直采网频一次调频优化技术

包玉树[1]，胡永建[1]，黄亚龙[1]，吴　剑[1]，晋兆安[2]，柯德渠[2]，高荣春[2]

（1. 江苏方天电力技术有限公司，江苏　南京　211102；
2. 上海利乾电力科技有限公司，江苏　南京　211102）

【摘　要】　发电机组的一次调频功能是稳定系统频率的一项重要技术措施，对于实现电网发电自动调度、提高电能质量、维持电网安全稳定运行起到重要作用。一次调频功能的投入是电网频率稳定的重要措施之一，随着电网状况日益复杂多元化，对于电厂一次调频的响应要求也更高。当电网频率发生波动时，并网机组为维持网频的稳定，通过DEH控制系统自动控制机组的发电负荷来减少网频的偏差。目前火电机组因一次调频响应电网负荷的不足造成大范围考核事件时有发生。部分是由于调频负荷响应不同步、电网考核采用的频率信号和火电机组测量信号不同源、电厂PMU故障造成采集时钟不同步以及机组实际负荷受锅炉燃烧影响。因此本文推荐采用具有良好暂态性能的智能变送装置，不论在稳态或者暂态情况下，均能真实、准确、快速地传送有功功率、频率等信号，可以很好地满足DEH信号的真实、快速及可靠的要求，从而实现信号采样结合热工策略优化提升发电机组的一次调频性能。湖北某电厂的应用案例证明了本文方案的有效性。

【关键词】　一次调频；智能变送装置；DEH；功率信号；频率信号；高精度；暂态；快速响应

0　引言

送至DEH、AGC等控制系统的信号主要是发电机当前的电压、电流、有功功率、频率、无功功率数值，将其送至DEH、AGC等控制系统，参与DEH、AGC等控制系统的逻辑控制。这类信号不止要求变速器的输出满足稳态要求，还需要考虑变送器的暂态特性，同时要满足快速响应及高精度的调频要求。传统模拟式功率变送器虽然具有良好的稳态特性，但是不具有良好的暂态性能，在系统发生暂态过程时，输出的功率信号不能满足DEH、AGC等控制系统的要求。近年来汽轮机保护误动，甚至发电机组全停的事故时有发生，不利于电厂的安全运行，会给电力生产造成直接及间接的经济损失。随着电力电子技术、通信技术等迅猛发展，DEH系统在发电厂汽轮机控制调节得到了应用。当电网频率发生波动时，并网机组为维持网频的稳定，通过自动控制机组的发电负荷来减少网频的偏差，一次调频功能的投入是电网频率稳定的重要措施之一。目前，由电气侧传送到DEH、AGC等控制系统的4~20mA功率信号普遍采用模拟式功率变送器，在系统稳态时，此类变送器可提供满足精度要求的功率信号；但当系统发生瞬时故障（如雷击）等情况下，模拟式功率变送器无法提供准确的功率信号。因此，功率变送器的暂态性能引起了行业越来越多的注意。新型的数字式智能测量变送装置，既满足稳态精度要求，也能在系统暂态情况下真实、准确、及时地输出功率信号，确保 DEH、AGC 等控制系统逻辑采样正确，具有事件记录功能及 GPS 对时，实现智能化的同时接线更简洁、美观。同时随着各省对一次调频的两个细则的实施，对机组的一次调频响应提出了更高的要求，DEH 频率信号采样要满足高精度、快速响应及可靠的要求。

1　模拟式功率变送器的特性

一般在 DEH、AGC 等控制系统中，功率负荷不平衡保护控制单元（power load unbulance，PLU）、KU、超速保护控制单元（over speed protect controller，OPC）虽然功能各不相同，但都有一个共同点，就是发出的指令都指向气门快关，同时根据电气侧有功功率信号的变化来调节气门的开度。因此电气侧有功功率信号的质量，也就是功率变送器暂态特性、精度、响应速度、抗扰动能力等对 PLU、KU、OPC 等功能都有直接的影响。PLU、KU、OPC 测量电气功率依靠发电机有功功率变送器来实现。模拟式的发电机功率变送器抗电磁干扰能力差、缺少二次回路断线闭锁（当发生断线时只会将故障状态如实地转换为功率输出，功率信号失真不可避免）、不能保证暂态下可靠输出（有系统扰动时易输出失真）。传统模拟功率变送器存在的这些缺陷，使得 PLU、KU、OPC 误动的可能性大大增加。而 PLU、KU、OPC 误动的后果，轻则机组振荡，重则导致机组停机。近年造成跳机事故频发，同时频率信号也满足不了热工一次调频需要的高精度、窄量程及快速响应。

2　火电机组的一次调频

2.1　概述

电网要保持频率稳定必须经过 AGC 功能及调频机组实现二次调频，在不改变负荷设定点的情况下，对电网中快速的小负荷变化汽轮机 DEH 可以检测到转速的实际变化，通过调门动作来改变发电机实际功率，以适应电网负荷的随机变动，保证电网频率的稳定，即一次调频。当电网频率发生波动时，为了维持电网频率的稳定，并网机组通过自动控制机组的发电负荷减少电网频率偏差。DEH 侧的一次调频功能是将汽轮机转速与额定转速差转换为流量补偿的功率补偿信号，调节网频回到标准的 50Hz，控制原理图如图 1 所示。一次调频的持续时间通常为几十秒，对于迅速恢复系统频率并防止事故的发生，系统频率超过人工调频死区的机组快速响应对电网的安全稳定尤为重要。

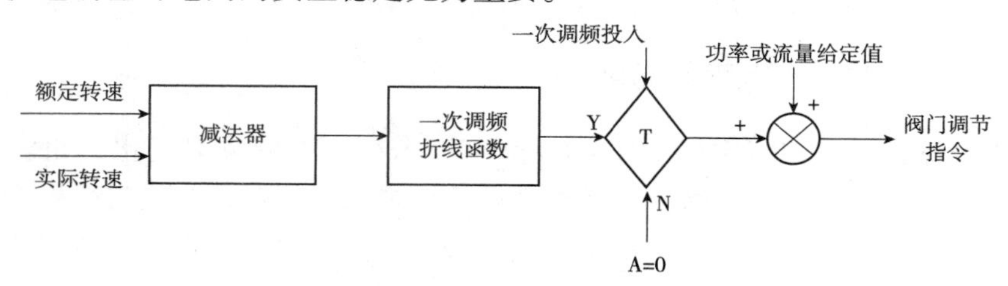

图 1　DEH 侧一次调频控制原理

2.2 现状

目前火电机组因一次调频响应电网负荷的不足造成大范围考核的事件时有发生。分析认为主要原因有调频负荷响应不同步、电网考核采用的频率信号和火电机组测量信号不同源、电厂PMU故障造成采集时钟不同步以及机组实际负荷受锅炉燃烧影响。

电网考核采用的网频信号变化趋势理论上要提前于火电机组的转速信号。目前不少火电机组转速测量采用磁阻探头且设计齿数一般为60齿，造成实际转速反馈偏差较大且迟延时间较长。同时抗干扰能力差，频率信号经常因为干扰出现偏差。

电网要求火电机组调频死区为2r/min，在火电机组一次调频实际响应中经常出现调频幅值不足和迟滞问题。若人为把机组调频死区修改为小于2r/min，虽可以提高一次调频的响应幅值，但是会造成机组调阀动作过频，甚至会影响机组安全运行（高调阀EH油泄漏和LVDT反馈磨损故障问题）。虽然电网送DCS系统有电网频率信号，但是量程一般为45~55Hz，精度无法满足需求；时间比较长，难以满足快速响应的要求。

针对上述问题国内外的处理方法千差万别，但均没有从根本上解决问题。

3 智能变送装置直采电网频率的一次调频优化技术方案

3.1 优化措施一：改变频率的采样方式

配置三台完全独立的一次调频专用采样装置，接入与PMU同源的TV三相电压采用傅里叶算法实时计算频率，可在20ms内精确测量频率，精度为1‰。输出独立的三个高精度频率信号参与一次调频。

3.2 优化措施二：接入全厂的GPS对时系统

使一次调频专用采样装置与全厂的GPS对上时标，尤其与PMU装置的时标相同。

3.3 优化措施三：功率快速响应

一次调频主要作用于功率的变化，目前大部分机组用于功率控制的变送器普遍存在响应时间长、暂态特性差、抗干扰能力差等问题，传递给热工系统的信号精度差延时长，造成调门延时动作，导致各积分电量不达标。采用发电机智能变送装置，接入发电机机端的电流、电压信号，装置就可以计算出有功功率、无功功率、功率因数等全部电气量，响应时间小于40ms，使热工系统以最快的速度参与调节。

3.4 优化措施四：热工控制策略优化

实际电网频率经常在±0.05Hz（对应转速差为±3r/min）内频繁变化，如果机组汽轮机综合阀位指令工作位置不合适，特别是机组在顺序阀方式运行时，在阀门行程重叠度范围极易引起汽轮机阀门的大幅快速晃动，严重的会造成EH油管的剧烈振动，造成机组EH管路泄漏，导致事故停机。

根据机组实际情况和电网需求进行参数的设置尤为重要。调频参数的设置既要充分考虑对电网周波变化的快速响应，又不能对机组的安全、稳定运行造成影响。超临界火电机组一般为滑压运行模式，存在低负荷阶段一次调频响应速度较慢、调频幅度不足等问题。因此，热工系统采取以下优化策略：

（1）DEH 侧合理的阀门管理特性可以避开顺序阀较大重叠区对应的综合阀位指令区间，在一次调频动作时增加其动作幅度保持时间并延迟一定的归零时间。

（2）低负荷段 DEH 侧调频动作回路优化。解决机组低负荷阶段一次调频负荷量的幅度和持久性问题，最终实现相应频差对调频阀位幅度的要求。

（3）CCS 侧与 DEH 侧调频动作同步。DEH 与 CCS 采用同一转速偏差信号（信号源同步问题），能够保证 DEH、CCS 一次调频动作同步性，同时机组能够根据电网频差波动快速响应并满足在电网频差波动时间长、幅度大时一次调频负荷贡献的持续性。

（4）完善 CCS 侧汽轮机主控功率回路。为了避免 CCS 侧在机组一次调频动作时对 DEH 侧调频控制回路进行"拉回"动作，特完善 CCS 侧汽轮机主控控制回路。增加了调频负荷指令"直通"回路，避免负荷指令对调频动作的"拉回"作用。

3.5 直采网频智能变送装置的安装

直采网频智能变送装置可以解决一次调频驱动信号问题。该装置同时具备历史数据记录、数据分析计算、报表统计等功能。直采网频智能变送装置的安装位置如图 2 所示，采用主变高压侧 TV、TA 测点作为信号源，与网调 PMU 装置取相同的测点位置，实现信号源的同源测量，从而保证参与一次调频的控制信号与网调考核的信号完全一致。

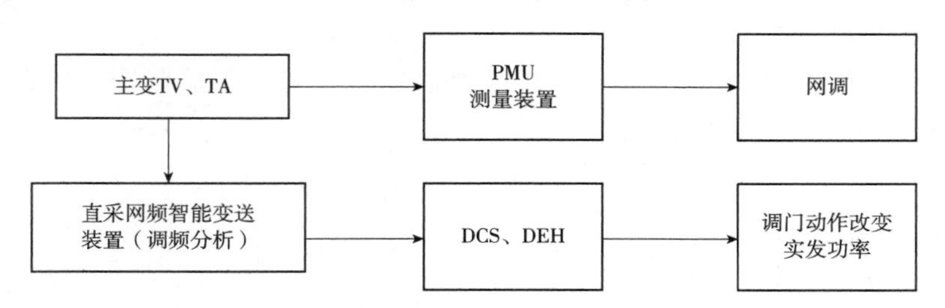

图 2　直采网频智能变送装置安装结构图

直采网频智能变送装置安装于电气侧一次调频柜，同源装置与 PMU 取相同的主变高压侧三相电流、电压信号以及网调一次调频远动装置的输出，通过硬接线与 DCS 实现通信。

4　智能变送装置

4.1 功能

智能变送装置不仅满足稳态精度要求，而且具有良好的暂态传变特性，所以智能变送装置能满足准确性、及时性和稳定性的要求。

智能变送装置的原理基于继电保护装置软硬件平台，采用模块化设计。发电机智能变送装置同时采集发电机出口两组电压和两组电流（一组测量级 TA 和一组保护级 TA），通过微处理器运算，实时输出各种电气量（如电流、电压、有功功率、频率、无功功率、负序电流、功率因数等)。

直采电网频率用的装置可以做到高精度、窄量程（49.8~50.2Hz），同时除了具有测量功能外，装置还具有保护功能。装置可以分析异常工况并发出动作指令，可自动启动故障录波，便于分析事故原因。同时在测量级TA由于短路暂态分量饱和时，发电机控制用的智能功率采用装置可以自动切换到保护级TA，继续输出真实、准确的数据，使发电机的自动调节系统功率响应也迅速、真实。

装置还具有事件记录功能，包括记录装置自检信息、保护动作信息及各类操作信息，便于查找及分析。

4.2 原理设计

数字式智能变送装置利用A/D采样将电压、电流模拟信号转换为数字信号，按照科学算法计算出功率等需要的电气量，最后输出4~20mA模拟量至DEH、DCS。测量精度如下：测量电流、电压测量精度小于±0.2%；测量功率测量精度小于±0.2%；频率测量精度小于±0.002Hz。

4.2.1 频率计算

利用主变压器高压侧电压，采用全周傅里叶算法准确计算主变压器高压侧频率。

4.2.2 TV断线判据

动作判据如下：

（1）正序电压小于20V，且机端任一相电流大于$5\%I_n$。

（2）负序电压大于2.5V。

满足以上任一条件延时10s发TV断线报警信号，异常消失后延时10s信号自动返回，TV断线判据的逻辑图如图3所示。

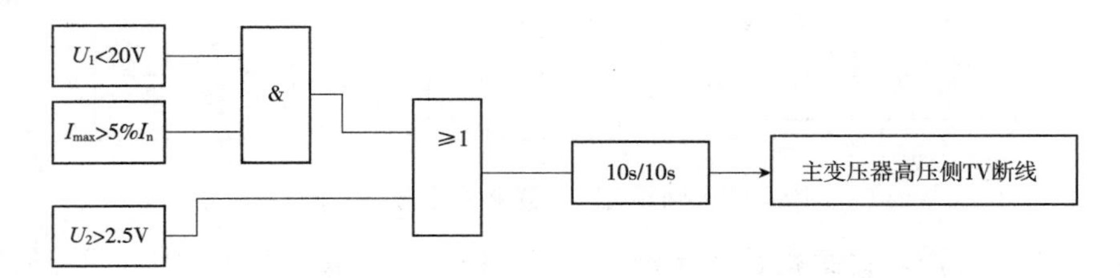

图3　TV断线判据逻辑图

4.2.3 TA断线判据

TA断线判据只针对三相四线制，动作判据为：三相TA的自产零序电流（$3I_0$）大于25%的最大相电流与$5\%I_n$之和，延时10s报警，异常消失后延时10s返回，TA断线判据的逻辑图如图4所示。

4.2.4 TV三相断线瞬时判据

三相电压由正常值降低到很低，且三相电流未明显增大，则判为TV三相断线，装置瞬时发出切换信号，并延时10s报警。

4.2.5 系统短路故障判据

相间电压小于80V或负序电压大于4V，且相电流大于1.3倍额定电流，则判为系统短

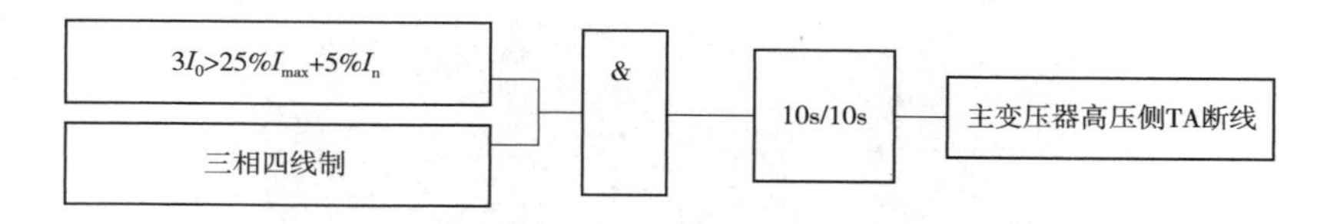

图 4　TA 断线判据的逻辑图

路故障，瞬时输出切换信号。

5　某电厂实际运用效果

因一次调频响应电网负荷的不足造成大范围考核的事件时有发生，经调研大部分是由于调频负荷响应不同步、电网考核采用的频率信号和火电机组测量信号不同源、电厂 PMU 故障造成采集时钟不同步以及机组实际负荷受锅炉燃烧影响。湖北某电厂热工策略优化后一次调频还是满足不了电网对一次调频响应的要求，后经过多方调研，最终采用了智能变送装置直采网频的创新方案。

采用高性能 32 位处理器平台的智能变送装置，提升了抗干扰能力和暂态传变特性，且不受谐波影响，既可以满足发电机综合测量的要求，又可以把电网的精准信号提供给热工系统。湖北某电厂 12 号机组电气工次智能测量屏如图 5 所示，其中发电机用三台发电机智能变送装置，满足所有信号变送量需求的同时仍有冗余，并为热工系统提供三个完全独立的有功功率信号用于调节；另装变压器用高精度一次调频采样装置三台，满足主变、励磁变、高厂变、启备变等信号的输出，同时此方案也为热工一次调频提供高精度、快速的频率信号。具体实现方案是主变与励磁变用一台、主变与高厂变用一台、主变与启备变用一台。每台装置提供一路完全独立的主变高压侧电网频率信号。这三个信号的特点是：①响应速度快，可以在 20ms 响应；②精度高，在一次调频的工作区间 49.8～50.2Hz，保证 0.2 级的精度；③与电网同源的频率信号可以避免汽轮机侧的低频振荡产生；④在一次调频动作时，装置具有录波功能，如实记录调频动作的过程。

该厂直采网频智能测量方案的优点有：①把传统的模拟式方案推进到数字式时代，根本上解决了模拟式产品出现的问题；②创新地把电网的高精度频率信号提供给热工参与一次调频，使热工响应速度大幅度提高，调频也就是调功率，其频率响应快，有功功率响应小于 40ms，使得一次调频全过程的响应时间大大缩短；③结构更简单，取代了约四十个单一变送器；同时，不用从汽轮机取转速信号，可以把转速测量的相关设备取消，热工相关设备的使用寿命大幅提高。

2018 年 6 月中旬，湖北某电厂 12 号机组电气二次智能测量方案实施并投用，该机组的电气二次智能测量方案实施前 2018 年 5 月一次调频合格率为 56%，不满足电网对一次调频响应的要求被考核了电量。电气二次智能测量方案实施后，高精率频率采样装置提供给一次调频所需的高精度及快速响应的频率信号，投用后 2018 年 7 月该机组的一次调频合格率为 95.455%，满足电网对一次调频的响应要求，一次调频合格率排名全省第一，按两个细则达到奖励条件。

图 5　湖北某电厂 12 号机组电气二次智能测量屏

6　结语

综上所述，利用智能变送装置直采的电网频率与调度考核同源，给 DEH 侧提供可靠的有功功率信号、高精度的频率信号，结合热工策略的优化，可以显著提升电厂一次调频的性能，实现稳定电网频率的作用，具有良好的推广应用前景。

参考文献

[1] 刘心雄，皮博文. 一次调频辅助服务功能的考核方法研究 [J]. 科技传播，2010（1）：8-11.
[2] 杨涛. 火电机组有功功率变送器暂态性能分析 [M]. 北京：中国水利水电出版社，2014.
[3] 亢鹏越. 火电机组零功率保护的应用研究 [J]. 中国电力，2014，47（9）：107-111.

作者简介

包玉树（1963—　），男，江苏徐州人，本科，研究员级高工。主要研究方向为电气试验及高压计量。E-mail：baoyushu@ sina. cn

晋兆安（1975—　），男，电气工程师，主要研究方向为继电保护、电力系统及其自动化。E-mail：13913968633@ 139. com

柯德渠（1978—　），男，电气工程师，主要研究方向为继电保护、电力系统及其自动化。E-mail：13914714072@ 139. com

高压变频技术在电厂循环水系统的合理应用

傅宁涛

（湛江电力有限公司，广东　湛江　524099）

【摘　要】　近年来，电力发展已进入市场经济阶段，电厂管理不仅为了稳发满发，还要求以最经济的成本供电，提高经济效益。在火电厂中，泵与风机是最主要的耗电设备，容量大、耗电多。因此，泵与风机成为火电厂节约厂用电、降低供电煤耗率的重点设备。本文对300MW机组循环水泵高压变频改造项目，从安全性和经济性两方面进行分析，指出循环水泵变频应用应针对不同地域、不同设计区别对待，且不可盲从，避免既损安全，又无经济效益。

【关键词】　循环水泵；变频改造；安全性；经济性

0　引言

近年来，电力发展已进入市场经济阶段，电厂管理不仅为了稳发满发，还要求以最经济的成本供电，提高经济效益。在火电厂中，泵与风机是最主要的耗电设备，容量大、耗电多。因此，泵与风机成为火电厂节约厂用电、降低供电煤耗率的重点设备。

循环水泵的用电量在厂用电量和厂用电率的测量和评估中占有相当的份额，是电厂节能增效的重要环节。为了提高循环水泵使用经济性，在维持凝汽器真空的同时，降低厂用电量。很多电厂，特别是老电厂，都把对循环水泵的改造作为节能降耗、增加效益的重要途径。

但循环水系统的影响因素相对较多，循环水泵进口水温受季节变换、负荷等因素影响，天气变热变冷或者负荷高低以及由于潮汐引起的源水水位变化等因素，都会影响循环水泵的冗余度。在我国南方地区比较炎热的天气和地区用电紧张的情况下，如果循环水泵初始设计裕量不足，循环水泵变频改造的经济性就不足。

本文通过南方地区某火电厂循环水泵变频改造前的论证情况，提出进行循环水泵变频改造应综合考虑地区、季节变换、设计裕量、运行方式、潮汐水位等因素，对变频改造的安全性和经济性进行综合分析，切不可盲目进行循环水泵变频改造，以免既损害了安全，又无经济性，同时又增加了维护成本。

1　设备概述

某火电厂的3号、4号汽轮机组是一次中间再热的凝汽式大型汽轮发电机组。该机组额定功率为300MW（24.5℃循环水温）。

循环水泵初始设计时为定速运行，而且设计的循环水泵进口水温比较高，为24.5℃。但是在正常运行中，冬季运行时，循环水泵进口水温比设计温度低，在机组低负荷运行时，循环水泵出口流量超过最佳真空所需的循环水量。但定速运行的循环水泵不能调整，导致循环倍率超过设计值，凝汽器真空超过设计的最佳真空，既增加机组的热耗率，又增加循环水泵的耗功，增大了厂用电率，最终导致全厂经济性下降。

每台机组配有两台循环水泵，采用母管制运行，依靠海水进行循环冷却。

为了达到节能降耗的目的，在保证凝汽器换热效果和运行安全的基础上，节约厂用电，希望对循环水泵电机进行变频改造，调整循环水泵转速，相应地调整循环水量。但经过反复论证后，从安全性和经济性方面综合考虑，均不宜进行变频改造。

设备参数如下：

（1）汽轮机主要技术参数：型号为 N300 - 16.7/537/537 - 3；型式为单轴、双缸双排气、亚临界中间再热、凝汽式汽轮机。

（2）循环水泵和电机技术参数：循环水泵数量为 2 台/机；循环水泵型号为 72LKSA - 21A；循环水泵额定容量为 21672m³/h；循环水泵转速为 370r/min；循环水泵电机功率为 1600kW。

2 数据处理及分析

2.1 循环水泵电动机工频运行时循环水流量和耗功计算结果

按照 3 号、4 号机组循环水泵的配套现状，在循环水泵电动机工频运行条件下，循环水泵主要有三种运行方式，即两机两台循环水泵运行（两机两泵）、两机治循环水泵运行（两机三泵）。对于单台机组，循环水泵的运行方式主要为一机两泵。

根据循环水泵的设计性能和 3 号机组循环水系统实际阻力特性，计算循环水泵在不同运行方式下的流量和耗功。计算结果如图 1 所示。

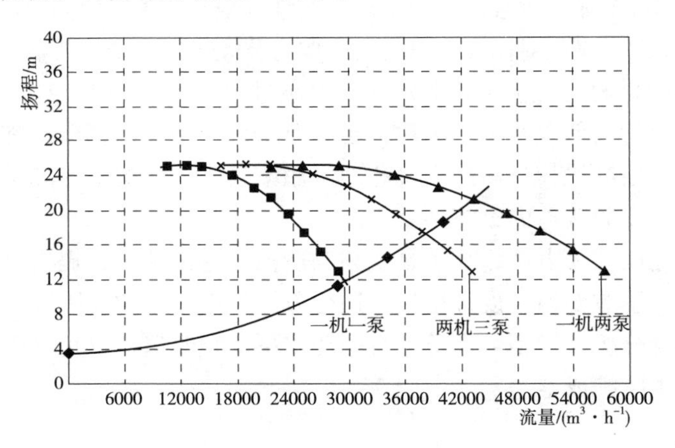

图 1　电动机工频条件下循环水泵运行点的确定

2.2 循环水泵电动机变频运行时循环水流量和耗功计算结果

根据泵的相似定律，同一台泵在改变转速时，流量与转速的一次方、扬程与转速的平方、功率与转速的三次方成正比。依据上述关系，计算出循环水泵在不同转速下的流量和扬程，并做出在不同转速下循环水泵的性能曲线。计算结果如图 2 所示。

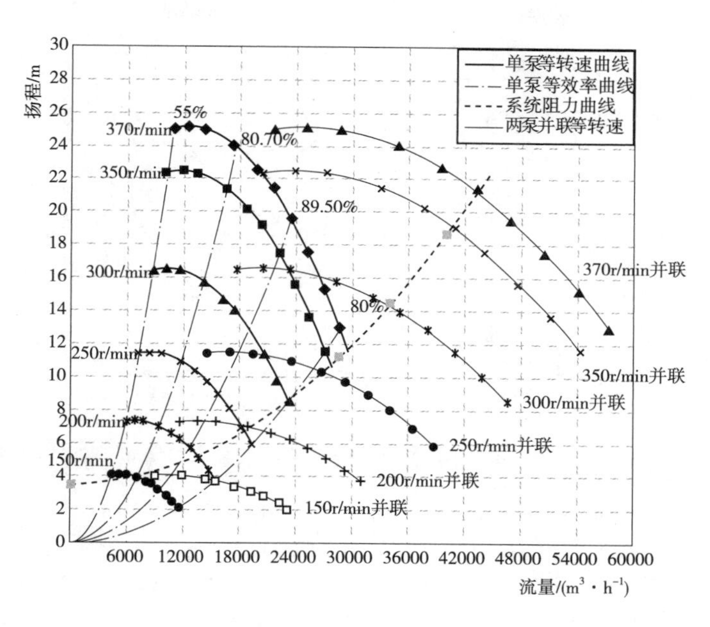

图2　5号、6号、7号、8号循环水泵变转速性能曲线

根据循环水泵在不同转速下的性能参数及循环水系统阻力特性，计算得到单台机组在单台循环水泵电动机变频运行时，在不同转速下的循环水流量及其耗功，计算结果如图3和图4所示。

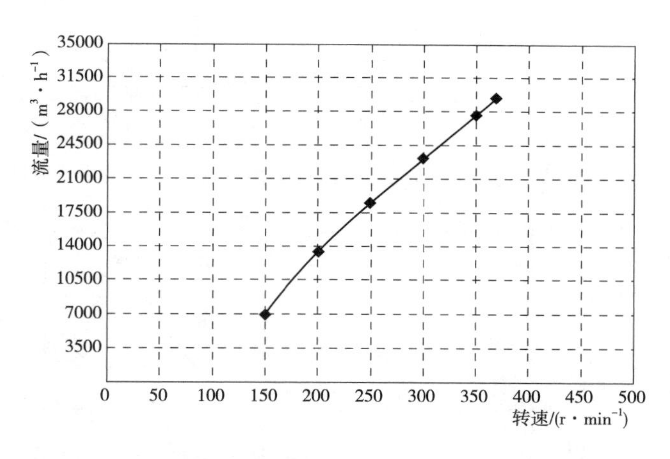

图3　单台循环水泵电动机变频运行时循环水泵转速—流量曲线

根据循环水泵在不同转速下的性能参数、并联运行特性及循环水系统阻力特性，计算得到单台机组两台循环水泵（变频）并联运行时，在不同转速下的循环水泵出口流量及其耗功，计算结果如图5和图6所示。

2.3　循环水泵在电动机变频条件下运行优化计算

2.3.1　循环水泵在电动机变频条件下的运行优化原则

由于受凝汽器水室虹吸及循环水泵不稳定运行区的限制，循环水泵电动机变频条件下的运行优化按照以下原则进行。

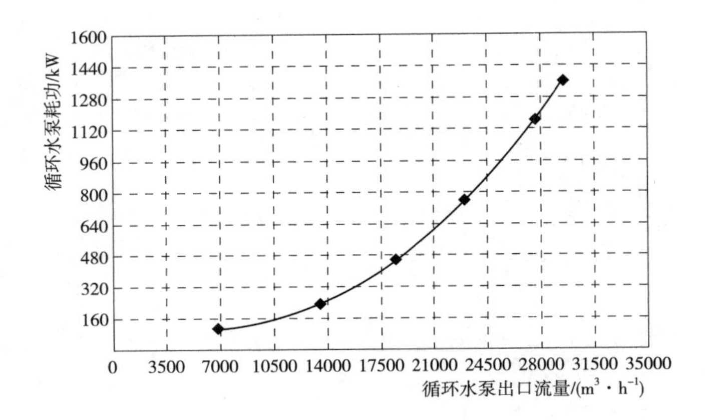

图 4　单台循环水泵电动机变频运行时循环水泵出口流量—耗功曲线

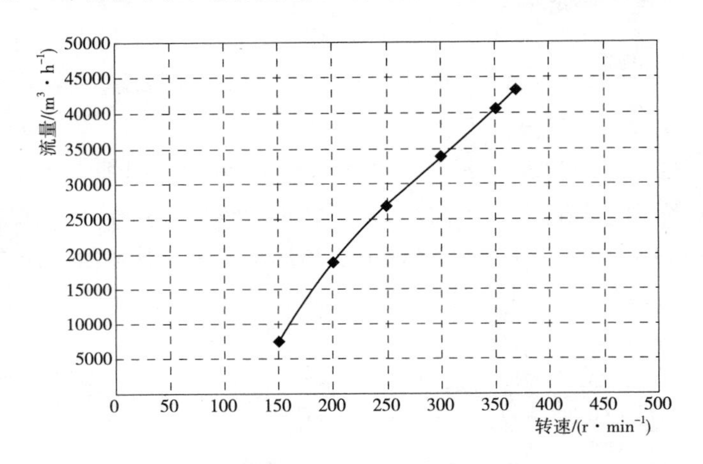

图 5　两台循环水泵电动机变频运行时循环水泵转速—流量曲线

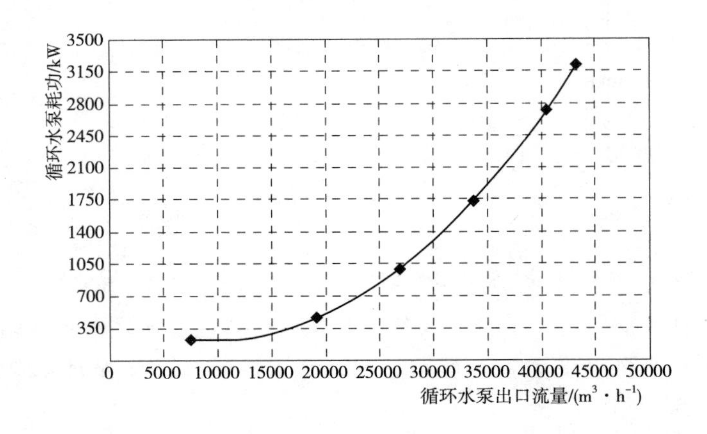

图 6　两台循环水泵电动机变频运行时循环水泵出口流量—耗功曲线

（1）在循环水泵电动机变频运行方式下，为保证凝汽器水室的虹吸不被破坏、循环水正常流通，循环水泵扬程必须大于 10m。这就要求单台循环水泵电动机变频运行、循环水流量大于 26174m^3/h 或者循环水泵转速大于 230r/min，即变频装置输出频率大于 31Hz。

（2）当工频运行方式优于变频运行方式时，最优方式选取循环水泵电动机工频运行方式。

2.3.2 机组循环水泵的最佳运行方式

根据变频装置在不同输出频率时凝汽器冷却水流量与耗功的关系、汽轮机输出功率和排汽压力的关系、工频运行方式下的优化结果，结合凝汽器变工况特性，计算出机组在不同负荷和冷却水进口温度下的最佳运行方式，如图7所示。

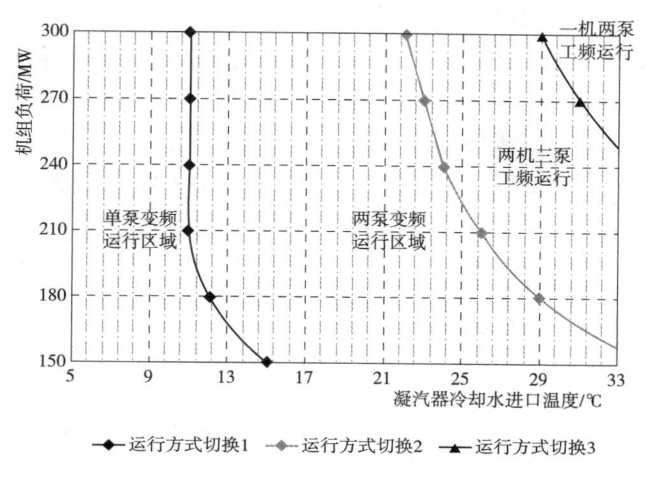

图7 3号机组循环水泵最佳运行方式

由图7可以看出，在以下五种条件下，循环水泵在电动机变频运行时的经济性不如工频运行时的经济性：①循环水进口温度达到22℃，机组负荷300MW；②循环水进口温度达到23℃，机组负荷高于270MW；③循环水进口温度达到24℃，机组负荷高于240MW；④循环水进口温度达到26℃，机组负荷高于210MW；⑤循环水进口温度达到29℃，机组负荷高于180MW。

3 变频改造方案的经济性评价

循环水泵电动机变频改造后的节能效果最终反映为机组供电煤耗率的降低，如图8所示。

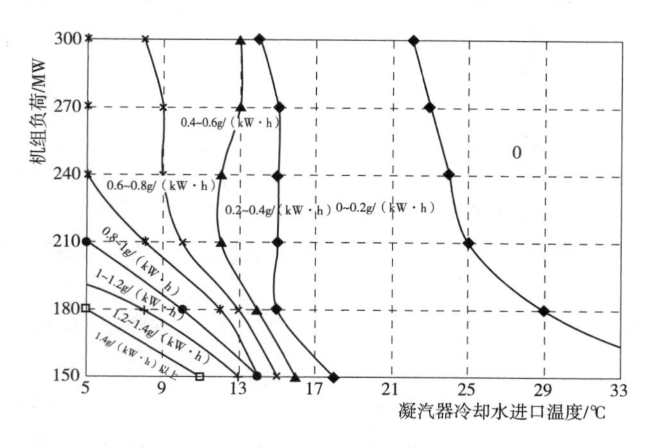

图8 循环水泵电动机变频改造后供电煤耗率降低值分布图

从图8可以看出，在循环水进口温度大于15℃的条件下，循环水泵电动机变频改造使机组供电煤耗率降低小于0.2g/（kW·h）；在循环水进口温度大于25℃，机组负荷大于210MW的条件下，循环水泵电动机变频改造对机组供电煤耗率没有影响。

根据生产日报表，机组出力系数约为70%。按照海水温度在11月、12月和次年的1月、2月和3月均为20℃计算节煤量。则单台机组每年节煤量为0.08×210×24×30×5=60480（kg）。3号、4号机组每年总节煤量为2×60480=120960（kg）。

按照每吨标准煤1000元计算，则3号、4号机组年节煤量的收益为（120960/1000）×1000×10^{-4}=12.096（万元）。

循环水泵电动机变频改造费用按照电动机每1kW投资500元计算，则3号机组两台循环水泵电动机变频改造所需费用为160万元。因此3号、4号机组循环水泵电动机变频改造所需总费用为320万元。

按照静态分析法（不考虑利率）计算，投资回收期为320/12.096=26.4年。

4 变频改造方案的安全性评价

（1）高压变频器本身的可靠性，影响循环水系统运行的可靠性。

（2）在两机三台循环水泵运行方式下，3号、4号机组的凝汽器冷却水流量达不到设计值，降低了机组真空。

（3）机组真空对循环水量的变化很敏感，随循环水流量的降低下降很快。循环水流量下降2500m^3/h，机组真空下降2kPa，导致机组相同主参数下出力明显下降。

5 结语

（1）四台循环水泵电动机变频改造投资大、收益小、回收年限长。

（2）变频改造后，机组安全性有所降低。

（3）在两机三台循环水泵运行方式下，3号、4号机组的凝汽器冷却水流量达不到设计值，降低了机组真空、增加了机组供电煤耗。

因此，建议不进行循环水泵变频改造，而应在提高机组真空严密性上下工夫，达到提高机组冷端效果、节能降耗的目的。

参考文献

[1] DL/T 994—2006 火电厂风机水泵用高压变频器［S］.
[2] HEI 2629—2012. Standards for steam surface condensers［S］. tenth edition. Heat Exchange Institute（HEI）.
[3] 梁雨，李东. 变频器在火力发电厂循环水泵电机上的应用［J］. 热电技术，2008（1）：28－29.
[4] 四川省电力工业局，四川省电力教育协会. 汽轮机及其辅助设备的经济分析［M］. 北京：中国电力出版社，2000.
[5] 常冬，王学信，武岱丽. 变频循环水泵在电厂中的应用［J］. 热电技术，2006（4）：50－52.
[6] 冶金部自动化研究所. 大功率变频调速技术的推广应用［J］. 中国能源，1998（7）：16－19，33.
[7] 杨耕，马挺. 浅析通用变频器的工程技术要点［J］. 电力电子技术，2001，35（2）：59－62.
[8] 电力工业部西北电力设计院. 电力工程电气设计手册（电气二次部分）［M］. 北京：中国电力出版社，1994.

[9] 朱洪波，于庆广，李锫，等. 高压变频器与工频电源之间软切换方式的研究［J］. 电力系统自动化，2004，28（6）：91－93.
[10] 张永惠. 变频调速技术的发展［J］. 自动化博览，1999（6）：22－25.

作者简介

傅宁涛（1974— ），男，电气高级工程师，高级技师，从事电力系统电气二次设备管理工作。E－mail：fanis0917@ sina. com

非经典的3/2主接线电气二次系统设计思路探讨

刘　鹏

（大唐户县第二热电厂，陕西　户县　710302）

【摘　要】　户县第二热电厂330kV变电站在基建期采用了一种特殊的有推广意义的非经典3/2主接线方式，这种特殊的主接线方式能够节约设备投资和占地面积，但是使继电保护配置复杂化。本文从一种新的思路和视角出发，重新对这种特殊3/2主接线的继电保护进行设计配置。这种新的设计方案克服、规避了原设计方案的弊端，更能发挥3/2主接线的优点，而且能够进一步节约设备投资成本、提高运行安全可靠性、简化电气二次系统并大大减少了日常维护检修工作量。

【关键词】　3/2主接线；双母线主接线；保护配置；母线保护；失灵保护

0　引言

3/2主接线方式以其高度的可靠性、运行调度灵活、操作检修方便的特点，已被国内外大型电厂和超高压变电站广泛采用。近年来，随着高变比变压器的出现，越来越多的变电站设计摒弃了从地区低压电网接取启备电源的方案，转而采用高变比变压器直接从本厂（站）高压主接线系统接取启备电源方案，因此出现了3/2主接线的不完整串。不完整串的典型设计方案是：启备变并接于两条母线，并联两个分支各带一个断路器和相应的隔离开关。这种设计方案多用在奇数分支的3/2主接线，每两个分支构成一个完整串，最后一个分支用不完整串，既不破坏3/2接线的环形结构，又减少一个断路器设计。一个带不完整串的3/2主接线典型设计如图1所示。

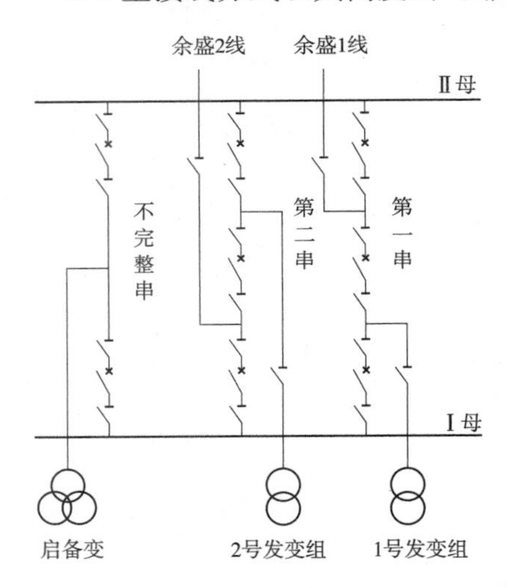

图1　3/2主接线典型设计接线图

在采用3/2主接线设计方案的电厂中，户县第二热电厂出于节约资金和土地资源的考虑，尝试采用了一种特殊的3/2接线的设计方案。在这个方案中，典型的不完整串（启备变串）双断路器设计方案被取代，换为一个断路器带两个隔离开关的方案。但是这种主接线形式给继电保护的配置和运行操作带来一系列新问题。最初这些问题的解决思路，均是以3/2主接线为出发点，以3/2主接线的母线保护配置方案为基础制定出各个问题的解决方案。设计方案得以实施后，短期内效果显著，既节省了资金，又缩小了变电站的占地面积，同时电气二次系统产生的诸多问题得到解决。但是经过长期运行暴露出很多弊端，降低了主接线的可靠性、灵活性，使电气二次系统复杂化，使运行操作复杂化。这些都使得这种节约了资金和土地资源的设计方案并没有得到更多的推广。

户县第二热电厂装机容量为300MW的2台燃煤发电机组，330kV变电站以3/2主接线思路为基础，设计两条330kV母线，共5个支路，两个电源支路、两个负荷支路和一个启备变支路，如图2所示。

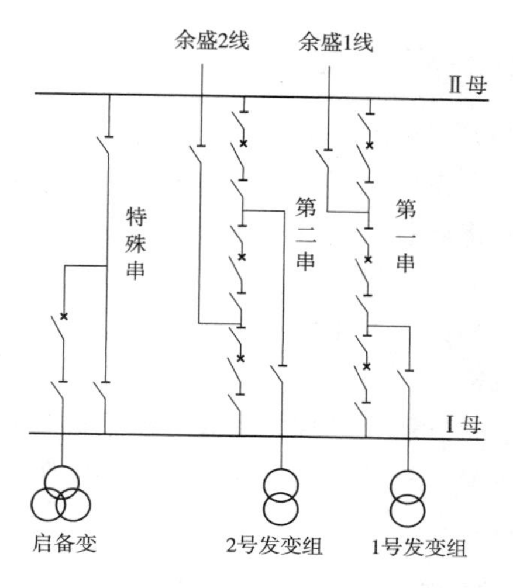

图2　特殊3/2主接线设计接线图

1　户县第二热电厂主接线在设计阶段遇到的问题及解决方案

户县第二热电厂在确定主接线（图2）方式后，必须要解决下列因起备变的不完整串所带来的问题。

1.1　启备变串不能同时跨接两条母线的问题

解决方案是：不跨接，启备变串只接一条母线解环运行。

1.2　母差保护差流计算选择性问题

解决方案是：对保护进行升级，把启备变两分支的隔离开关位置引入保护装置，让保护装置根据刀闸位置判断起备变串的运行方式，自动计算。

1.3　母线保护出口跳闸选择性问题

解决方案是：人工根据运行方式，对母线保护跳启备变断路器的出口压板进行投退操作。

1.4　母线失灵保护失灵开入选择性问题

解决方案是：在失灵开入回路加装压板，依靠人工根据运行方式进行投退操作，来满足母线失灵保护开入的选择性要求。

2 户县第二热电厂特殊3/2接线以及母线保护投运后的情况

通过对数年运行情况的总结，笔者认为户县第二热电厂非典型3/2接线的创新设计并不成功，因为下述的原因导致了这个设计方案虽然节约了设备投资和土地资源，但是没有得到进一步的推广。

2.1 降低了3/2接线的灵活性和可靠性

3/2主接线的优点就是高度的可靠性、运行调度灵活、操作检修方便。要充分发挥3/2接线的这些优点，经典的设计方案应该至少有三个串，这样才能形成多环型以保证运行的高可靠性。户县第二热电厂最终将启备变串只挂单母线运行的方案恰恰就是将三个串改为两个串运行，启备变串无法构成回路，使得户县第二热电厂3/2接线变成单环型类同于角型接线的方式，降低了3/2接线的灵活性和可靠性。

原本3/2接线方式下母线停运不会造成任何连接组件停电，但是由于启备变的特殊结构以及运行方式的限制，当挂启备变运行母线因故停电后启备变一定会受影响停电。同时启备变串不能够跨接互联运行的限制，导致在启备变串倒母线操作过程中将失去电源，这也降低了发电机组运行的安全可靠性。

2.2 操作过于复杂降低了设备安全运行的可靠性

因为启备变串运行方式的限制，所以其倒母线的操作过程非常复杂，这些繁杂的操作每一项的正确性以及操作顺序都至关重要，稍有差错就会影响母线保护的正常运行，导致不可估量的后果。这给运行操作人员带来巨大的压力，也给设备的安全带来诸多不确定因素。

2.3 电气二次系统过于复杂

3/2主接线的母线保护按双重化原则配置总数达到4套，相应的电流二次回路、出口跳闸回路、失灵开入回路以及其他辅助二次回路本来就非常复杂，又因为启备变串的特殊性，使得启备变串的电流二次回路、出口跳闸回路、失灵开入回路都是4套。4套保护装置加上如此繁多复杂的二次回路配置，使得电气二次系统的故障点剧增，检修人员的日常维护工作量和检修工作量巨大，最终导致二次系统的隐患增多。

3 基于另一种思路对这种特殊3/2接线母线保护重新配置的分析

认真研究图2的户县第二热电厂特殊3/2主接线可以发现，启备变串就是一个双母线接线方式。经过认真考虑、仔细推敲，笔者发现按双母线形式配置保护是一个解决问题的新思路。

如图3所示，将这种特殊3/2主接线的两条母线按双母线方式配置一套母线保护。下面对这一方案进行详细阐述。

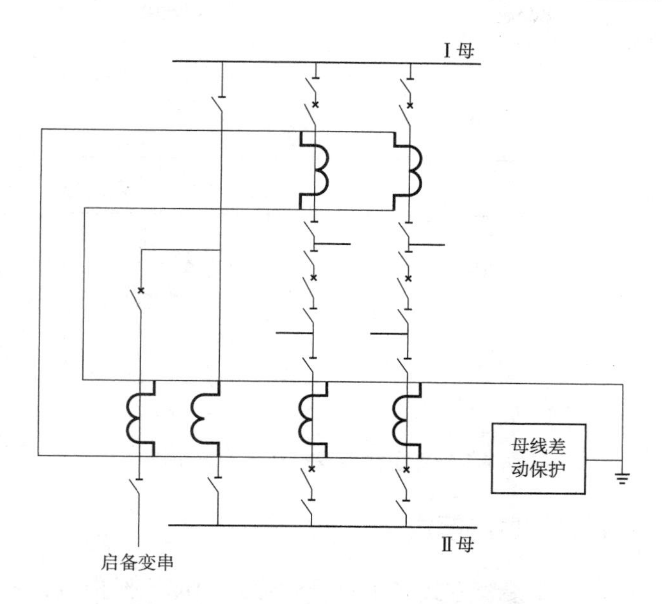

图3　按双母线原则母线保护配置方案

3.1　运行方式问题的解决

按双母线原则配置保护，启备变串的运行方式更为灵活、可靠。

首先，利用双母线差动保护所特有的大差判故障、小差选母线的功能，可以有效解决启备变串挂单母运行的选择性问题。

其次，可以跨接将两条母线互联运行，保证了启备变串的完整性，变3/2接线单环运行为多环运行。双母线差动保护有专门的互联功能，用于在两条母线互联后，一旦发生区内故障就由大差无选择性地跳开两条母线。两条母线互联运行在双母线主接线是要尽量避免的，一旦两条母线同时切除将造成全部支路失电。可是在3/2接线却不是问题，特别是户县第二热电厂两条出线是同杆并架双回线路，母线作为电能分配的角色并不重要，两条母线同时停运后并不影响电能的送出，只是改为发-变-线形式运行。

最后，这种方案运行启备变串可以在各种运行方式下切换，充分发挥了3/2接线方式的优点，提高了运行的可靠性、调度灵活性和操作检修简便性。

3.2　启备变串挂单母运行选择性问题的解决

众所周知，双母线差动保护有大差和小差功能，“小差”是在区内发生故障后，用于选择并切除故障母线。因为启备变串就是一个典型的双母线接线支路，所以不论启备变挂Ⅰ母还是Ⅱ母运行，只要区内发生故障，双母线保护的“小差”根据刀闸辅助触点开入情况，能够准确对故障母线进行选择并予以切除。而且“小差”保护本就具备选择性跳开故障母线各分支的功能，启备变断路器跳闸选择性也就不是问题了。

特殊主接线双母线结构分析图如图4所示。对于双母线保护而言，另外两个完整串分为四个分支，每个支路都有独立的断路器、隔离开关和电流互感器，不存在选择性问题，作为固定连接分支处理，无须给保护接入隔离开关辅助接点来判断分支运行状态，保护装置即可正确判别并选择故障点予以切除。

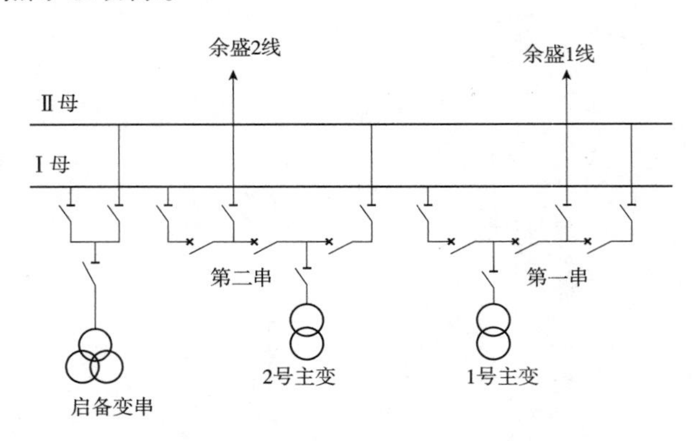

图 4　特殊主接线双母线结构分析图

3.3　失灵保护开入选择性问题的解决

户县第二热电厂特殊 3/2 接线方式采用双母线形式的母线保护后，就可以用开关量和电气量双重判据来提高失灵保护的可靠性。按断路器配置失灵保护不作改动，母线保护在接到某分支断路器失灵保护动作开入量后，同时还要满足该分支的相电流、零序电流、负序电流的电气量条件，才出口切除母线，这样就大大降低了因干扰、保护误动、人为误碰造成的失灵保护误动概率。

双母线形式的母线失灵保护按分支配置，本身就具有选择性，启备变串挂单母运行失灵启动就没有问题了。

3.4　二次系统过于复杂问题的解决

对于 220kV 及以上电压等级的设计规范，在 GB 14285—2006《继电保护和安全自动装置技术规程》和 Q/GDW 1161—2013《线路保护及辅助装置标准化设计规范》中都有“强化主保护，简化后备保护和二次回路”的要求。按 3/2 主接线配置母线保护需要四套，改为双母线方式配置保护只需要两套。相应的电流互感器二次回路、开关量输入回路、跳闸出口回路、信号回路等二次回路因此减少一半。

同时，因为增加了失灵保护电气量判据（微机保护不需要增加相应的电流二次回路），失灵开入的双重化可靠措施失去了意义，二次回路可以进一步简化。

这样，设备投资大幅降低，二次回路大幅简化，减少了故障点并提高了设备运行安全可靠性，同时降低了检修维护人员的工作量。

4　新方案遇到的问题和解决办法

凡事有利必有弊，新方案同样也存在一些问题。有些问题可以规避，有些问题需要采取改造措施来减小影响。

4.1　适用范围的局限性

新方案允许启备变分支跨接双母线互联运行方式存在，在这种运行方式下一旦发生母线区内故障，母差保护的大差组件将无选择性地切除两条母线。这在户县第二热电厂两条出线是同杆并架双回线路是不存在任何负荷影响的，因为母线的电能分配角色并不重要。但是，如果存在双线路串或双电源串，切除两条母线后一定会对电力系统造成影响，甚至发生停机或负荷停电事故。所以，新方案并不适用所有的3/2接线。

4.2 启备变串跨接互联运行方式下无选择性问题

同样是母线互联运行方式下发生故障，母差保护无选择性切除两条母线。在户县第二热电厂就会造成启备变失去电源，从而降低机组运行可靠性。

可以用改变运行方式的办法将启备变失电的概率降到最低。因为启备变分支互联运行的目的是避免3/2主接线在单环形式下运行，防止因断路器断开形成开环运行方式。完整串断路器断开后因投入启备变分支互联运行就解决了3/2接线开环运行分问题，又大大降低了启备变因母线故障失电的概率。

虽然这种办法没有根本解决启备变因母线故障失电的隐患，但是这种隐患是一次接线形式决定的，即使启备变挂单母运行方式也同样存在这个问题。

4.3 非选择性切除双母线后快速恢复非故障母线供电问题

双母线互联运行方式下发生故障将切除两条母线，如果此时要恢复启备变供电，就需要快速找到故障点，恢复非故障母线供电。

在互联运行方式下，大差会自动提高灵敏度，保证动作可靠性。而区内发生故障，非故障母线向故障母线提供故障电流是小差选择正确性的根本。跨接回路会通过故障电流，这部分电流没有计入小差差动电流的计算，是影响小差正确选择的关键。但是跨接回路通过全部故障电流的极端情况是不会发生的，只要在故障后认真分析小差的故障参数，快速找出故障母线不是问题。因为小差在互联状态下不参与跳闸，甚至可以提高小差定值的灵敏度，使其在第一时间发出信号，帮助分析人员快速做出正确判断。

依照这一思路可以进一步完善方案，增加一个电流互感器装在跨接回路，按母联断路器TA接入方案接入Ⅱ母小差，这样小差就可以在互联运行方式下进行正确的选择。虽然不能有选择性地切除母线，但是能够很好地解决非选择性动作后快速恢复非故障母线的问题。

5 结语

户县第二热电厂能够节约设备投资和土地资源的主接线方式是一个有意义的尝试。但是因为母线保护设计思路的限制，导致这个主接线形式没有得到广泛采用。而以双母线接线方式进行母线保护配置的新思路，解放了一次运行方式的限制，节约了电气二次系统的投资，简化了电气二次回路，提高了设备安全运行的可靠性。相比原设计方案，新方案在一些方面体现出来的优越性是不言而喻的。一个方案在经过实际运行检验前都是不成熟的，希望广大的电气二次工作者对这个方案提出更多的建议，也希望这种新的设计思路能够给3/2主接线的保护配置提供讨论和研究的价值。

参考文献

水利电力部西北电力设计院. 电力工程电气设计手册（电气一次部分）［M］. 北京：中国电力出版社，1989.

作者简介

刘　鹏（1976—　），男，河南荥阳人，电气二次专业工程师，现从事电气二次技术管理工作。E－mail：253155059@qq.com

直流系统反事故措施在电厂设计中的应用

周　彤[1]，周志强[2]

（1. 东北电力设计院，吉林　长春　130021；2. 大唐淮北发电厂，安徽　淮北　235000）

【摘　要】　本文根据直流系统规程及反措的要求，结合国内具体电厂实例，对火电厂直流系统的配置和接线进行分析，为电厂直流系统的电压选择、系统接线配置、辅助车间直流电源设置、直流双电源切换装置选用提供合理化的建议，同时针对国外某些火力发电厂的直流系统投标技术要求进行分析和论述；为更好地满足直流系统反措要求、合理设计配置电厂直流系统提供借鉴和参考。

【关键词】　直流系统；充电装置；分电柜；直流双电源切换

0　引言

近年来，随着电网公司和各发电集团对厂内直流系统的重视，电网公司及发电公司相继出台了很多新的技术要求，各大设计院按照 DL/T 5044—2014《电力工程直流电源系统设计技术规程》和各网公司、发电公司的设计导则，针对每一个具体的发电厂配置了不同的事故直流系统。本文结合具体电厂实例，从设计层面对系统配置和接线方式、设备选择给出建议；同时根据目前国外电厂投标时的技术要求，在标书响应和规范应用、反措参考等层面进行分析和探讨。

1　发电厂直流系统设计和配置

发电厂直流系统是独立于交流电源系统的电源，是保证发电厂安全、可靠和稳定运行的重要保障。本工程是属于某发电集团下属的 2×300MW 机组，220kV 双母线接线，出线为两条 220kV 线路。根据招标书技术要求并参考集团设计导则，按照火力发电厂直流规程的技术要求，对本电厂直流系统设计方案进行论述和分析。

1.1　直流系统设计

（1）根据 DL/T 5044—2014 要求，本工程两台发电机组采用单元制，机组直流系统也按单元设置。发电厂机组直流设备布置在集控楼或主厂房，供集控楼和主厂房内的直流负荷。当辅助车间离集控楼距离近时，辅助车间的分电柜电源也取自机组直流主屏。一般来说机组直流系统的供电范围有主厂房内直流控制、动力负荷、辅助厂房除灰、电除尘、输煤和水源地等。

由于 DL/T 5044—2014 对机组直流系统的供电范围没有明确规定，当主厂房附近的辅助车间需要直流电源时，为简化设计、节约投资，一般采用从机组直流系统引接电源供电。

（2）发电厂升压站部分的电气设备是属于全厂公用的，距离主厂房较远，为避免单元机组与升压站之间的相互影响，提高发电厂运行的可靠性，《国家电网公司发电厂重大反事故措施》（2007 年 10 月）18.1.1 中要求："发电机组用直流系统（包括化学水处理、除尘、除灰和消防等外围设备用直流系统）应与升压站直流系统相互独立。"故本工程采用升压站独立电源设置方式。

1.2 直流系统电压选择

DL/T 5044—2014 对升压站网络直流系统电压选择没有明确的规程规定，在本工程中，升压站直流系统电压选择考虑与机组直流系统相互协调配合，采用 220V 电压等级。

升压站直流负荷主要是保护装置电源、断路器的控制用电源、自动装置电源、测控装置电源、UPS 直流电源。升压站直流系统标称电压的确定取决于下列因素：

（1）对于控制负荷，一般电流较小，可以采用 110V。升压站一般无电动机负荷，目前高压断路器均采用液压或弹簧操动机构，合闸电流只有 2~5A，若供电距离较短，可以采用。当负荷功率较大，且供电距离较长时，如采用 110V 电压，为满足规定的电压降，需要电缆截面较大，电缆投资增加，建议采用 220V 电压。

（2）高压断路器的跳合闸线圈的电流、电压要求如下：以平高断路器为例，合闸允许电压（80%~110%）U_N，合闸电流 2A；以 ABB 断路器为例，分闸允许电压（65%~120%）U_N，分闸电流 3A。

参考以上参数，若在事故放电末期，断路器仍能可靠地分合闸，计算电缆截面。当直流电压为 220V 时，若控制电缆长度在 500m 以内，电缆压降按 4%计算，电缆截面面积不会大于 $4mm^2$。当直流电压为 110V 时，若电缆长度超过 250m，就要选用截面面积为 $6mm^2$ 或 $10mm^2$ 的电缆，要连接截面面积大的电缆芯必须采取特殊的连接方式，这给施工和维护都带来困难。

基于上述技术和经济上的考虑，对于 110V 直流电压主要适用于 110kV 及以下变电站、发电厂升压站（GIS）、发电厂专供机组控制负荷的直流系统。

对于 220V 直流电压主要适用于 220kV 及以上变电站、换流站、规模较大的发电厂升压站（敞开式）以及发电厂专供机组动力负荷的直流系统。

发电厂升压站配电装置规模较大，而直流系统是集中设置的，直流电缆的敷设距离很长，若采用 110V 直流电压，虽然控制电缆的截面选择很大，但往往仍不能满足压降要求。因此采用 220V 电压更合适。一方面减少了直流电缆长度，降低了电容电流；另一方面减少直流系统故障时的影响范围，对升压站的安全运行有利。

升压站直流控制电压应与机组直流控制电压保持一致，这是为了避免在控制、保护柜内同时出现两种不同电压（例如与升压站有关联的发电机—变压器组的控制和保护柜中），方便运行人员检修和维护，防止误操作，造成不必要的事故。

当升压站直流电压采用 110V 时，提供网络 UPS 系统直流电源（备用）、直流事故照明电源时也不方便。

1.3 直流系统接线方式

1.3.1 充电装置组数配置

根据 DL/T 5044—2014 要求，本工程直流充电装置基本上采用高频开关电源模块型充电装置。对于每台机组220V直流蓄电池设置一组充电装置。

从技术层面上看，每套高频开关电源模块型充电装置可采用模块备用方式，单一模块故障不会影响充电装置的正常运行，这与相控型充电装置是不同的。《国家电网公司发电厂重大反事故措施》中强调两组蓄电池、三台充电装置方案并没有明确充电装置的型式，对于高频开关电源模块充电装置是否还需要采用整机备用，值得商榷。据了解，大部分电厂反映备用高频开关电源模块充电装置的利用率不高，很多是作为模块备用，且增加直流系统接线和监控的复杂性。因此，本工程推荐对两组蓄电池采用两组高频充电装置的方案，备用方式采用 *N*+1 方式（六个模块以上时采用 *N*+2）。

对于网络部分的220V直流蓄电池组，考虑到国网有明确的要求，两组220V蓄电池组采用三组充电装置配置（*N*+*N* 备用模式）。

1.3.2 机组部分直流系统接线

本工程机组部分设计的直流系统接线，两组蓄电池、两套充电装置。

直流系统典型接线如图1所示。

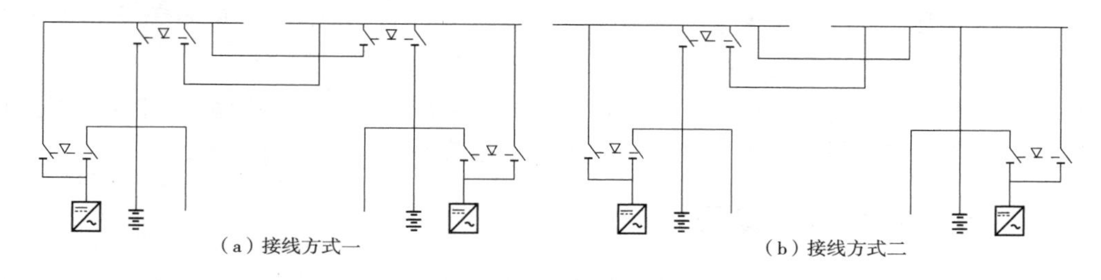

（a）接线方式一　　（b）接线方式二

图1　直流系统典型接线示意图

接线特点分析如下：

（1）图1（a）充电装置经双切换实现对蓄电池组充电或直接上直流母线的选择。可解决退出蓄电池运行时，直流母线仍可以由充电装置暂时供电以保证直流系统切换时不中断直流母线供电。直流母线电源开关与联络开关相互闭锁，保证两组蓄电池不可能并联运行。这种接线方式两组充电装置可能短时并联运行，当两组充电装置电压差别较大或限流特性较差时将出现抢负荷现象；监控装置配置不当时，可能会引起功能混乱。这种接线的充电装置适用于两组蓄电池不允许并联但要求直流母线电源切换时不停电的直流系统，可满足蓄电池各种工况运行的需要，其监控装置必须按蓄电池组数配置。正常运行时这种接线充电装置与蓄电池在母线并联运行，提高了直流母线供电的可靠性。但根据国网直流系统反措要求：“直流母线在正常运行和改变运行方式的操作中，严禁脱开蓄电池组”。因此由充电装置单独向直流母线供电的运行方式已不允许采用。

（2）图2（b）充电装置经双切换实现对蓄电池组充电或直接上直流母线的选择。根据目前的研究结果，当电压相差不大时，两组铅酸蓄电池组短时并联不会对蓄电池造成大的危害，因此两组蓄电池的直流母线可以直接用联络电器短时并联运行。直流母线短时并列是现场处理异常问题的有效手段，包括一些试验性测试工作，如蓄电池组的核对性充放电等都需要进行短时间并列运行，因此这种直流系统接线方式简化了接线和运行操作，并实现直流母线的不断电切换，得到广泛采用，本工程采用此方式接线。

1.3.3 直流分电柜引接方式和切换方式

发电厂一般考虑在直流负荷中心处设直流分电柜，主要是简化网络接线和节约电缆。本工程在脱硫岛区域设置直流分电柜，电源分别来自主厂房1号和2号机组蓄电池组，切换方式采用手动切换方式。

1.4 辅助车间直流电源的设置问题

由于本工程输煤、化水等辅助车间电动机大部分采用380V电机，考虑到电动机频繁操作的特殊性，其电源部分一次接线为框架或塑壳开关加装接触器、热继电器，开关本身的操作由于次数很少，控制电源可以取自开关上口母线侧部分，就地接触器操作电源也取自本电机交流电源部分，此部分控制电源无需直流。

本工程6kV碎煤机电动机控制电源虽然需要直流，但由于本工程输煤部分并不单独设置6kV段，其供电电源部分同样引自主厂房工作段，所需控制电源部分由主厂房直流部分形成的柜顶小母线来提供，因而在输煤区域也并不需要单独的直流电源。

输煤、化水控制室内由于单独配置有UPS电源，其PLC模块、主机系统及其工业电视监控系统电源部分均由程控厂家统一完成，不需要单独的直流电源。

此外，输煤系统各皮带保护元件及料位计、检测系统所需电源一般都是交流电源，对直流电源部分也无要求。因此本工程在设计中不考虑输煤系统独立直流电源。

1.5 直流双电源切换装置的选用

考虑到直流规程中对标称电压相同、电压差小于规定值的两组电池在直流系统正常运行状态下允许短时并列运行的要求，本厂6kV、380V PC段直流控制小母线电压可以通过直流双电源切换装置实现无间断切换，从而保证在工作电源直流回路掉电时快速、安全地恢复直流控制电源，实现对重要直流负荷供电可靠性的保障。

2 国外发电厂直流系统选择设计的探讨

2.1 直流系统电压选择

根据东北电力设计院近期对国外投标书的研究，欧美国家的电厂在设计要求中往往对直流标称电压不做规定，大多倾向于全厂统一采用DC 220V，对直流蓄电池组数和电池持续放电时间却有较高要求，往往一台600MW机组需要配置三套DC 220V蓄电池，放电时间需要计算到6h，甚至到8h，造成投标计算式蓄电池容量很大，相应的短路电流水平也很高（一般大于30kA），给设备选型和导体选择造成了很大的困惑。

对于一些东南亚国家的电厂，考虑到大多接受中国标准，所以对直流电压的选择也不尽相同，220V/110V/48V均在投标过程中常见。

2.2 直流系统接线方式

和国内大多电厂技术要求相同，国外电厂对直流系统接线不做过多要求，单母线、单母线分段均为常规方案，只是在充电器选择和分电屏配置上有一些附加要求，例如高频开关充电器的选择、分电屏上三段式直流开关的选择计算、长距离直流电缆截面及压降的计算一般都需要设计部门给出完整的计算说明书。

2.3 直流系统布置

国外大多数电厂对直流系统设备的布置有严格的要求，一般不允许与电气继电器室、配电间布置在一个房间，对蓄电池的摆放一般也不接受多层层叠式布置方式，房间内要求单独加装专用通风装置或空调开风系统，对蓄电池内的温度、湿度及氢气浓度都有严格的检测要求，照明的防爆灯也有专门的照度要求。

3 结语

根据以上分析和论述，在对国内电厂的直流系统方案设计过程中应充分考虑直流规程、国网和地方电网的反措、各发电集团的设计导则相关技术要求和规定，合理配置直流系统的电压选择、接线方式和设备选择；同样在涉外工程中也应充分考虑到业主的要求和设计习惯，提供满足业主方各项要求的精品设计产品。

参考文献

[1] 华北电力设计院. DL/T 5044—2014 电力工程直流电源系统设计技术规程 [S]. 北京：中国计划出版社，2015.

[2] 白忠敏. 电力工程直流电源系统设计手册 [M]. 北京：中国电力出版社，1999.

作者简介

周　彤（1969—　），男，安徽人，本科，高工，研究方向为火力发电厂电气二次设计。E - mail：zhoutong@ nepdi. net

周志强（1967—　），男，安徽人，本科，高工，研究方向发电厂自动化控制运行管理。E - mail：zzq0038@ 126. com

母差保护动作故障分析判断和处理

刘　欢

（国电华北电力有限公司廊坊热电厂，河北　廊坊　065000）

【摘　要】　本文重点分析了某电厂220kV母线发生接地故障引起母差保护动作造成母线停电事故，着重从数据调取和现场勘察上全方位进行事故分析，并对事故中暴露的一些问题进行分析。

【关键词】　220kV；接地；母差保护

0　引言

某电厂2×350MW一期工程2号发电机组在2017年4月21日准备并网前，220kV母线差动保护动作。经调取故障录波数据、保护装置动作报告、现场解体勘察，最终找到了事故原因，并制定了抢修方案和防范措施。该厂220kV母线保护配置为长源深瑞BP－2C和南瑞继保PCS－915A保护装置，启备变保护为南瑞继保PCS－985T变压器保护装置。

1　事故经过

2017年4月21日某电厂1号机组运行，机组负荷260MW。该厂升压站系统图如图1所示，Ⅰ母PT224－9在合位，Ⅱ母QS_1在合位，母联断路器QF_1在合位，1号主变高压侧断路器QF_3、L_1断路器QF_2合闸位在Ⅱ母运行，启备变QS_4隔离开关合位，QF_4断路器合闸位，L_2断路器QF_5合闸位在Ⅰ母运行，电厂2号机组启动，2号主变高压侧QF_6、QS_2、QS_3在分闸位。

5：44值长向省调度申请2号机组并网，5：44合入QS_2，5：44：17母线保护动作，Ⅰ母母差保护动作，差动保护跳QF_1、QF_6、QF_5、QF_4，失灵保护启动，稳态量差动跳Ⅰ母。

继电保护专业人员随即到场检查，现场检查发现母联断路器QF_1跳闸，L_2 QF_5跳闸，启备变QF_4跳闸，母线保护装置PCS－915A、BP－2C均有故障告警，告警记录显示Ⅰ母母差保护动作，最大差电流5.07A，故障相为B相，QF_1失灵最大相电流3.21A。升压站故障录波器、机组故障录波器均启动录波，保护装置动作报告见表1。

表1　保护装置动作报告

BP－2C母线保护动作信息报告		
类别	时间	动作元件
保护动作情况	2014－4－21　5：44：17：743	保护启动
	5ms	Ⅰ母线差动，B相跳闸
	故障相别	B相
	I_{da}	000.00A
	I_{db}	003.33A
	I_{dc}	000.00A

续表

PCS－915A－G 母线保护整组动作报告			
启动时间	相对时间	动作相别	动作元件
2014－4－21 5：44：17：746	0000ms		保护启动
		B 相	变化量差动跳 Ⅰ 母
			Ⅰ 母母差保护动作
	0002ms		差动保护跳 QF_1
			QF_6、QF_5、QF_4
	0004ms		失灵保护启动
	0020ms	B 相	稳态量差动跳 Ⅰ 母
最大差电流：5.07A			
QF_1 失灵最大相电流：3.21A			

PCS－985T 启备变保护动作报告			
启动时间	相对时间	动作相别	动作元件
2014－4－21 5：44：17：746	0000ms		保护启动
	0531ms		高压侧零序电压 Ⅰ 段 t1
			跳高压侧，跳 A1 分支
			跳 B1 分支，跳 A2 分支
			跳 B2 分支
			解除失灵电压闭锁
			启动高压侧失灵

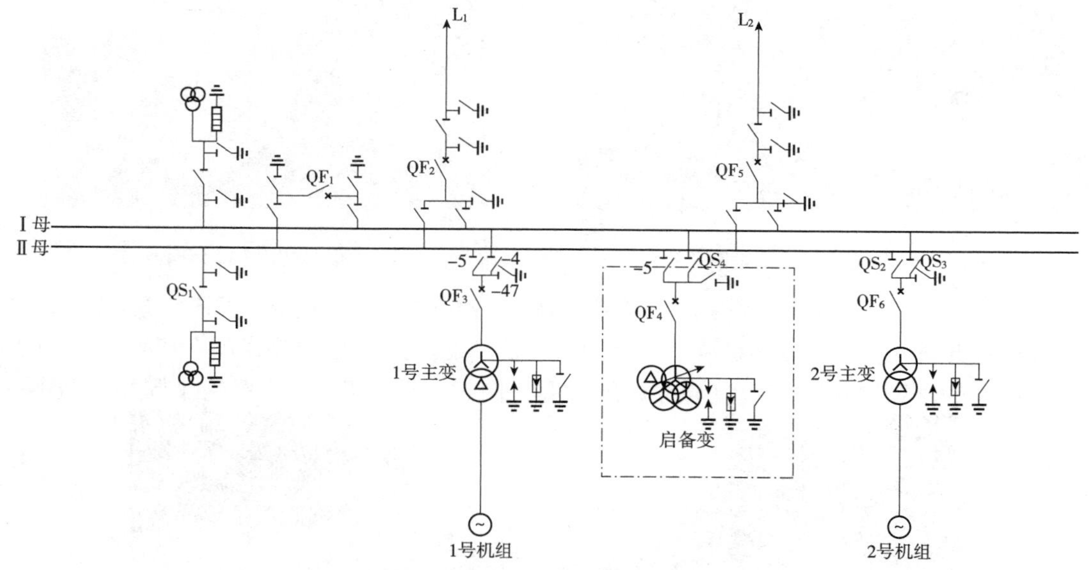

图 1　220kV 升压站系统接线图

2　故障原因查找

从升压站录波图可以看出，QS_3 合闸后，母线电压（Ⅰ 母、Ⅱ 母）B 相二次电压均下降至 35V 随后极速降至 0，两条母线二次开口三角电压均为 49V 左右，两条出线均有零序电流出现，可初步判断母线 B 相发生接地。因合 QS_3 前升压站设备运行正常，隔离开关合入后造成母线 B 相电压降低至 0，故可初步判断故障点在 QS_3B 相下口部位，因故障前母联断路器 QF_1 在合闸位，母线并列运行致使故障时刻Ⅱ母母线 B 相电压随之降低。

由保护装置动作报告分析：两套母线保护差动保护动作出口，判断故障母线为Ⅰ母，动作方式为先跳开母联断路器 QF_1，随后跳开Ⅰ母上所有负荷开关，即 L_2 QF_5、启备变 QF_4。由升压站录波图分析，保护动作及断路器跳闸的开关量分析符合母线保护动作相应开关的动作顺序。母线保护开出的跳 QF_5 的跳闸接点直接接入断路器的操作箱实现跳闸，故此 QF_5 线路保护装置除保护启动信息外无任何故障告警。

结合机组录波图进行分析，发现故障时刻主变高压侧 B 相电流突变，发电机机端电流轻微振荡，发变组保护无故障告警，结合主变连接方式可以判断故障点在系统母线侧，与运行机组无关。但由于Ⅰ母失电，启备变 QF_4 动作，2 号机组厂用电失电，机组被迫停运，同时根据省调度指令，将Ⅰ母进行腾空隔离，Ⅱ母单母线运行。

事故发生后，继电保护人员对故障录波器的波形进行分析，初步判断为 QS_3 隔离开关 B 相气室内发生单相接地故障，联系设备厂家及电科院人员到厂分析事故原因。电科院人员对 QS_3 B 相气室内 SF_6 气体检测，结果显示该气室内 SF_6 气体变质（图 2）。相邻的 QF_6 断路器和Ⅰ母 TV 间隔等气室的 SF_6 气体均合格。其数据为：SO_2 含量 0. 0μL/L；H_2S 含量 0. 0μL/L；CO 含量 3μL/L（图 3）。

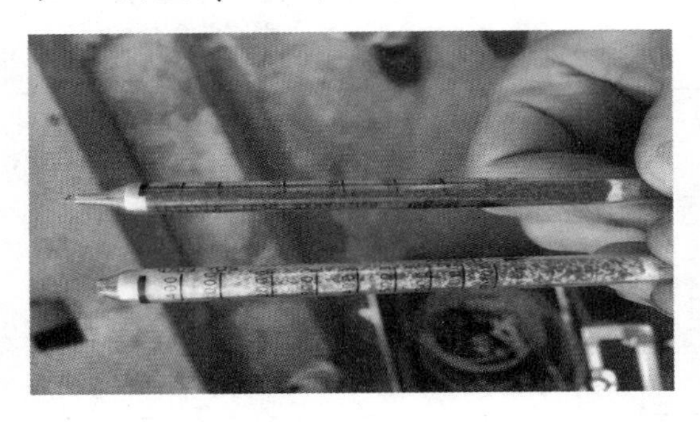

图 2　故障气室 SF_6 含量测试

图 3　相邻间隔 SF_6 气体测试

根据 SF_6 气体检测结果可确定故障区域在 QS_3 隔离开关 B 相气室内，GIS 设备厂家人员打开 QS_3 隔离开关气室进一步确定故障点及设备损伤情况。打开 QS_3 隔离开关侧和Ⅰ母侧的盖板，气室内有明显放电痕迹和白色结晶物质（图4、图5），而Ⅰ母侧存有白色结晶物质（图6）。

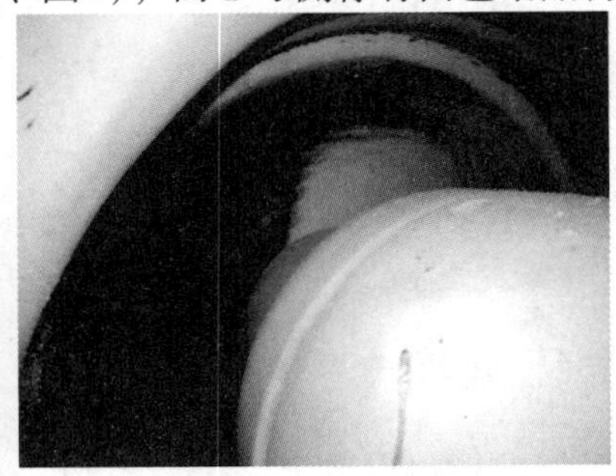

图 4　QS_3 间隔气室的放电现象

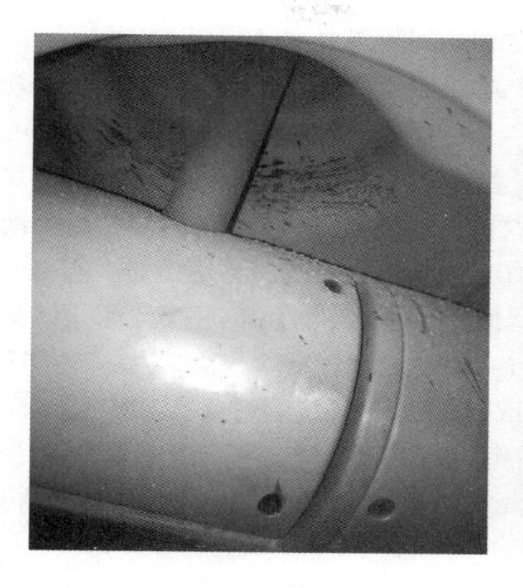

图5　QS_3 气室内的白色结晶物质

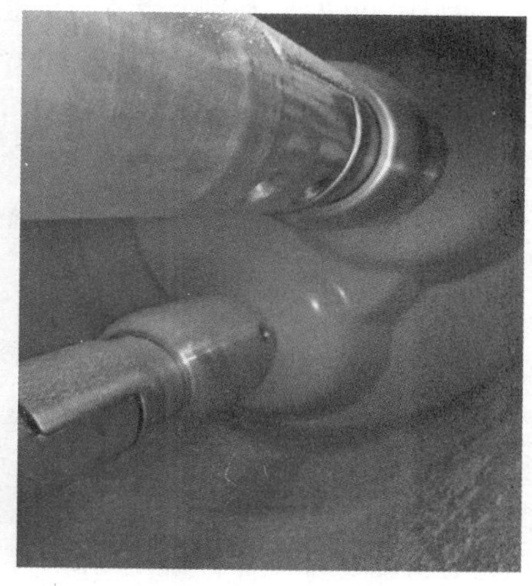

图6　Ⅰ母侧的白色结晶物质

4月26日11：00打开 QS_3 气室，检查确认故障点为 QS_3 B相。经GIS厂家相关技术专家现场检查确认，故障原因为 QS_3 B相盆式绝缘子有2条贯穿性裂纹，造成局部起弧对地放电，如图7所示。

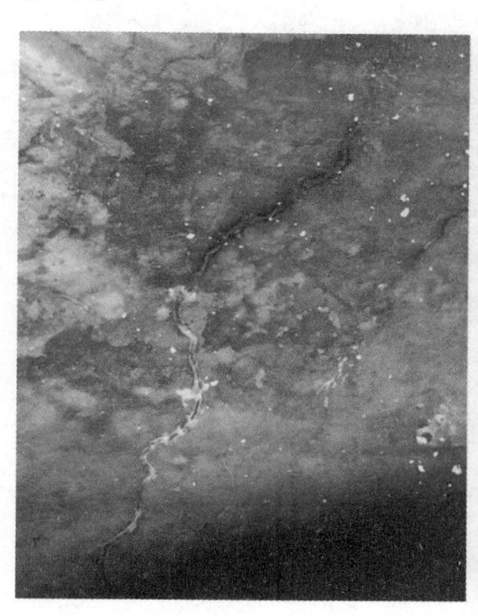

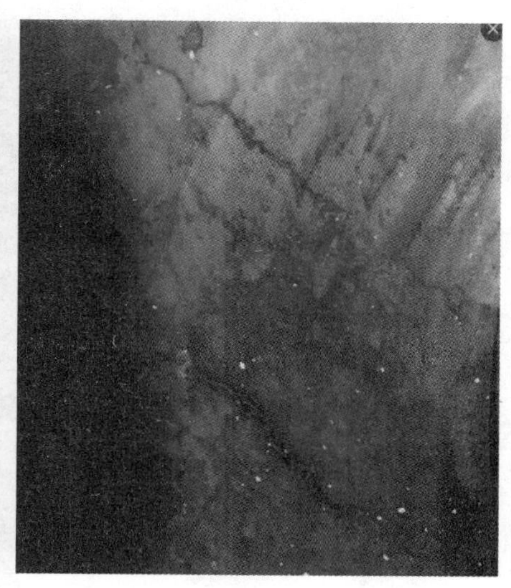

图7　QS_3 B相绝缘子的贯穿性裂纹

故障确认后，立即进行 QS_3 B相气室更换工作。4月26日11：30 GIS厂家技术人员对 QS_3 气室内白色结晶物质进行彻底清扫工作，12：30备件到达现场。14：00 GIS厂家技术人员对 QS_3 气室全面检查清扫确认无误后，开始进行备件回装工作。16：30回装工作结束。17：00由GIS厂家技术人员对异动部分（Ⅰ母线TV间隔母线段至 QS_3 气室 QS_3 处A、B、C三相）进行直阻测试，测得A、B、C三相的直流电阻分别为38.84μΩ、28.82μΩ、29.21μΩ。18：00开始对 QS_3 气室、Ⅰ母线TV间隔母线气室、QF_6 B相断路器气室进行抽真空工作，23：30抽真空工作结束。

4月27日0：00开始对QS_3气室、Ⅰ母线TV间隔母线气室、QF_6 B相断路器气室进行注SF_6工作，凌晨3：00全部加压至0.62MPa。15：45开始分别对各气室进行微水测试工作，记录数据合格；17：00开始分别对各气室进行检漏工作，未发现泄漏点。18：00更换工作全部完成。

5月1—3日，电厂、GIS厂家、电科院共同讨论确定220kV GIS Ⅰ母检修后同频同相交流耐压试验方案，并进行试验套管的安装工作以及试验设备的布置工作。

5月4日21：00，由电科院对220kVⅠ母线B相进行相同频同相交流耐压试验（含老炼及耐压试验9min和局放测量试验10min），21：20 B相耐压试验合格结束。21：45开始进行A相同频同相交流耐压试验（含老炼及耐压试验9min和局放测量试验10min），22：04 A相耐压试验合格结束。22：25开始进行C相同频同相交流耐压试验（含老炼及耐压试验9min和局放测量试验10min），22：45 C相耐压试验合格结束。23：00耐压试验所有工作结束。同频同相耐压试验现场如图8所示。

图8 同频同相耐压试验现场

5月5日12：50接调度指令，对220kV Ⅰ母线进行恢复送电，14：00 220kV Ⅰ母线恢复正常运行方式。

3 原因分析

综上所述，从QS_3气室检查情况来看，此次事故是由于GIS厂家制造工艺不规范，造成QS_3 B相盆式绝缘子有贯穿性裂纹，引起局部起弧对地放电，进一步造成母差保护动作。

4 暴露的问题

此次事故中，继电保护人员发现母差保护动作后，启备变QF_4并未直接跳开，而是由启备变高压侧零序电压保护动作后跳开启备变各侧断路器。原因为母差保护的动作接点接入启备变保护 PCS－985T 的接点为“高压侧失灵联跳开入”，高压侧失灵联跳判据如下：

高压侧相电流大于 1.1 倍额定电流，或零序电流大于 $0.1L_n$，或负序电流大于 $0.1L_n$，或电流突变量判据。

其中，电流突变量判据动作方程为

$$\Delta I>1.25\Delta I_t+I_{th}$$

式中：ΔI_t 为浮动门槛，随着电流变化量增大而逐步自动提高，取 1.25 倍可保证动作门槛值始终略高于电流不平衡值；ΔI 为电流变化量的幅值；I_{th}为固定门槛，取 $0.1L_n$。

考虑到母差保护动作后 QF_1 和 QF_5 随即跳开，虽然接地故障仍然存在，但启备变 QF_4 作为一个无源点，无法在 50ms 内持续向故障点提供足够的电流，故失灵联跳电流元件判据不满足条件使保护没有动作。根据启备变动作记录对故障时刻进行序量分析，零序电流未超过 0.1A（即 $0.1I_n$），负序电流虽然超过 0.1A（即 $0.1I_n$），但持续时间只有 39.984ms（图 9）。在 QF_4 未跳开期间，6kV 厂用电系统有众多高压电动机在运行，220kV Ⅰ母线失电后，高压电动机失去电源停止运行，停运过程中产生一个反电势使得零序电压持续存在，达到零序电压的动作值（180V，0.5s），最终零序电压保护动作跳开 QF_4 及分支断路器（图 10）。经过电厂继电保护人员与厂家技术人员沟通分析，发现 PCS－985T 的高压侧失灵联跳保护在此种故障情况下确实无法达到失灵联跳电流元件判据，存在保护拒动的可能性，只依靠后备保护将启备变跳开，建议将两套母差保护的出口接点分别接入非电量保护内，同类型机组配置的电厂可核查有无此问题。

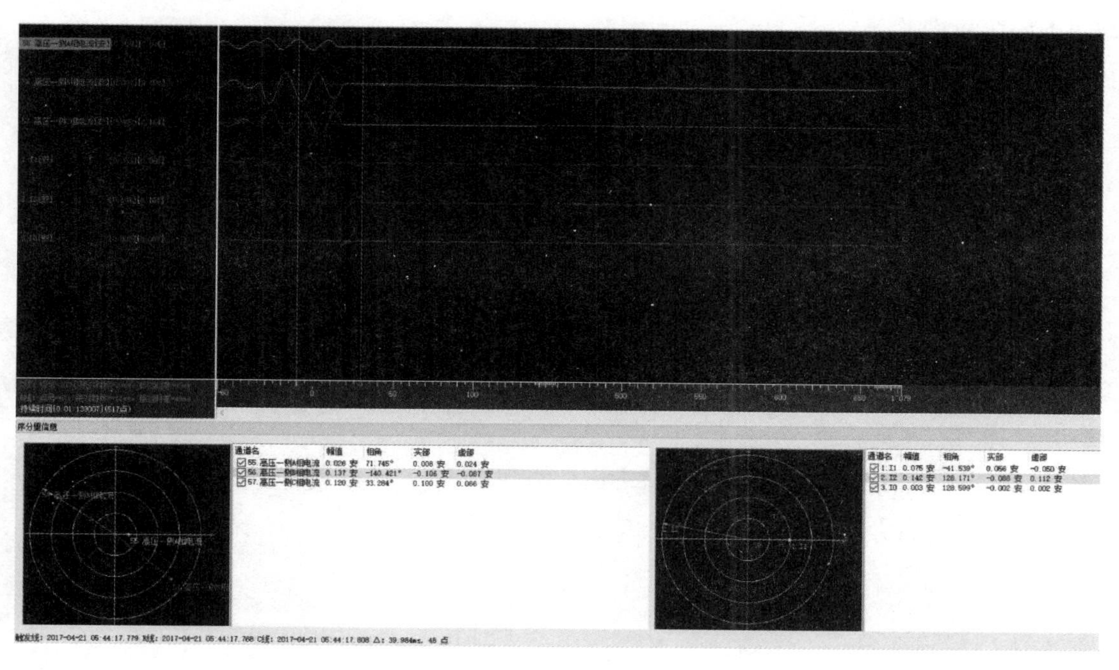

图 9　启备变高压侧故障电流进行序量分析

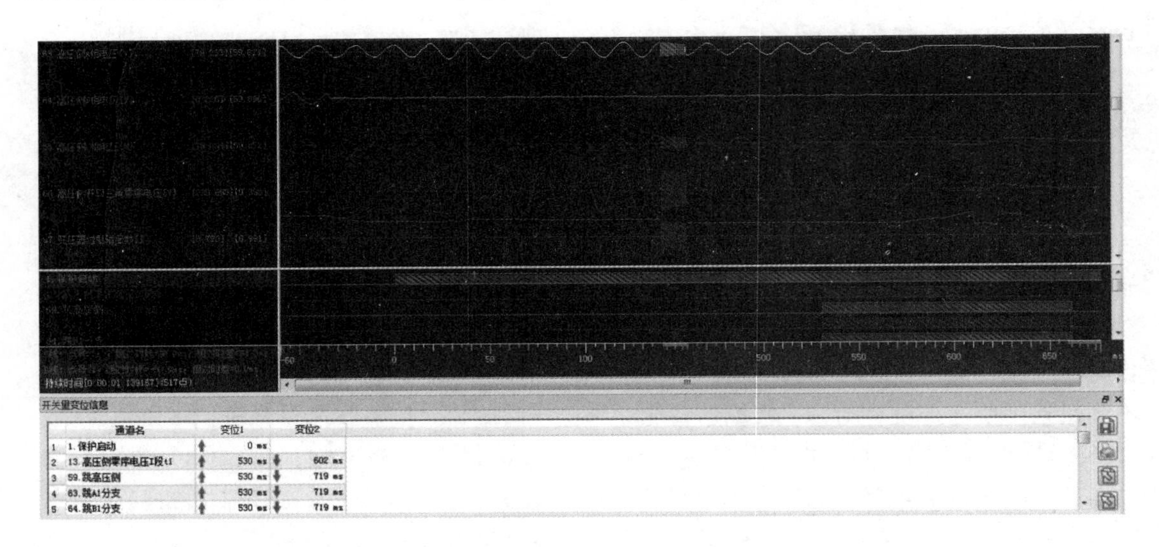

图 10　启备变高压侧间零序电压波形

5　结语

本文介绍了某电厂 220kV 母线接地故障后的事故处理及抢修工作，并通过保护动作报告、录波文件等发现了母差保护动作跳开启备变断路器时存在保护拒动的可能性，并提出了解决的办法和建议。

作者简介

刘　欢（1989—　），男，河北衡水人，本科，助理工程师。E - mail：18503168521@ 163. com

典型电气设备事故中保护越级动作的分析及防范措施

梁　君

（国电陕西电力有限公司，陕西　西安　710075）

【摘　要】　主要描述分析了某火电厂 6kV 负荷开关近端短路造成继电保护装置越级动作，厂用高压母线失压机组被迫停机的扩大事故。本文重点就故障时刻电流互感器深度饱和的输出波形分析及防止保护装置拒动的主要措施进行阐述。

【关键词】　越级；继电保护；饱和；电流互感器；拒动

1　事故经过

2008 年 3 月 16 日 19：53，某火电厂进行 6kV 系统凝结泵运行方式正常切换工作，在将凝结泵开关由工频备用方式切换为变频工作方式的过程中，由于高压隔离开关制造质量原因造成隔离开关上端三相短路，凝结泵保护装置拒动，6kV 母线保护经过 2s 整定延时动作，跳开 6kV 母线工作电源开关。事故造成凝结泵开关负荷间隔及变频切换柜烧毁、机组被迫打闸停机。

故障发生时 220kV 系统、1 号、2 号、4 号发电机组运行，1 号、2 号、4 号厂高变运行，2 号启/备变带 3 号机组厂用系统运行。

2　保护装置拒动原因探讨

该电厂 6kV 高压厂用系统电动机保护配置为集成电路保护装置，电流 A 相、C 相分别引入保护装置作为速断保护及过流保护判据，接地保护通过专用接地互感器接入装置。保护装置在事故后校验定值及出口逻辑正常。事故过程及原因分析如下：

（1）凝结泵负荷开关机构拒动造成保护装置越级动作的可能。从事故发生后机组事故追忆的报告显示，故障发生时凝结泵开关无跳闸记录，在 6kV 侧工作电源开关跳闸后 9s 由低电压保护跳开开关。由此可以排除由于开关机构拒动造成保护越级动作的可能。

（2）故障电流太大造成保护装置烧毁或出现异常运行状况，从而造成事故发生时凝结泵电机实际的无保护或异常保护装置运行，直接导致保护装置拒动的发生。事故后校验检查凝结泵电机电流二次回路及综合保护器，未发现有烧毁现象，保护定值校验检查及保护出口动作逻辑正常。

（3）1 号厂高变分支过流保护电流定值 14A（二次值），动作延时 2s，动作电流及时间定值整定逻辑正确。事故追忆显示，故障发生到切除厂用分支开关实际延时 2.06s，该动作逻辑与分支过流保护定值整定吻合。事故后校验厂高变分支过流保护未发现任何异常现象，仅有厂高变有功功率表由于制造缺陷出现电流线圈烧毁，可以判断此次事故系厂高变分支过流保护动作最终切除故障。

（4）直接排除以上两种情况后，将造成保护装置拒动的分析重点放在故障时刻电流互感器的二次传变误差上。通过对故障现场的实际勘察分析，由于故障凝结泵变频切换柜经过约 20m 电缆接至开关负荷侧，因此计算时近似认为 6kV 母线短路，故障时刻电厂运行方式如图 1 所示。

由图 2 计算可知，故障时刻流入 6kV 故障母线三相短路电流 $I_d^{(3)}=20.682\text{kA}$。

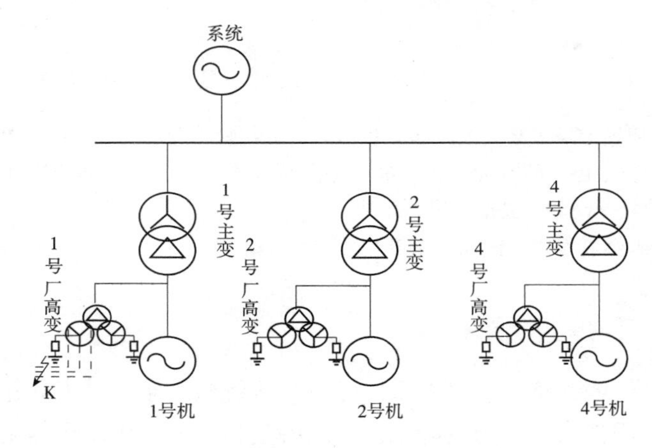

图 1　故障时刻电厂运行方式

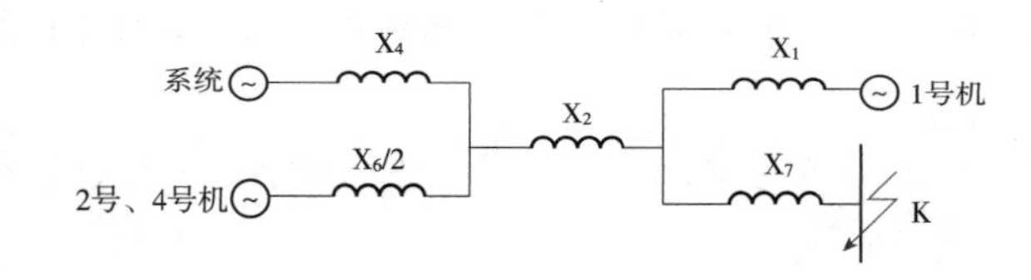

图 2　正序网序网简图

凝结泵负荷开关配置电流互感器变比为 200/5A，10P20 二次负载 30V · A。按照理论电流互感器传变规律，不考虑 TA 的标称准确限值电流倍数及二次回路所带负载阻抗，此次故障流入保护装置的故障二次电流 $I_g=I_d^{(3)}/K_{nl}=517.05\text{A}$，如此大的电流必将造成保护装置及电流二次回路烧毁。然而从现场及保护校验情况均可排除此种可能。由此也可以说明在故障时刻存在由于电流互感器 TA 饱和造成二次输出降低的现象。

造成继电保护装置越级动作的常见的电流互感器饱和主要有稳态饱和与暂态饱和两种。其中稳态饱和主要是因为一次电流值太大，进入电流互感器饱和区域，导致二次电流不能正确地传变一次电流。暂态饱和是因为存在大量的非周期分量而进入电流互感器饱和区域。

3　电流互感器饱和现象分析

故障时刻电流互感器二次输出波形 i_2 如图 3 所示。（电流二次回路近似纯电阻负载 $L\approx 0$，$R=0.71\Omega$，$i_g\geqslant 100i_2$。）

由图 2 可以看出，当特别大的故障电流（如发电机或变压器出口近端短路故障）i_g 达到 TA 额定电流的约 100 倍时，由于磁路严重饱和，i_2 输出变成尖脉冲。i_2 失真后，从 i_g 过零

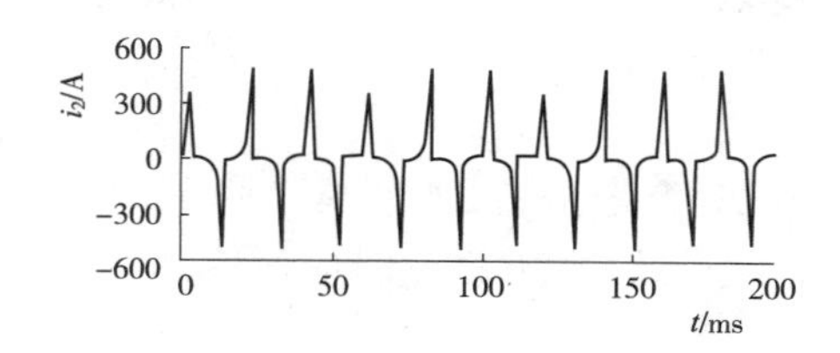

图 3　电流互感器二次输出波形 i_2

点开始存在一段不饱和时间（或称线性传变时间），设其为 T_s，则 i_g 越大，T_s 越小。典型参数下，当 $i_g=100i_2$时，$T_s\approx1.2$ms。在 T_s 以内，i_2 跟踪 i_g 的变化，当到达饱和点以后，i_2 基本不受 i_g 影响。

即当一次电流太大并超过实际准确限值电流倍数时，铁芯会在一次电流过零前后以外的时间达到饱和。在饱和期间，由于磁通没有变化，二次感应电势变为零，仅在一次电流过零前后的期间，磁通急剧变化，使 TA 二次侧有较强但很短暂的感应电势，形成间隔时间很长的尖顶波。间断的尖顶波在一个周期内的有效值很小，在回路电抗上产生的电流很微弱，故继电保护装置仅发生抖动而不能正常动作。

4　特大故障电流下的继电保护特性

在暂态短路电流作用下，不管 TA 饱和程度如何，总存在一段不饱和时间 T_s，有些微机型继电保护装置（如母线差动保护）正是利用这段时间，抢在 TA 饱和之前做出判断。但当特大电流（100 倍额定值以上）流过 TA 时，T_s 很小，就要求大大提高保护装置的采样频率，这给装置设计带来一定困难。

一般的继电保护装置采样频率比较低，而且都是利用一定长度数据窗内的若干个采样数据计算电流的大小，如果 i_2 的波形变成很窄的尖脉冲，在一个数据窗内可能仅采样到很少的几个点（甚至采样不到）的真实故障数据，其他各点采样值接近于零，这样计算出来的故障电流肯定偏小。特大电流只在近处短路时才可能发生，在远处短路时随着线路阻抗的增加，电流迅速减小，结果造成近处发生严重故障时，保护装置反而拒动（或抖动）。保护装置拒动后，只能由上一级的后备保护延时动作切除故障，扩大了停电范围，失去了动作的选择性。

5　结语

综上所述，造成此次凝结泵电机综合保护装置拒动的根本原因为：负荷开关近端短路故障情况下由于特大电流造成电流互感器迅速饱和，输出波形畸变，流入保护装置的故障电流有效值不足以维持装置动作所需的动作量，从而造成凝结泵开关保护装置拒动。同样由于母线工作电源开关电流互感器变比为 3000/5A，故障电流仅为母线工作电源开关电流互感器额定电流的 7 倍左右，对于该 TA 来说故障电流下电流互感器仍然能够正确传变故障电流，从而保证了母线保护装置能够正确动作切除故障。

6 防范措施及建议

特大电流流过TA这种情况完全超出了TA正常工作范围，不可能靠改进二次装置来适应这种不正常状况。在一次系统设计和TA选型时应设法避免出现特大短路电流，或采取措施限制短路电流等。还可以从以下方面改进。

（1）适当提高TA一次额定工作电流和限值电流倍数，增大TA变比或采用TA二次输出为1A的电流互感器，在施工中尽量采用大截面的电流二次线以降低TA二次负载阻抗，解决TA二次负载较小的问题。

（2）采用高采样周期、快速动作的微机继电保护装置或采用具有防止TA二次饱和原理的继电保护装置，利用TA饱和瞬间二次输出谐波增大的突变量原理作为保护的动作辅助判据或利用保护装置“记忆原理”构成抗TA饱和的动作逻辑，以消除保护拒动的隐患。

（3）利用光电电流互感器的线性传变特性，在设计施工中建议广泛采用光电电流互感器从而根本消除铁磁饱和造成的TA二次传变误差，从源头上杜绝保护装置拒动。

（4）使用具有故障录波功能的微机型保护装置，方便在故障发生后快速判断故障类型及故障电流电压参数，为保护装置动作/拒动原因分析提供有效的参考依据。

（5）此次事故同时还暴露出6kV母线分支过流保护切除故障时间较长，对高压设备和母线造成损坏，危及主设备的安全。为此建议将分支过流保护出口逻辑加装复合电压闭锁功能，以满足在母线短路故障的情况下通过复合电压判据直接开放保护出口，达到快速切除故障的目的。

参考文献

[1] 张荣华，王笑然，宋从矩，等. 抗CT饱和的静态电流继电器的原理［J］. 电力自动化设备，1998（1）：21－22.

[2] 肖达川. 电路分析［M］. 北京：科学出版社，1984.

[3] 王维俭，侯炳蕴. 大型机组继电保护理论基础［M］. 2版. 北京：中国电力出版社，1989.

[4] 李庆扬，王能超，易大义. 数值分析［M］. 武汉：华中工学院出版社，1982.

作者简介

梁　君（1974—　），男，主要从事火力发电厂设备管理等工作。E－mail：liangj@ xb. cgdc. com. cn

6kV 过电压保护器爆炸的原因分析及整改措施

张岳峰[1]，葛忠续[2]

（1. 国电吉林龙华白城热电厂，吉林 白城 137000；
2. 国电吉林热电厂，吉林 吉林 132021）

【摘 要】 6kV 系统三相组合式过电压保护器由于内部间隙受潮，在电气设备正常运行时发生爆炸。针对三相组合式过电压保护器的结构并结合自身电力系统的特点，提出了改造措施。

【关键词】 过电压保护器；串联间隙；氧化锌阀片

0 引言

国电吉林龙华白城热电厂 6kV 高压系统共有 65 台过电压保护器，2011 年 11 月投入运行。2013 年 4 月 13 日发生了一起过电压保护器爆炸烧损故障。

1 事故经过

2013 年 4 月 13 日 10：30，2 号炉 1 号风扇磨电机在运行中跳闸，检查发现 6kV ⅡA 段 1 号风扇磨开关下部着火，立即将各变压器倒至备用电源，停止 6kV ⅡA 段母线所有负荷，6kV ⅡA 段母线停电，进行灭火。

2 过电压保护器解体检查试验

2.1 解体前工频放电电压试验

过电压保护器工频放电电压测量数据见表 1。

表 1 过电压保护器工频放电电压测量数据

试验部位	工频放电电压（有效值）/kV	工频放电电压(有效值)（90%～120%）/kV	放电电流/mA	变化电流/mA
AB 相间及地	15. 15	10. 4	391	
BC 相间及地	14. 03		356	520
CA 相间及地	16. 24		421	677
A 相—地	15. 00		388	524
B 相—地	14. 30		366	370
C 相—地	13. 59		347	

上述数据工频放电电压均大于厂家9.36~12.48kV的允许值范围。大容量过电压保护器原理如图1所示。

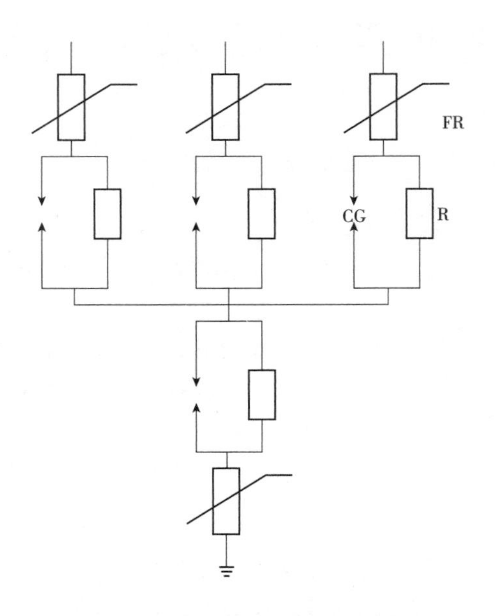

图1　大容量过电压保护器原理图

CG—间隙；FR—氧化锌阀片；R—电阻

2.2　解体检查

过电压保护器每相由间隙和电阻并联后串联1片阀片组成（图2、图3），过压保护器外壳、绝缘间隙筒和缠绕电阻绝缘筒均为易燃材料制成（图4），阀片在直流1mA下的电压为50kV。

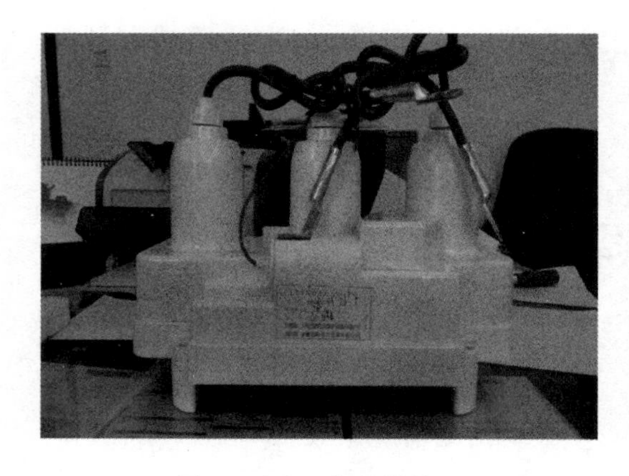

图2　过电压保护器外观

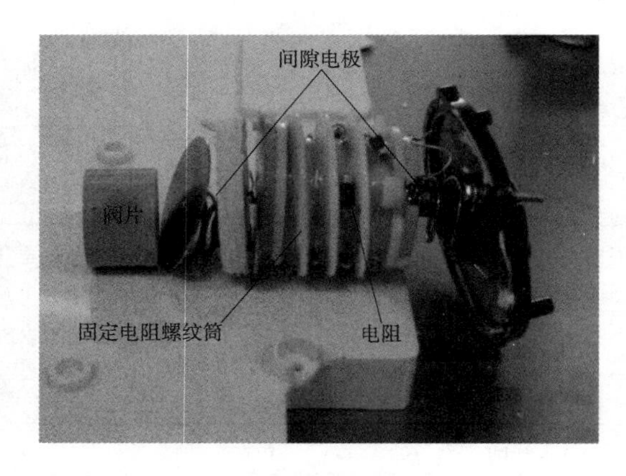

图3　过电压保护器内部结构

图 4　过电压保护器为易燃材料

3　三相组合式过电压保护器优缺点

3.1　优点

（1）可消除氧化锌阀片的荷电率。

（2）可对暂态过电压（工频过电压、谐振过电压）进行有效防护，将全部暂态过电压限定在保护死区内，使氧化锌阀片免受其危害。

3.2　缺点

（1）间隙密封问题。由于工艺原因，间隙不可能做到在真空下密封，可能造成漏气，使潮气或水分进入。即使用密封胶把间隙周围完全封死，由于间隙之间有空气，长时间放电膨胀会产生“吸潮”现象，间隙受潮容易造成氧化锌阀片发生泄漏，进而老化。

（2）由于有间隙存在，不适合做直流 1mA 下的电压 U_{1mA} 及 75% U_{1mA} 下的泄漏电流试验，只能做绝缘电阻与工频放电试验。工频放电试验原理是取三次放电电压的平均值与出厂值进行比较，在合格范围内就正常，而氧化锌阀片必须做 75% U_{1mA} 下的泄漏电流试验才能判断是否老化。这就造成有的过电压保护器在间隙受潮后做工频放电试验虽然合格，但是氧化锌阀片早已老化，当放生过电压时就会爆炸，给电力系统带来巨大隐患。

（3）采用四星型接线结构时，需要人为设置一个中性点，这就会使阀片单元的运行情况发生变化，造成绝缘配合困难。

（4）相间过电压保护每相阀片单元各占 1/2，当某一相故障时，另一相阀片无法承担全部相间过电压能量。

（5）为了相间阀片单元的运行可靠性，需兼顾相-地过电压的保护水平，相间阀片额定电压需提高，地相阀片额定电压需降低。

4　三相组合式过电压保护器故障原因分析

通过现场勘察情况分析，该起事故原因为：过电压保护器中阀片和电阻为发热元件，且处在长期密闭的工作状态，产生的热量不易散发；当过电压保护器密封被破坏时，阀片极易受潮，阀片受潮后，流经阀片和电阻的电流增大，使阀片和电阻过热；由于电阻的功率非常小，极易被烧断，断点处产生间隙放电的电弧可使由可燃材料制成的间隙筒和外壳燃烧发生爆炸，造成过电压保护器相间及对地发生短路故障。

5 结语

国电吉林龙华白城热电厂 2 号炉 1 号风扇磨过电压保护器烧损原因是大容量过电压保护器内部阀片受潮，致使电阻过热烧断，产生间隙放电，产生的电弧将易燃外壳材料引燃并导致相间及对地短路故障，最后造成过电压保护器爆炸烧损。

6 整改措施

综合上述情况，将原有三相过电压保护器全部更换为无间隙氧化锌避雷器。无间隙氧化锌避雷器特点如下：

（1）陡波响应特性好，无截波，对保护设备无不良影响。

（2）无放电延时，响应速度为纳秒量级。

（3）动作稳定，没有间隙的固有缺陷，不存在间隙放电时的环境问题。

（4）结构简单、工艺性好，易于实现在线监测及预防性试验，运行可靠性高。

到目前为止，国电吉林龙华白城热电厂已将 21 台三相过电压保护器更换为无间隙氧化锌避雷器，经运行实践证明，更换后的无间隙氧化锌避雷器再也没发生绝缘故障。

参考文献

[1] 中华人民共和国电力工业部. DL/T 596—1996　电气设备预防性试验规程［S］. 北京：中国电力出版社，2017.

[2] JB/T 10609—2006　交流三相组合式有串联间隙金属氧化物避雷器［S］. 北京：中国质检出版社，2014.

作者简介

张岳峰（1979—　），男，吉林白城人，本科，技师，从事电气设备高压试验工作。E - mail：957939085@qq. com

200MW 发电机定子线圈故障原因分析及处理

葛忠续[1]，郭　晓[1]，张岳峰[2]

（1. 国电吉林热电厂，吉林　吉林　132021；
2. 国电吉林龙华白城热电厂，吉林　白城　137000）

【摘　要】　国电吉林热电厂11号发电机增容改造大修后进行发电机修后直流耐压试验时，发电机定子A相下层线棒在渐开线端部绝缘击穿放电。本文对抢修时的试验工作进行了详细的介绍，对事故发生的原因、发电机下层线圈的故障处理、工艺标准、试验标准进行了全面的阐述，希望为工程试验人员提供一定的借鉴。

【关键词】　定子线圈；下层线棒；击穿放电；直流耐压试验；交流耐压试验

1　发电机概况

国电吉林热电厂11号发电机参数如下：有功功率200MW，额定电压15750V，额定电流8625A，极数2级，定子54槽，每极每相槽数9，绕组节距23，每相并联支路数2，每槽有效导体数2，定子绕组2Y接线。1989年投入运行，历次大修都存在线圈端部压板、槽楔、大头槽楔和螺母不同程度的松动现象，固有频率测试的结果也说明该机组存在定子线圈振动大的情况，在长期运行中振动会导致绕组固定压板垫块、绑绳损坏等缺陷。该机组曾于1992年3月发生运行中A相、B相短路烧损事故，本次的故障点就是上次短路时A相线圈烧损的同一位置。

2009年机组已运行20年，机组进行增容改造，有功功率由200MW增加到220MW。8月1日发电机增容改造大修结束，对11号发电机定子线圈进行全项目试验。在做定子表面电位外移试验时，发现第1、第33、第37、第51、第54号线圈端部绝缘盒泄漏电流超标，引出线A相、C相泄漏电流超标，其数值均大于30μA，超出规程规定值［DL/T 596—1996《电气设备预防性试验规程》规定：在直流试验电压值15.75kV作用下，发电机端部接头（包括引水管锥体绝缘）过度引线并联块上的泄漏电流一般不大于30μA］。电机厂工作人员对线圈端部绝缘盒和A相、C相引出线绝缘进行重新处理，表面电位外移试验合格。对定子线圈进行直流耐压试验，直流耐压前测整体绝缘电阻1000MΩ，当电压升至31.5kV（$2U_e$）时间为20s时，发电机定子铁芯内部发生一声响，电压迅速降低为0，发电机励侧9点钟位置有烟冒出，绝缘电阻为26MΩ，绝缘击穿发生接地故障。

2　接地点查找步骤及试验数据

接地故障发生后用2500V兆欧表分别测量发电机定子三相绕组对地的绝缘电阻，其中A相对地绝缘电阻$R_{15}=52\text{M}\Omega$，$R_{60}=61\text{M}\Omega$，吸收比$R_{60}/R_{15}=1.17$。B相对地绝缘电阻$R_{15}=$

1054MΩ，R_{60} = 3020MΩ，吸收比 R_{60}/R_{15} = 2.86。C 相对地绝缘电阻 R_{15} = 1008MΩ，R_{60} = 2915MΩ，吸收比 R_{60}/R_{15} = 2.89。

对 A 相进行直流耐压试验，当电压加至 3200V 时发现发电机 9 点钟位置渐开线端部又有烟冒出，仔细观察发现有一个小放电通道，周围绝缘已熏黑（图 1）。确定故障点在 A 相 9 点钟 46 号下层线棒位置渐开线端部手包绝缘处，B 相、C 相施加 2.0U_e（31.5kV）直流电压，泄漏电流均未超过 40μA，B 相、C 相耐压试验合格。

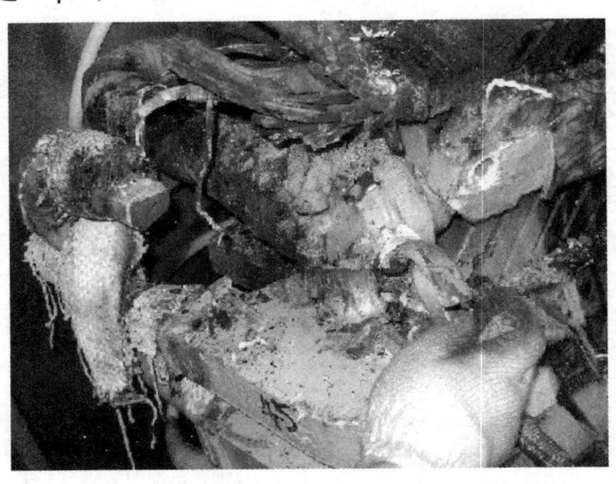

图 1　剥开线圈表面绝缘后内部绝缘烧焦位置示意图

3　线圈故障原因分析

11 号发电机在 1992 年 3 月曾发生过机组运行中发电机跳闸，经检查是发电机励侧 9 点钟位置 A 相、B 相发生相间短路。本次故障点还是上次 A 相故障点处，经检查分析是 1992 年故障后处理绝缘时，线棒内部绝缘填充不实，且手包绝缘用力不均匀，造成绝缘相对薄弱，经过 17 年的运行，绝缘老化的可能性增大。故障线棒绝缘压板松动，绑绳绑扎不牢固，机组运行中此处发生振动摩擦线棒，使线棒绝缘产生薄弱处。11 号发电机进行增容改造过程中，对发电机线圈进行线棒通水流量试验，需解开每个线棒的绝缘引水管接头，部分水滴落在定子线圈上，而励侧 9 点钟位置正处于水平位置，存在积水的可能，使线圈受潮。发电机进行耐压试验前，未对发电机线圈进行整体清扫，积灰较大，加之有水，使该线棒绝缘薄弱处击穿放电。

4　故障处理

由于故障点发生在 A 相下层线棒，在渐开线的端部靠里侧，无法处理，必须将上层 12 个线棒抬出并将下层线圈压板取下，才能进行处理。

4.1　抬线圈的准备工作

（1）用手据割断汽、励两侧 46—3 号线棒端部绑扎绝缘水盒及线圈的 ϕ20mm 涤玻绳，注意保护好相邻线棒的绝缘。

（2）割去绑扎在励侧 46—3 号线棒绝缘引水管与汇水环对接螺丝的 ϕ3mm 涤玻绳。

（3）将发电机汽侧、励侧端部 46—3 号线圈渐开线处端部压板螺丝锁片解除，拆除压板螺丝，取下压板和压板与线棒间的涤棉毡，螺丝杆为双头螺栓（不锈钢，$L=320$mm），螺丝杆外部有绝缘套（外径 30mm，内径 24mm，壁厚 3mm，$L=235$mm），螺母为 M24（材质黄铜 H62），工作中注意不要损伤线棒渐开线部位的绝缘。

（4）拆除与 46—3 号线棒有关的端部挡风隔板（该处螺丝要妥善保管）。

（5）拆除发电机两端出槽口处相邻线棒间的绝缘楔形垫块（先去除 ϕ3mm 涤玻绳绑线，后用手锤击打退出）。

（6）割断捆绑在端部大头槽楔与线棒间的 ϕ3mm 涤玻绳绑线。

（7）用手锤、扁铲打碎端部绝缘盒（励侧 1 号、46 号为引线，无绝缘盒），并且去除内部填充的环氧泥，引线处剥去外包绝缘云母带，使实心导线和空心导线全部裸露（注意不要碰伤其他部位），清扫干净。

（8）去除 46—3 号线棒水电接头处外包绝缘，并且拆除绝缘引水管。

（9）用木制楔板打入端部渐开线处线棒间缝隙中，使用手锤和扁铲，将一层绝缘垫片和两层涤棉毡取出。

（10）汽、励两侧同时退出 46—3 号线棒的槽楔和风区隔板。

（11）拆除完毕（两侧分别露出 12 根线圈接头），将石棉纸浸入水中浸透，将湿的石棉纸包扎在上、下层导线焊接头两侧绝缘处（不得使绝缘外露），同样对临近的部位做好防护。

（12）用气焊（氧气、乙炔）将上、下层线棒的实心导线焊接头处烤开，并且使其上、下分离（使用长把螺丝刀、钳子和特制钩具）。待实心导线全部分离后，再用气焊（氧气、乙炔）将水接头（俗称烟袋锅）与空心导线分离，并且将上、下层间空心导线整体分离。励侧引线线棒待上层线圈取出后，再用气焊（氧气、乙炔）分离。

（13）待空心导线冷却后，用白棉布将敞开的空心导线口封好（上、下层分开封）。

4.2 抬发电机线棒

（1）先取出 3 号线棒，取出顺序为 3 号、2 号、1 号［引线，先用气焊（氧气、乙炔）烤开接头］、54 号、53 号、52 号、51 号、50 号、49 号、48 号、47 号、46 号线棒。

（2）将 ϕ20mm 的涤玻绳从线棒的出槽口端部处上、下层之间的空隙中穿入捆绑在上层线棒上（汽侧、励侧同时进行），人员进入定子膛内，将汽侧、励侧同时抬起，必要时可以垫木块，使用橡胶手锤敲打，出槽后抬出发电机，抬线棒时人员小心扶持线棒，切勿损伤其绝缘。

（3）依次取出两侧相邻线棒间绝缘马蹄形垫块（做好标记和位置，励端比汽端大）和绝缘套。端部压板的绝缘套放置在 3 号和 2 号、1 号和 54 号、53 号和 52 号、51 号和 50 号、49 号和 48 号、47 号和 46 号之间。

（4）取出线棒后用氮气将空心导线内的水吹出，然后将两侧空心导线用白布包好，防止进入异物。

（5）槽内上、下层线棒间距汽端铁芯端部 500mm 处有测温元件，不得损坏，应将所有槽底部的半导体垫条和线棒与铁芯侧面方形半导体垫条取出，保护好测温元件（通知热工分场温度班进行测量）。

（6）用手持吹风机及吸尘器进行全面、清扫。

（7）此时，46 号下层线棒故障点暴露出来，为 A 相 9 点钟 46 号下层线棒位置渐开线端部手包绝缘处，如图 2 所示。

图 2　发电机定子线圈绝缘击穿位置示意图

4.3　故障点处理

（1）去除故障点的手包绝缘（使用手锤、扁铲、刀等工具），发现手包绝缘松软，有放电烧黑痕迹。将该处进行清扫，并且用白棉布沾甲苯、无水工业酒精或丙酮反复擦拭，直到白布无脏污为止。

（2）用 YQ 无溶剂环氧树脂胶和云母粉，按照 1 ∶ 1 的比例均匀进行调和制成云母泥（干型为佳）。

（3）用调和后的云母泥将线圈表面凹处填平。

（4）用云母带将线圈 1/2 半叠绕包扎 2 层。

（5）用硅橡胶自粘带 1/2 叠绕 2 层（注意拉紧包扎）。此次使用“硅橡胶自粘带”，每盘 20m，每层耐压 11000V。

（6）用云母带 1/2 半叠绕 18 层。每包两层刷一层 YQ 无溶剂环氧树脂胶。

（7）包扎完毕后刷一层 YQ 无溶剂环氧树脂胶。

（8）加热（用碘钨灯或红外线灯泡），保证绝缘表面温度 80℃，加热时间为 24h（室温固化 36h）。

4.4　手包绝缘固化后的试验

故障线棒手包绝缘固化后，测量其绝缘电阻为 180000MΩ，将线棒直线部分和手包绝缘处用锡箔纸包起来，线棒芯线接地，锡箔纸处加直流电压 2.5U_e（39.3kV）进行耐压试验，试验电压 1min 通过。

4.5　抬出线圈后的试验

将 12 个上层线棒抬出，抬出后的线棒直线部分包锡箔纸并接地，对线棒的芯线加 45800V（线圈下线前）进行交流耐压试验。49 号线棒加至 36000V 时，在汽侧铁芯出口处直线部位 300mm 处发生爬电，更换一根新线棒，新线棒交流耐压 45800V，耐压试验合格。新线棒内的 6 根空心导线用 0.5MPa 水压试验 8h 无泄漏。

4.6　线棒回装后的耐压试验

12 个线棒回装后进行交流耐压试验，试验电压应加到 30kV（上层线圈下线后，打完槽楔与下层线棒同试），时间为 1min，绝缘无闪络、无击穿放电为合格。当试验电压加到 3～4kV 时，电容电流已经达到 200mA。测量 12 个线棒绝缘电阻，均超过 10000MΩ。原因为线棒在槽内，且接头全部都散开导致线棒的分布电容太大，交流耐压试验设备容量不够，不能进行交流耐压试验。改做直流耐压试验，试验电压 2.0U_e（31.5kV），泄漏电流均未超过 20μA，直流耐压试验通过，进行接头焊接。上、下层线棒实心导线（均为 34 股）逐股搭接银焊，空心导线（各为 6 股，共 12 股）共同插入一个集水盒的接口，空心导线相互之间及其与集水盒的接口用磷银钎焊焊牢。

4.7　接头焊接后的直流电阻试验

DL/T 596—1996《电气设备预防性试验规程》规定：汽轮发电机各相或各分支的直流电阻值，在校正了由于引线长度不同而引起的误差后将相互间差别与初次（出厂或交接）测量值比较，相差不得大于最小值的 1.5%，超出要求时，应查明原因。根据 DL/T 596—1996，接头焊接完毕，用酒精温度计测量温度，上部温度为 29℃，下部温度为 27℃，左右温度为 28℃，平均温度 28℃。测量绕组直流电阻，A 相为 0.002040Ω，B 相为 0.002034Ω，C 相为 0.002031Ω，相间差 0.443%，符合相间差别不大于 1.5%最小值的规定。换算至 15℃时，A 相为 0.001939Ω，B 相为 0.001933Ω，C 相为 0.001931Ω。7 月 29 日故障前的测量值（换算至 15℃值），A 相为 0.001931Ω，B 相为 0.001926Ω，C 相为 0.001922Ω，相间差 0.468%，经换算后比较 2 次测量结果，变化为 0.884%，符合相间差别与前次测量值比较不大于 1.5%最小值的规定。

4.8　接头焊接后的水压试验

接头焊接完毕，进行整体水压试验。要求 0.5MPa 水压，8h 无泄漏。试验时发现 6 点钟位置有一个线棒漏水，处理后水压试验合格。测量三相整体绝缘电阻，24℃时为 178/128MΩ；31℃时为 364/214MΩ；38℃时为 701/314MΩ。进行端部绝缘包扎，安装绝缘水盒，打槽楔，同时内冷水加热到 46℃，直至将发电机整体烘干，手包绝缘固化好。发电机温度恢复至室温时，再进行全部绝缘试验。在烘干过程中要监视绝缘电阻的变化。其整体绝缘电阻为 960/360MΩ（内冷水 46℃），在通水干燥过程中发现 11 点钟位置又有一个线棒漏水，打开绝缘水盒后重新焊接绑扎固化。

5 固化后全项目试验

5.1 试验标准及测量数据

试验标准及测量数据见表 1。

表 1　　　　试验标准及测量数据

序号	试验项目	试验形式	试验电压	测量数据	试验结论
1	直流电阻	分相		A：0.002040Ω B：0.002034Ω C：0.002031Ω	合格
2	绝缘电阻及吸收比	分相	5000V	A：2481/934MΩ=2.65 B：1502/739MΩ=2.03 C：1606/760MΩ=2.11	合格
3	直流耐压	分相	$2.5U_e=39375V$	泄漏电流 A：29μA B：35μA C：33μA	合格
4	交流耐压	分相	$0.75\times(2.0U_e+3000)$ $=25875V$	电容电流 A：1400mA B：1375mA C：1375mA	合格
5	表面电位外移试验		$U_e=15750V$	试验电阻杆上的泄漏电流≤30μA	合格

5.2 热水流试验

2009 年 8 月 6 日进行了全部 54 根定子线棒的热水流试验，通过分析每组测点的温度—时间曲线，所测量的线棒内水流的情况一致，符合 JB/T 6228—2005《汽轮发电机绕组内部水系统检验方法及评定》的要求，定子线棒空心导线无阻塞现象。

全部试验合格后，对发电机定子线圈进行整体喷漆（9310 绝缘漆）。

6 机组扣大盖后试验

试验标准及测量数据见表 2。

表 2　　　　试验标准及测量数据

序号	试验项目	试验形式	试验电压	测量数据	试验结论
1	绝缘电阻及吸收比	分相	5000V	A：3184/973MΩ=3.27 B：2497/846MΩ=2.95 C：3043/991MΩ=3.07	合格

续表

序号	试验项目	试验形式	试验电压	测量数据	试验结论
2	直流耐压	分相	$2.0U_e=31500V$	泄漏电流 A：22μA B：28μA C：27μA	合格
3	交流耐压	分相	$1.5U_e=23625V$	电容电流 A：1340mA B：1370mA C：1350mA	合格

7　结语

定子线棒绝缘击穿放电故障的主要原因是 1992 年故障后处理绝缘时，线棒内部填充不实，且手包绝缘用力不均匀，绝缘内部出现夹层气泡造成绝缘相对薄弱，经过 17 年的运行，在电晕腐蚀的作用下使绝缘薄弱处老化严重；发电机进行交、直流耐压试验前，未对发电机线圈进行整体的清扫积灰较大，加之有水，使该线棒绝缘薄弱处击穿放电。

今后在 200MW 水氢冷发电机大修后应对发电机线圈进行整体清扫，确保发电机定子膛内无杂物。发电机的定子线圈为通水状态，表面不能有水迹。定子绕组各压板、垫块、绑扎牢固，手包绝缘固化良好绝缘合格后，再进行定子绕组交、直流耐压试验。机组在后期检修期间应加强对线棒绝缘薄弱部位检查，及时发现此类缺陷。

作者简介

葛忠续（1971—　），男，吉林永吉人，本科，高级技师，从事电气设备高压试验工作。E-mail：452710582@qq.com

400V 保安 2A 段恢复供电时发生非同期合闸的原因分析和探讨

丁　珩，程　军

（江苏新海发电有限公司，江苏　连云港　222023）

【摘　要】　本文介绍了一起开关非同期合闸事件，分两个阶段分析并采取相应的措施。第一阶段进行故障分析，对同期回路及相关一次设备进行检查，确保电力设备的完好无损；第二阶段全面检查二次回路及柴油发电机并机控制器参数配置，进一步分析发生非同期合闸的原因，实施安全措施，消除安全隐患。

【关键词】　恢复供电；开关非同期合闸；二次回路；并机控制器

1　事件概况

江苏新海发电有限公司 400V 保安电源切换方式有两种。一种为：400V 保安 2A（B）段由 2A（B）保安变供电，切换为通过联络断路器 QF_1 由 2B（A）段供电，试验结束恢复原供电方式。另一种为：400V 保安 2A（B）段由 2A（B）保安变供电，切换至联络断路器 QF_1 供电不成功，通过 QF_2、QF_3（QF_4）断路器由柴油发电机组供电，试验结束通过点击“恢复供电”按钮一键恢复原供电方式。2 号机组保安电源系统图如图 1 所示。

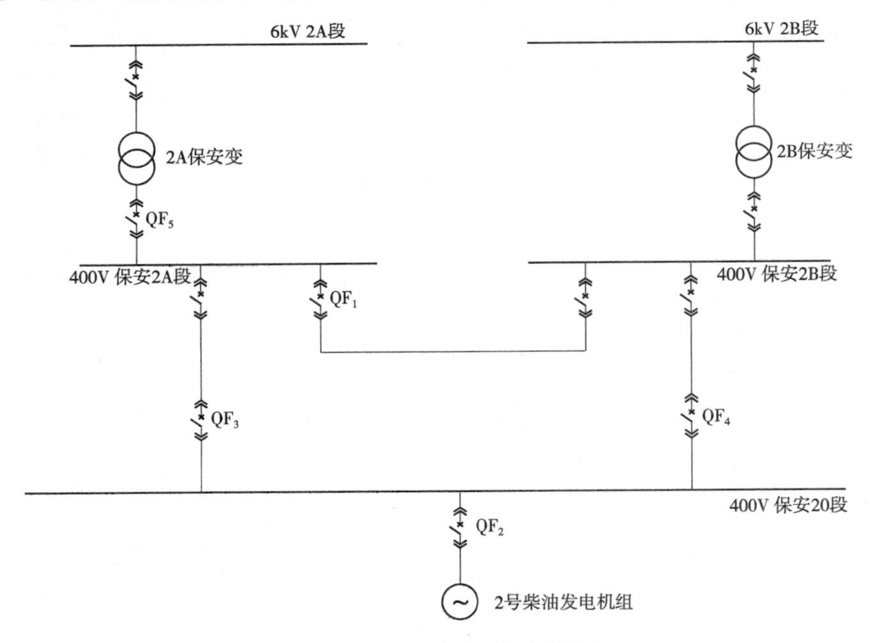

图 1　2 号机组保安电源系统图

2017 年 11 月 8 日 18：00 左右进行 2 号机 400V 保安段切换试验。做保安 2A 段切换试验时，首先模拟保安 2A 段工作进线电源断路器跳闸，A、B 段联络断路器自投试验正常。接着模拟母线联络断路器自投失败，用 2 号柴油发电机给保安 2A 段母线供电，保安 2A 段母线电压恢复正常后，由运行人员在 DCS 画面上点击“恢复供电”按钮，保安 2A 段工作电源进线 QF_5 自动合上，柴油发电机就地综保装置差动保护动作，2 号柴油发电机母线至保安 2A 段母线 QF_3 跳闸。初步判断为 QF_5 发生疑似非同期合闸。

2 第一阶段的原因分析及措施

第一阶段，一方面根据现场保护装置的动作情况、框架断路器的动作报文，分析 400V 保安 2A 段恢复供电时发生疑似非同期合闸的整个过程；另一方面重点检查相关一次设备，确保设备的完好无损。

2.1 保护装置动作情况分析

2 号柴油机房就地保护配置为电动机保护测控装置 RCS－9643B 一台。调阅保护动作报文如下：差动动作，I_a=5.13A，I_b=6.661A，I_c=8.735A。在发生故障的瞬间，最大故障相二次电流 I_c=8.735A，已进入差动速断保护的动作区。

2.2 2 号柴油发电机母线至保安 2A 段母线 QF_3 框架断路器动作情况分析

QF_3 为空气断路器，断路器容量为 3200A，脱扣器型号为 SACE PR122/P 型保护单元。脱扣器保护动作报文显示为：S protection（短路保护，反时限），I_1=7587A，I_2=6381A，I_3=8137A。由上述数据可知，最大故障相一次电流 I_3=8137A=2.8I_e（I_e=2886A）。结合 2 号柴油机房 QF_3 分闸时响声较大，分析并确认保护动作原因为 400V 保安 2A 段恢复供电时发生非同期合闸，引起 2 号柴油发电机机端电流出现非正常变化，产生差流，进入差动速断保护动作区，导致 2 号柴油发电机就地综保装置中差动速断保护、QF_3 框架断路器脱扣器短路保护动作跳闸。

2.3 相关一次设备检查

柴油发电机厂家对 2 号柴油发电机本体检查后，确认柴油发电机完好。然后，分别对保安 2A 段工作进线断路器 QF_5、2 号柴油发电机出口断路器 QF_2、柴油发电机母线至保安 2A 段母线断路器 QF_3 进行简单检查，外观均无异常，QF_5 在试验位就地分、合正常。确认相关电气一次设备均完好无损。

3 第二阶段的原因分析和措施

第二阶段，全面检查二次回路及柴油发电机并机控制器参数配置，进一步分析发生非同期合闸的原因，实施安全措施，彻底消除安全隐患。

3.1 图纸、现场设备检查及分析

查阅柴油发电机厂家技术资料，2 号柴油发电机同期电压选择示意图如图 2 所示。

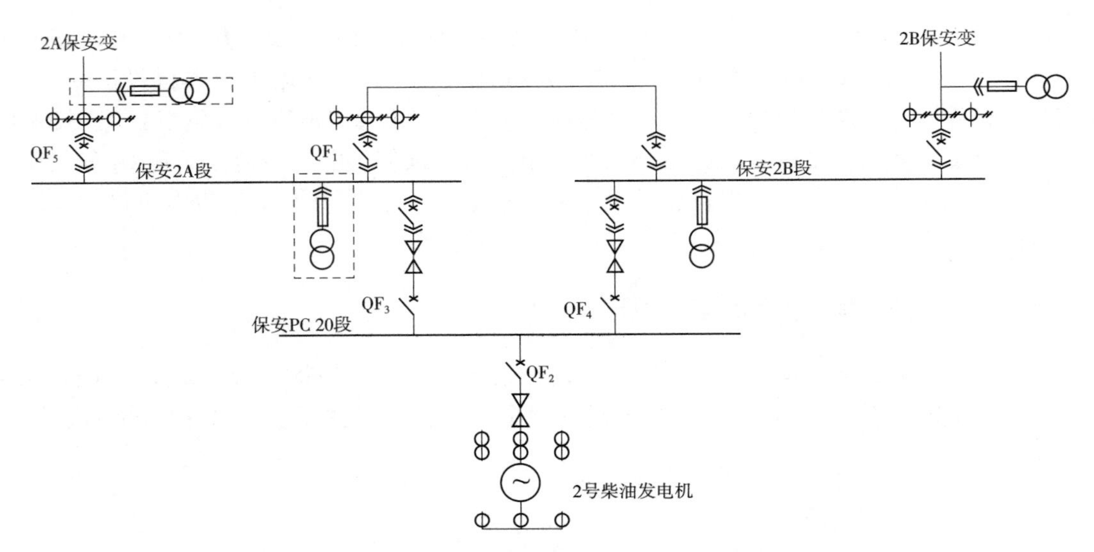

图 2　2 号柴油发电机同期电压选择示意图

由图 2 虚线框部分可知，在 400V 保安 2A 段恢复供电时，检同期电压为保安 2A 段工作进线电压与 400V 保安 2A 段母线电压相比较。

对上述 TV 的电压回路进行检查，确认 400V 保安 2A 段母线 TV 回路正常，但是保安 2A 段工作进线 TV A 相、C 相熔断器熔断。更换熔断器后进行一次核相，确认参与同期的电压回路均接线正确无误。

3.2　通过模拟试验进一步确认非同期合闸原因

2017 年 11 月 9 日下午进行 400V 保安 2A 段假同期试验。由运行人员将保安 2A 段母线调整为 2 号柴油发电机供电，保安 2A 段工作进线断路器 QF_5 拉至试验位，分别模拟保安 2A 工作进线 TV A 相、C 相、AC 两相、BC 两相熔断器熔断，观察 2 号柴油发电机并机控制器是否在不满足同期并列条件时仍捕捉同期点，发合闸指令合保安 2A 段工作进线断路器 QF_5。

试验结果均表明：在不满足同期并列条件的情况下，2 号柴油发电机并机控制器仍发出合闸脉冲合保安 2A 段工作进线 QF_5，且合闸的瞬间，保安 2A 工作进线 TV 与保安 2A 段母线 TV 电压同相之间压差达到 400V，必然发生非同期合闸。然后，将保安 2A 段工作进线 TV 拉出仓位，模拟三相失压情况，此时柴油发电机并机控制器不判同期。最后，在保安 2A 工作进线 TV 三相均完好的情况下，同期并列，测进线 TV 和保安 2A 段母线 TV 同相电压之间的压差在 10V 以内（满足同期并列压差要求）。

经与柴油发电机厂家沟通，江苏新海发电有限公司 1000MW 机组柴油发电机同期回路均无 TV 断线闭锁逻辑，控制器内也无 TV 断线报警检测，且并机控制器内部逻辑固化，现场不具备更改的条件。

另外，关于“恢复供电”功能是否必须的问题，柴油发电机厂家表示国内 600MW 以上机组目前普遍采用两种方式：一种为一键“恢复供电”，即现在江苏新海发电有限公司所采用的方式；还有一种采用冷倒的方式，先停柴油发电机，再合保安段母线进线断路器恢复保安段正常供电方式。在方式的选择上并无硬性要求，而是根据用户的需求来决定。

3.3 针对柴发并机控制器参数配置问题的检查及分析

将 400V 保安 2A 段母线倒为 2 号柴油发电机供电，保安 2A 段进线断路器 QF_5 拉至试验位。由运行点击“恢复供电”，此时柴发并机控制器不进行同期捕捉。试验结果表明：在柴油发电机控制器中“母排电参数正常”不满足条件时，闭锁同期回路。

将保安 2A 工作进线 TV A 相、C 相熔断器取下，发现并机控制器“母排电参数正常”仍为 1。此时，控制器内“排相压”仍检测到保 2A 段工作进线 TV 三相电压。分别测量保安 2A 段进线 TV 三相电压幅值及相位，幅值与并机控制器采样一致，AB 相、BC 相相位分别为 4.5°和 357°表明 A、B、C 三相电压同相位。对保安 2A 段进线 TV 回路进行检查，电压回路如图 3 所示。由于寄生回路的影响，导致在 A 相、C 相熔断器取下后，因 B 相电压回路完好，存在通过 TV 一次绕组将电压反送至 A 相、C 两相的现象。此时，柴发控制器采样到的保安 2A 段进线电压均为 B 相电压。

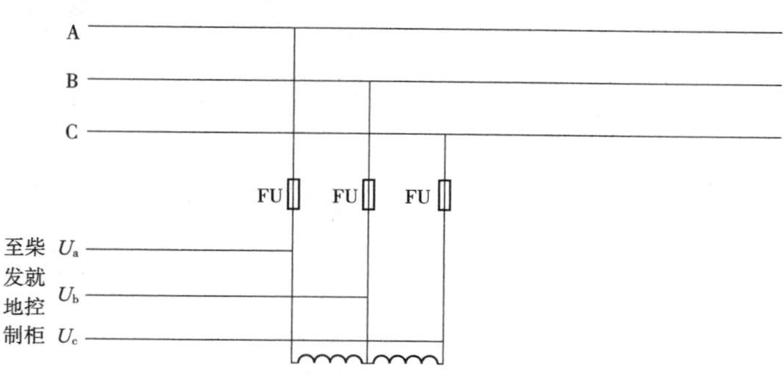

图 3 保安 2A 段工作进线 TV 电压回路示意图

检查控制器内部“电压保护选择”，发现配置为“相压”。在这种参数配置下，并机控制器在检同期时只判断同相电压之间的幅值，不进行矢量运算。鉴于目前同期回路存在寄生回路，将“电压保护选择”改为“线压”。

修改参数后，经试验验证，在不满足同期并列条件时，柴发控制器不再进行同期捕捉。至此，“400V 保安 2A 段恢复供电时进线开关发生非同期合闸”的问题得以圆满解决。

4 结论及改进意见

（1）2 号机 400V 保安 2A 段恢复供电时，2 号柴油发电机就地综保装置中差动速断保护、A021 框架断路器脱扣器短路保护动作，系保安 2A 段工作进线断路器 A221 发生非同期合闸所致。

（2）保安 2A 段工作进线断路器 A221 发生非同期合闸，是由于保安 2A 段工作进线 TV A 相、C 相熔断器熔断。

（3）原柴发并机控制器电压保护参数设置为检“相压”，在检同期时，只判同相电压幅值，故在保安 2A 段工作进线 TV 发生单相或两相熔断器熔断后，由于 TV 寄生回路的影响，导致并机控制器误发合闸信号，出现非同期合闸情况；现电压保护参数设置为检“线压”后，通过试验验证满足现场条件，并机控制器也不再误发合闸信号。

（4）1000MW 1 号机组、2 号机组 DCS 系统中保安段“恢复供电”功能应禁用。

（5）建议对 1000MW 机组保安段工作进线 TV 回路进行改造，直接从交流母排上取电压至柴发就地控制柜，保持同期回路的纯净性，以排除寄生回路的干扰。

参考文献

[1] 甘园林，李京．柴油发电机控制回路的改进［J］．华电技术，2015，37（8）：49－51.
[2] 田家伟，刘成国，王世荣．一起非同期合闸事故的原因分析及处理［J］．电源技术应用，2013（4）：28－29.

作者简介

丁　珩（1984—　），男，江苏连云港人，工程师，长期从事发电厂继电保护工作。
程　军（1977—　），男，江苏连云港人，工程师，长期从事发电厂继电保护工作。

发电厂、变电站直流系统异常分析及建议

韩晓惠

（大唐户县第二热电厂，陕西　西安　710302）

【摘　要】　发电厂、变电站直流系统是贯穿发变电厂（站）电气设备的血脉，由于供电可靠性及运行方式的灵活性其在电力系统普遍使用。但缺点是，当直流系统出现异常时，可能会造成较大面积的影响，甚至会出现全厂、全站大面积停电的恶性事故。今年，某变电站因直流系统改造过程中出现的一些隐患未彻底根除，造成某变电站多台变压器烧毁，此区域供电一度陷入瘫痪状态，事故影响特别恶劣。本文通过对本次事故原因的分析，结合发电厂、变电站直流系统运行特点及反事故措施要求，针对在直流设备改造、试验过程中如何规避此类问题提出检查思路及建议，希望能有所借鉴。

【关键词】　直流系统；分析；建议

0　引言

2016 年入夏，某变电站发生一起多台变压器着火造成该区域大面积停电事故。当时正处深夜，居民供电负荷较小，全站甩负荷 313MW，但对有些工业生产用电造成了较大影响。由于故障持续时间较长，电网电压、频率出现较大幅度的振荡，给本区域发电厂也造成了较大影响。事故变电站一台变压器烧损严重，另两台出现不同程度的损坏。

1　事故过程简述

此次事故起因是该变电站所供 35kV 直馈线发生电缆头爆炸故障，由于保护装置未能及时动作切除故障，27s 后，故障发展至 110kV 系统，135s 后，故障发展至 330kV 系统，通过 330kV 相邻 4 所变电站 6 条线路主保护及后备保护相继动作切除故障，最终与故障变电站完全隔离，电网恢复正常运行。在对 330kV 变电站故障隔离恢复的过程中，系统发生了较大程度的振荡，系统频率在 55. 9 ~ 47. 8Hz 之间变化，系统电压在 15% ~ 110% U_e 之间往复摆动，给周边电厂机组造成了不同程度的影响。

2　保护未动作原因分析

查阅相关资料后发现，事故发生时，该 330kV 变电站站内 1 号、2 号、3 号主变，站内 110kV 4 号、5 号主变，1 号、2 号、0 号站用变保护、备自投装置均未动作。查阅站用故障录波器录波情况，录波图显示录波器在启动 1. 2ms 后，各个模拟量采样值全部回零，由此分析此刻站用交流电源失去，故障录波器停止工作。站内直流系统交流供电电源同时消失，且无外部交流电源引入，直流蓄电池未正确接入直流电源供电系统，造成全站直流在交流失去的情况下，无备用直流应急供电措施，外部故障不断扩大，最终烧毁变压器，该站与系统完全解列。

由于直流蓄电池供电的缺失，35kV 馈线电缆故障后，保护未动作，故障发展至 110kV

侧，变电站内 110kV 4 号、5 号主变保护未动作，故障进一步发展至 330kV 侧，330kV 1 号、2 号、3 号变压器保护未动作，故障又延伸至南郊变所连接各线路侧。最后，南郊变 330kV 线路对侧 4 座变电站 6 条线路保护动作，分别由高频保护距离保护动作切除故障，整个故障的发展过程持续约 135s。

3 直流系统接线异常分析

该 330kV 变电站直流系统历经多次改造，为了清晰说明在发生事故时直流系统的接线及运行方式，必须从建站开始。该 330kV 变电站建于 1982 年，站内直流系统采用一充两电单母线运行方式，站内控制母线与合闸母线分段运行。1999 年，对蓄电池组进行了一次更换。针对反措对 330kV 变电站直流系统要求的不断提高，该站在 2013 年对原有直流整流电源系统进行了一次改造，将直流系统改造为三充两电运行方式，控制母线与合闸母线通过硅链连接降压运行。2016 年，结合变电站综自改造，对全站直流系统进行改造，对直流整流电源及蓄电池均进行更换，取消直流合闸母线，取消原直流系统降压用硅链装置。2016 年 4 月 10 日，对直流Ⅰ段整流电源及蓄电池进行更换，并于 4 月 15 日投入运行。6 月 17 日，完成对直流Ⅱ段整流电源及蓄电池更换工作，并投入运行使用。

通过查看该站原直流系统图（图 1），发现该站在 2013 年以前全站的直流供电方式为一充两电单母运行方式，直流母线配置控制及合闸母线，主充机通过两个双投隔离开关分别给两组蓄电池均充，控制母线及合闸母线由浮充机供电运行，同时给两组蓄电池浮充电。由于两组蓄电池共用一台主充机，因此原接线中将两组蓄电池均充正负之间均通过连线连接，实现充电机在两组蓄电池间灵活切换。

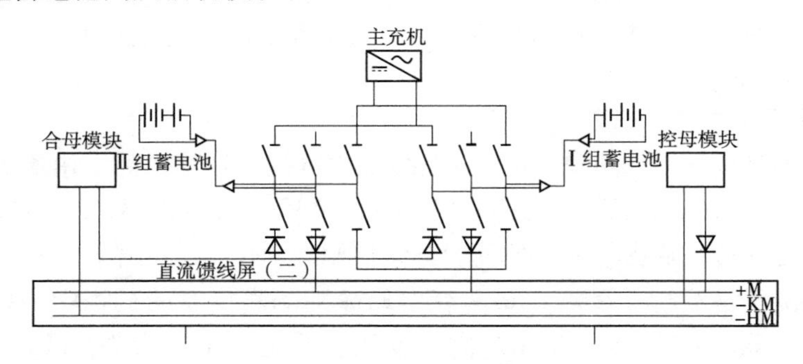

图 1　2013 年以前直流系统图

2013 年，该站对原直流系统进行了改造，根据《防止电力生产事故的二十五项重点要求》对变电站直流系统的要求，将原有单母线直流运行方式改为三充两电运行方式，原有的两组蓄电池仍然通过原蓄电池双投隔离开关分别接入改造后的直流Ⅰ、Ⅱ段母线运行，但原来使用的双投隔离开关之间连接线在本次改造中并未拆除，两组蓄电池负极间存在一个等电位连接点（寄生回路），同时两组蓄电池的负极分别连接至直流Ⅰ、Ⅱ段合闸母线，给本次事故的发展埋下了隐患。图 2 中虚线部分为该站改造后直流系统，其中 1ZK 为模拟外部馈线环网解列断路器（直流环网），经过此次改造，将原来单母线运行方式改为双母线分段运行方式，但其中有些馈线两段供电并未在本次改造中完全分开，因此，本次改造后的直流系统，并未真正意义上实现直流Ⅰ、Ⅱ段分段运行，并给以后的运行、检修维护工作埋下了安全隐患。

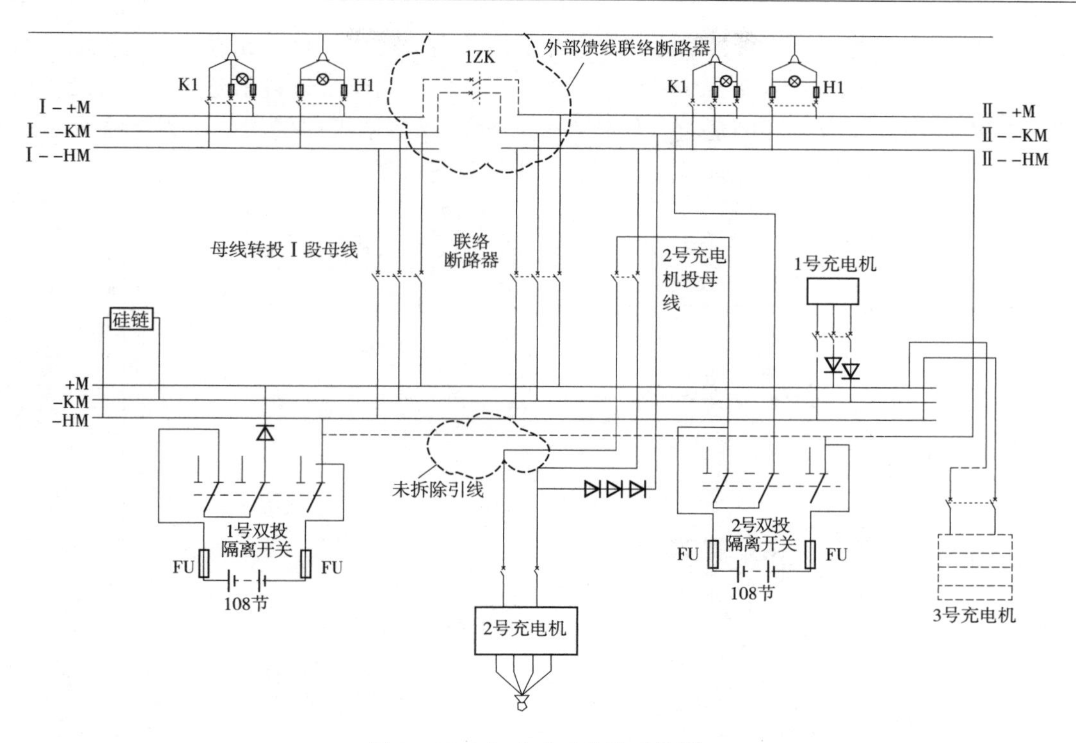

图 2　2013 年改造后直流系统图

2016 年 4 月 10 日，工作人员在施工前，并未对该站的直流系统进行深入了解分析，而是根据直流系统的普遍运行方式进行设计，并对本站直流整流电源及蓄电池系统进行改造更换工作。改造后，拆除了原 1 号充电机（合闸母线、控制母线充电模块，共 6 块），1 号蓄电池组从原 1 号蓄电池双投隔离开关断开，重新立盘柜，新更换的 1 号充电机及 1 组蓄电池分别通过盘柜内配置的整流器输出断路器及蓄电池输出断路器与直流Ⅰ段小母线连接，实现Ⅰ段直流系统的正常供电。

但在本次改造过程中，由于工作人员不清楚本站原有直流接线方式及设备隐患，在拆除了原有 1 组蓄电池的接入线，将新更换的直流电源输出引线直接改接至原蓄电池接入端子。改造结束后工作人员认为该隔离开关应该仅仅是直流电源接入的连接点，并没有对改造后的直流系统进行拉路检查试验。由于在 2013 年改造后存在的直流回路环网及本次改造后寄生回路，在运行人员拉开此隔离开关的情况下，并未出现异常告警信息，此时新改造的直流Ⅰ段电源是通过作为备用的 3 号充电机供电运行，新更换的直流整流电源仅仅是给 1 组蓄电池进行浮充电运行。因此，在直流Ⅰ段电源改造结束后，该站的Ⅰ段直流母线即处于无蓄电池运行状态。直流Ⅰ段改造后系统图如图 3 所示。

2016 年 6 月 17 日直流Ⅱ段改造完毕后，原 2 号充电机拆除，2 组蓄电池拆除，原直流Ⅰ、Ⅱ段合闸母线与控制母线通过短连线连接，取消合闸母线供电，蓄电池由原来 108 块更换为 104 块，新更换的 2 号充电机及 2 组蓄电池分别通过盘柜内配置的整流器输出断路器及蓄电池输出断路器与直流Ⅱ段小母线连接，并通过原 2 号蓄电池双投隔离开关接线端子接入原直流Ⅱ段供电母线。同时，直流Ⅰ、Ⅱ段通过新更换 1 号充电机柜内联络断路器实现联络切换。

由于在直流 Ⅰ 段改造完毕后，1 号蓄电池双投隔离开关处于断开运行状态时并未出现直流供电异常运行的告警信号，因此，在直流Ⅱ段改造完毕后，直流Ⅱ段原 2 组蓄电池双投隔离开关在直流电源改造结束后，依然未投入运行。此时由于 3 号备用充电机一直处于运行状态，同时存在外部馈线环网运行，导致在直流电源改造结束后仍然显示直流系统运行正常。这也是该这次事故的主要原因。直流Ⅰ、Ⅱ段改造后系统图如图 4 所示。

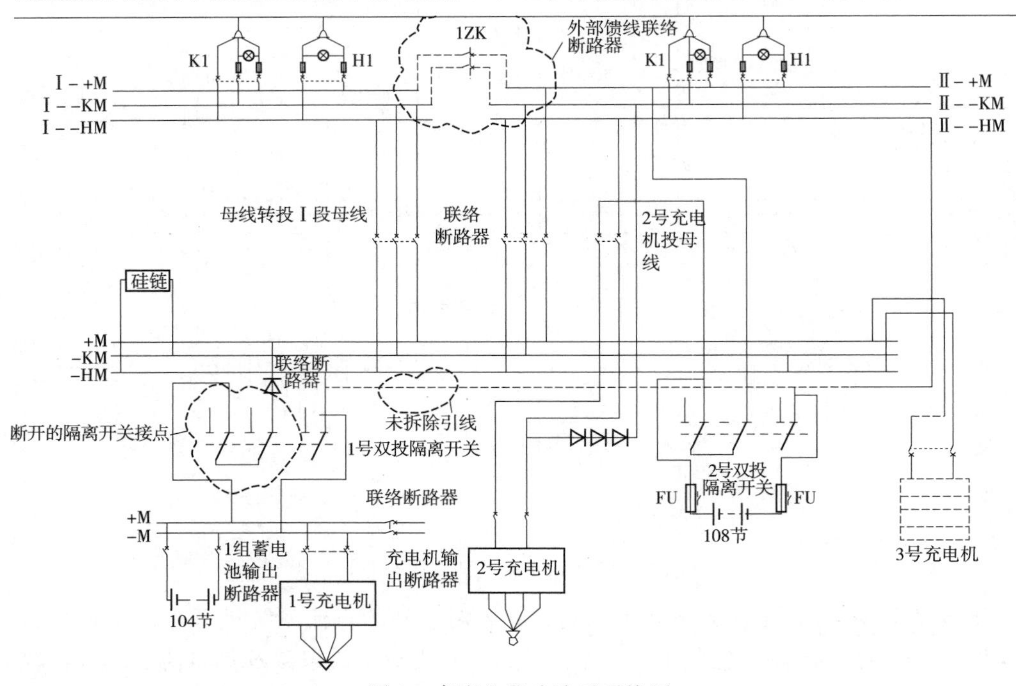

图 3　直流Ⅰ段改造后系统图

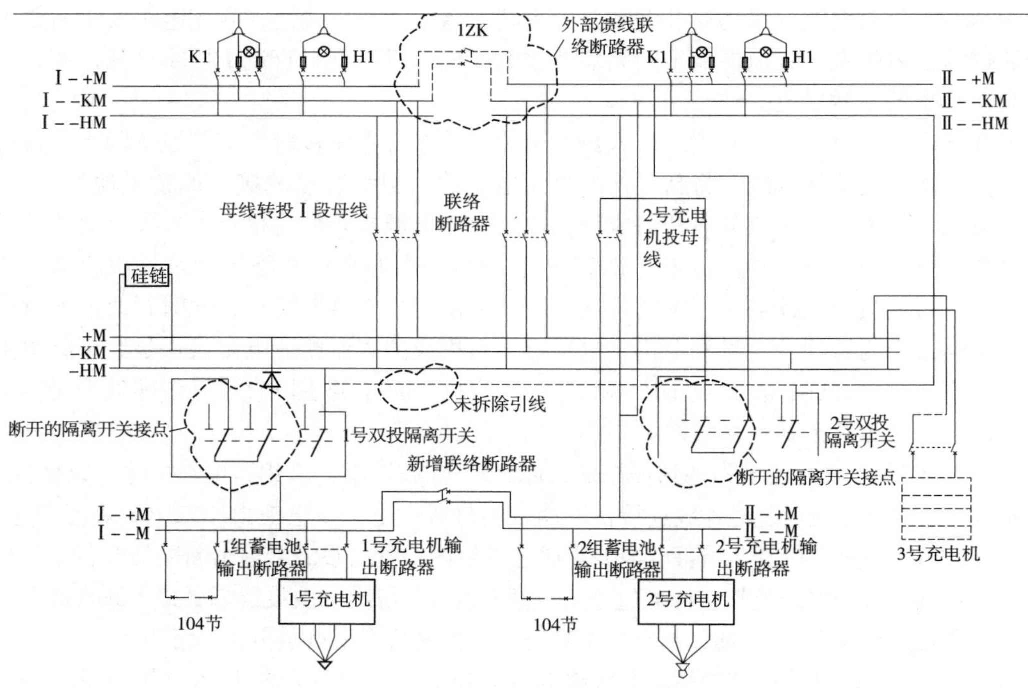

图 4　直流Ⅰ、Ⅱ段改造后系统图

4 直流系统失电分析

（1）1号、2号、0号站用变低压侧断路器使用低压脱扣断路器，当发生短路故障造成母线电压降低无延时动作跳闸，同时直流1号、2号、3号充电机失去交流电源，是该站直流系统失去直流电源的主要原因。

（2）直流Ⅰ段改造完成后，1号双投隔离开关在断开位置，直流Ⅰ段+M、-KM电压由3号充电机（硅链）供电，1号充电机给1组蓄电池进行浮充供电，直流Ⅰ段-HM电压通过原两组蓄电池负极连接线，由直流Ⅱ段-KM母线电压反送。当1号双投隔离开关断开后，直流Ⅰ段电压正常。当2号双投隔离开关断开后，由于外部馈线断路器的长期合环存在，直流Ⅱ段+M、-KM电压由直流Ⅰ段通过1ZK反送电，同时直流Ⅰ段-KM又是由1号、2号蓄电池短连线反送，此时，直流Ⅰ、Ⅱ段母线电压及馈线指示灯均显示正常。该站直流改造投入运行后，站用直流1号、2号充电机与1号、2号蓄电池组均通过断开的1号、2号双投隔离开关（原直流系统蓄电池投退隔离开关）与母线脱离，直流母线处于无蓄电池运行。1号、2号充电机仅给1号、2号蓄电池浮充电运行，给该站直流系统安全运行埋下了隐患。

（3）直流Ⅰ、Ⅱ段完全改造后站内直流供电方式仅由3号充电机（4块整流模块）给直流Ⅰ段母线供电，直流Ⅱ段母线通过外部馈线环网供电运行（寄生回路），造成直流系统运行正常的假象，也是该站直流系统蓄电池与直流母线脱离未能及时发现的主要原因。

（4）当事故发生，站用变电压失去后，3号充电机失去交流电源，1号、2号充电机与1号、2号蓄电池组均因为1号、2号双投隔离开关的断开与母线脱离，直流Ⅰ、Ⅱ段母线失去电压，全站失去保护及控制电源，是本次该变电站全站失电的主要原因。

5 几点建议

（1）发电厂、变电站直流充电机的供电电源应分别取自可靠的交流供电系统，发电厂两组充电机交流电源宜分别取自该机组保安段，并应根据反措要求，每台充电机分别接入两路独立供电的交流电源。

（2）发电厂、变电站直流蓄电池电缆正负极应分开布置，接入两段直流系统的交流电源应分通道、分桥架布置，避免在异常情况下造成两组交流电源或直流电源同时失去。

（3）发电厂、变电站直流系统充电机的交流断路器，应采用失压不脱扣的断路器，防止由于交流电压波动造成失去直流充电机电源，蓄电池与直流母线之间应采用熔断器，防止蓄电池与直流电源脱离。

（4）直流系统采用两充三电供电方式的发电厂、变电站第三面充电机正常运行期间应处于热备用状态，交流馈线侧断路器应处于合闸状态，整流模块处于断开状态。

（5）发电厂、变电站直流端子接线应与交流端子接线不在同一端子串，如果不能按要求接线，直流正负极间应经空端子隔开，交流端子应用红色端子做明显标记隔离。

（6）直流系统在改造前，应对原直流系统接线进行现场核查，模拟交流、蓄电池电源失去情况下设备运行情况，进行拉路切换试验，对原直流系统进行接线正确性检查。

（7）直流系统改造投入前，应在该直流系统加入交流进行检查，对其交流量进行测量，并记录其波形。检验该系统交流串入直流后是否会发“交流串入直流”告警信息，并应送至主控室。

（8）定期对直流绝缘监察装置进行拉路选线检查，通过该项检查，可以有效判断绝缘监察装置是否能选线正常，也可通过拉路选线有效检查直流系统是否存在直流环网等异常运行方式。

（9）蓄电池投入运行前，应进行充放电试验及连续放电试验（在无充电机运行情况下），合格后方能投入运行。应定期对蓄电池端电压及内阻进行测量，判断蓄电池运行状态的良好性。蓄电池出口开关辅助接点应送至主控室。

（10）蓄电池在投入运行状态下，如需检查蓄电池是否可靠连接到直流母线上时，可适当调整该段直流充电机电压，观察直流监视屏上浮充电流的变化。

（11）日常检查过程中，应注意观察两段直流系统负荷电流，如出现负荷差异较大时，应检查直流馈线系统是否出现环网或寄生回路，及时排除。

（12）对新安装或改造后的直流电源系统，建议进行以下试验：交流进线电源切换试验；充电装置输出特性试验；绝缘监测装置检验试验；蓄电池容量、内阻试验；直流空开级差配合试验；直流负荷输出辐射性供电方式接线试验；蓄电池连续供电试验；盘柜表计精度检测；交流串入直流报警试验。

6 结语

结合国家能源局下发的《防止电力生产事故的二十五项重点要求》，各个发电厂、变电站应加大对直流系统整治，对于运行时间较长的发电厂、变电站，应根据直流系统的布置情况进行整改，逐步将原两充两电运行方式的直流系统改造成两电三充直流运行方式，逐步将直流小母线环状供电方式改造成辐射式供电方式，逐步对直流系统试验规范化。在改造过程中应严把工程验收关，做好每个环节的验收试验。本文对某变电站直流系统在改造过程中出现的相关问题，结合反措，总结以上建议，希望能给同行有所借鉴，以求共勉。

参考文献

[1] DL/T 724—2000 电力系统用蓄电池直流电源装置运行与维护技术规程［S］. 北京：中国电力出版社，2017.

[2] DL/T 1392—2014 直流电源系统绝缘监测装置技术条件［S］. 北京：中国电力出版社，2015.

作者简介

韩晓惠（1972— ），女，陕西户县人，本科，工程师，高技技师，从事发电厂电气二次工作，擅长发电厂、变电站直流系统、发电机组保护、励磁系统、网源协调技术研究及应用。E-mail：419130487@qq.com

某水电站计算机监控系统 UPS 电源更换改造

李文金

（华能澜沧江水电股份有限公司黄登·大华桥水电厂，云南 怒江 671406）

【摘　要】 本文就某电厂计算机监控系统 UPS 电源存在的问题、更换改造的必要性、更换改造的安全措施、实施过程等进行介绍，重点论述在电源更换改造过程中如何保证计算机监控系统运行设备不受影响，如何安全地将计算机监控系统原 UPS 负荷电源转移到新的 UPS 电源上。通过实践证明，该方案安全可靠，对有类似改造需求的水电站有一定借鉴作用。

【关键词】 UPS；计算机监控系统；更换改造

0 引言

计算机监控系统是现代电力系统的重要组成部分，是电厂运行人员对全厂设备进行监视和控制的窗口，是电网调度机构协调、调度电网运行的基础，是电力系统安全稳定运行的重要环节。水电站计算机监控系统运行的稳定性、可靠性，除设备本身软、硬件稳定可靠之外，其 UPS 供电系统运行的可靠性、供电电压的变化范围等性能也决定着计算机监控系统能否安全、稳定、可靠运行。当计算机监控系统 UPS 供电电源存在问题时，必须进行改造，将存在问题彻底解决，才能确保计算机监控系统的安全、稳定、可靠运行。

1 更换改造的必要性

由于系统投运前的设计、安装、调试存在种种问题，导致改造前计算机监控系统 UPS 电源系统存在缺陷，严重威胁计算机监控系统的安全稳定运行。

1.1 UPS 系统交流进线电源不可靠

UPS 系统的交流进线电源取自于同一个动力电源柜，且该动力柜内同时接入了大量辅机、通风空调系统、工业电视系统、门禁系统电源等，供电电源容易受辅助设备系统短路、接地等影响，存在掉电风险。

1.2 UPS 系统没有专用蓄电池

UPS 系统直流电源取自于厂用直流电系统，而厂用直流电系统同时还供全厂励磁系统、调速器系统、保护系统、监控 LCU 系统等用电，在 UPS 交流失电时，难以保证直流电源的持续供电时间。

1.3 相关故障告警信号未接入计算机监控系统

UPS 系统的逆变故障、整流故障、旁路故障、蓄电池电压低等故障告警信号未接入计算机监控系统，运行维护人员很难及时发现 UPS 系统的故障，为 UPS 系统及时消除故障带来障碍，可能导致 UPS 系统故障扩大甚至全部停电的风险。

1.4 UPS 供电电压不合格

UPS 主机由于投运之初接地线未正确接入，输出的交流电压 L 端为 110V，N 端为-110V，不满足规范的要求，也不满足设备用电要求。在实际运行中，一台实时主机服务器因为电源电压问题主板被烧坏。

1.5 UPS 两主机输出并联到同一母排

UPS 两主机输出电压并联到同一个供电母排上，当该母排出现故障时，监控系统设备面临全部失电的风险，在并网安全检查过程中，专家对该种结构进行了否决。原计算机监控系统 UPS 结构图如图 1 所示。

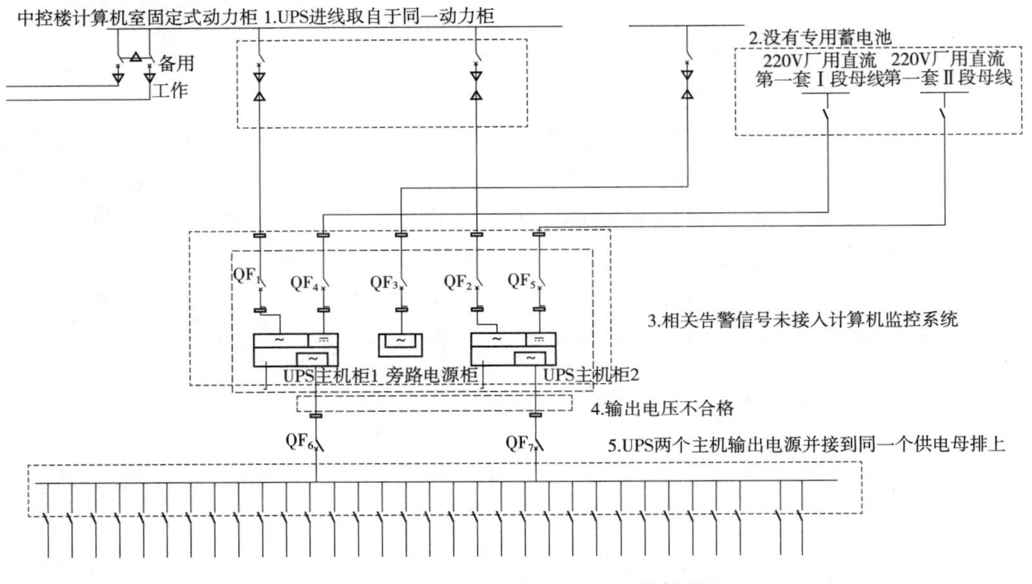

图 1　原计算机监控系统 UPS 结构图

2 更换改造方案

鉴于以上问题和原因，结合设备运行不能断电、相关业务不能中断等实际情况，通过充分论证，最终采用重新加装整套 UPS 系统电源，将监控系统所有设备的负荷转移到新的 UPS 系统上的方案，以彻底解决存在的问题，为计算机监控系统的安全稳定运行保驾护航。新 UPS 系统结构图如图 2 所示。

（1）计算机监控机房原有的 113P、114、115P 固定式动力柜将进行整体改造，改造后分为 113P、114P、115P、116P，其中 113P、114P 为动力电源柜，115P、116P 为二次设备控制柜。

（2）新的 113P 主用、备用进线动力电源分别取自 400V 第一组公用电 a 段 2 号馈线柜 QF_5、b 段 9 号馈线柜 QF_7。

（3）新的 114P 主用、备用进线动力电源分别取自 400V 第二组公用电 a 段 3 号馈线柜 QF_7、b 段 8 号馈线柜 QF_6。

（4）原有 UPS 两路交流进线电源取自原 113P 固定式动力柜，改造后将分别取自于 113P、114P 固定式动力柜。

（5）将计算机监控系统各设备柜内 ZK1 空气断路器所承载的负荷转移到新 UPS 馈线柜 1 上，ZK2 所承载的负荷转移到新 UPS 的馈线柜 2 上。

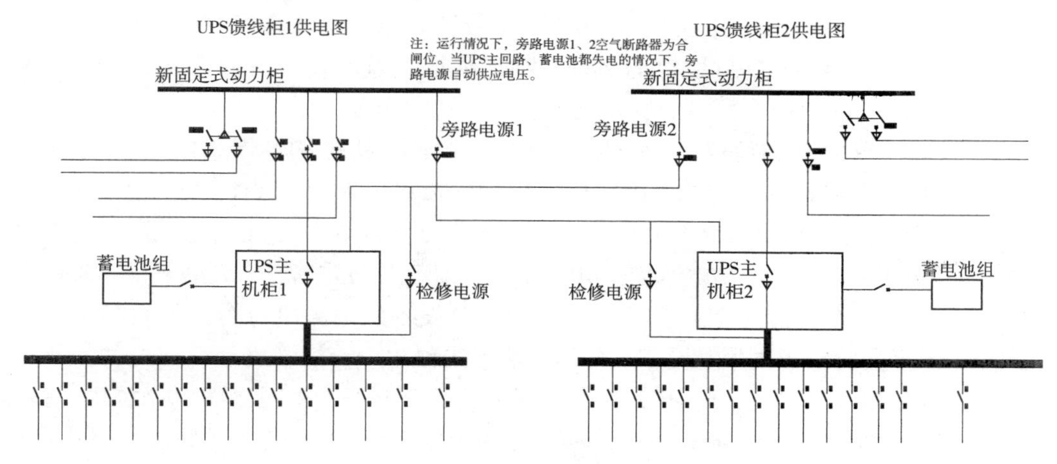

图 2　新 UPS 系统结构图

3　负荷转移对用电设备的影响分析

计算机监控系统服务器设备柜电源接线图如图 3 所示。

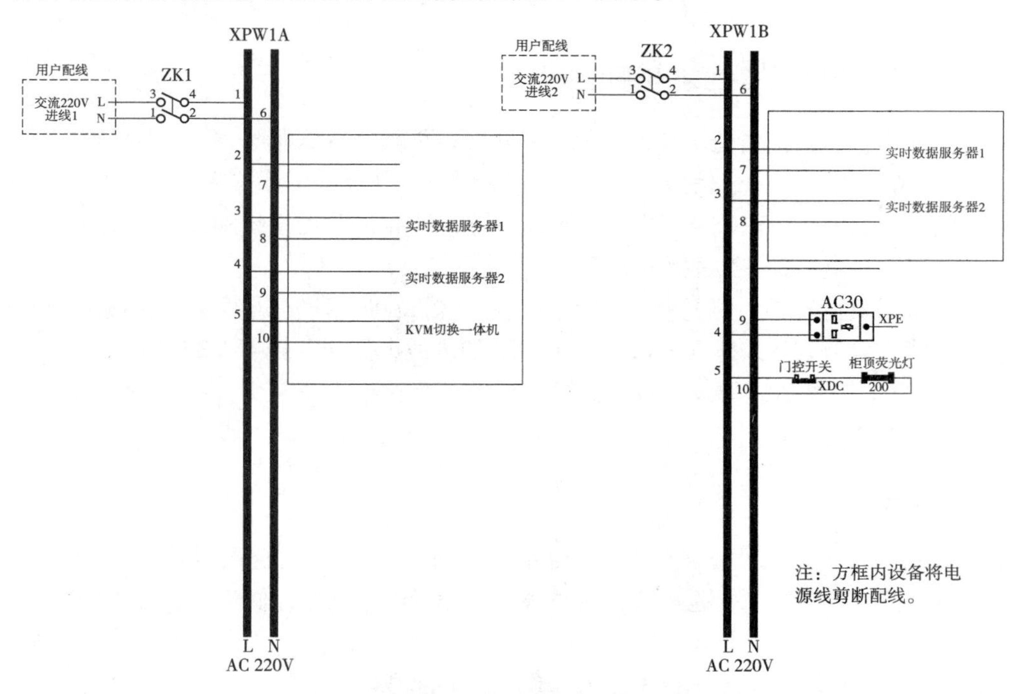

图 3　计算机监控系统服务器设备柜电源接线图

根据现行设备用电情况，在负荷转移时对用电设备的影响总体可以概括为：主设备不掉电，次要设备互为备用冗余运行，不影响监控系统实时运行，辅助系统短时退出，影响不大。具体分析如下：

3.1 上位机所有设备柜中为双电源的设备

双电源的设备有 1 号和 2 号实时服务器主机，1 号和 2 号历史服务器主机，历史服务器磁盘阵列，1 号和 2 号澜沧江集控通信服务器，1 号和 2 号金沙江集控通信服务器。这些设备的两路电源分别由各自控制柜内的 ZK1、ZK2 供给。以上设备可以采用两种方法转移负荷。

（1）先断开 ZK1 空气断路器，将 ZK1 的进线电源转接到新 UPS 馈线柜 1 上，然后合上 ZK1，断开 ZK2，再将 ZK2 的进线电源转移到新 UPS 馈线柜 2 上。这种方法优点为：负荷转移过程中互为备用的两台设备皆不会掉电，安全可靠性相对较高。缺点为：现有 UPS 电源的 L 端电压为 110V 左右，N 端电压为-110V 左右，而新 UPS 电源的 L 端电压为 220V 左右，N 端电压为 0~3V。在负荷转移过程中会出现同一台设备的两路电源分别取自新旧 UPS 电源，新旧 UPS 不同的电压质量对设备运行的影响无法预知。

（2）在断开 ZK1 的同时，将 ZK2 供给设备 1 的负荷断开，即设备 1 完全掉电，设备 2 失去一路电源，由单电源供电。这种方法的优点为可以避开方法（1）的缺点，但缺点是设备运行安全性相对较低。

综合以上两种办法，为避开方法（1）中不同的电压质量对设备运行的影响无法预知的风险，在实施过程中优先采用方法（2），先在次要设备上进行验证，配置为双电源的设备供给单电源对设备有无影响，如无影响，则确定采用方法（2），如有影响，则采用方法（1）。

3.2 上位机所有设备柜中为单电源的设备

单电源的设备有云南省调通信服务器 A、B，南网调度通信服务器 A、B，操作员站 A、B，生产信息服务器，厂内通信服务器、Oncall 服务器，Lkkweb 服务器，1 号和 2 号澜沧江集控通信隔离装置，1 号和 2 号厂内通信隔离装置，计算机监控系统网络核心交换机 A、B，GPS 时钟装置主机 A、B，各机柜的 KVM 切换装置。

这些设备的负荷转移只能先断开 ZK1 空气断路器，将 ZK1 的进线电源转接到新 UPS 馈线柜 1 上，然后合上 ZK1，断开 ZK2，再将 ZK2 的进线电源转移到新 UPS 馈线柜 2 上。此时 ZK1、ZK2 空气断路器负载的设备将先后短时掉电，但这些设备互为冗余配置，其中一台掉电不影响监控系统运行。

3.3 辅助设备

辅助设备有 1 号和 2 号机组在线监测系统网络设备柜，主变在线状态监测系统网络设备柜，微机五防主机，一键式落门控制柜、1 号和 2 号环境监测电量仪电源，水情服务器。

这些设备的负荷转移也只能先断开 ZK1 空气断路器，将 ZK1 的进线电源转接到新

UPS 馈线柜 1 上，然后合上 ZK1，断开 ZK2，再将 ZK2 的进线电源转移到新 UPS 馈线柜 2 上。ZK1、ZK2 空气断路器负载的设备将短时掉电。由于这些设备没有冗余配置，设备掉电时相应的运行系统也将停运，但此类设备为辅助设备，短时退出运行影响不大。

4 安全技术措施

（1）向中调上报检修申请票，在南网、云网通信服务器负荷转移期间，退出电厂 AGC 功能，封锁龙电厂上送南网、云网的远动数据。

（2）负荷转移前，将各用电设备所需的电源电缆敷设、剥皮，白头、电缆牌等准备到位，具备在用电设备侧接线后合闸即可供电的条件。

（3）负荷转移时先转移次要设备负荷，转移无问题后，再按同样方法转移重要设备。

（4）冗余设备按照转移 A，再转移 B 的原则进行。

（5）本项工作应在负荷相对较低时开展。

5 本项目危险点分析及预控措施

5.1 人身触电

本项工作由于在多个带电回路上开展，解除旧电源线、接入新电源线时，存在人身触电的风险。

安全措施：敷设电缆时一定要做好电缆牌标识，确保电缆和空气断路器一一对应；解除或者接入电源线时，检查确保 UPS 馈线柜上和用电设备的空气断路器处于断开位置；接线前用万用表测量无电压后方可开始工作；在整个工作过程中工作负责人应做好监护工作。

5.2 图识不符

由于图识不符等原因易误分合空气断路器，导致非计划设备停电或带电，造成监控系统运行失控。

安全措施：开工前，由本方案编写人和工作负责人共同检查图纸与实际接线的一致性；工作过程中，分合任意空气断路器前，由工作负责人检查确认。

5.3 误动与工作无关的回路和接线

线槽里面各种回路线缆错综复杂，且绑扎较紧，有的空间比较狭小，工作过程中会误拉、误动与工作无关的其他回路接线、通信网线，通信光纤等。转移核心交换机负荷时，存在系统中某个节点网络通信中断的风险。

安全措施：工作过程中轻拉轻扯，禁止拉拽与工作无关的线缆，工作负责人做好监护。

每一台设备在负荷转移前，在工程师站上应检查另外一台核心交换机上的所有节点通信正常，正常后方可开工。

6 具体工作内容

6.1 封锁远动数据

负荷具备转移条件时，由生产技术部向调度上报检修申请票，说明南网、云网调度通信服务器在负荷转移时需要做的安全措施，即退出全厂 AGC，封锁上送云网、南网的远动数据。

6.2 负荷转移

负荷转移按照以下三个阶段进行：

（1）第一阶段。先转移计算机监控系统上位机所属设备，按照操作员站、工程师站、中控室一键式落门控制柜、金沙江中游集控服务器柜、厂内通信服务器柜、澜沧江集控通信服务器柜、南网通信服务器柜、云网通信服务器柜、历史数据库服务器柜、实时数据库服务器柜、通信网络设备柜的顺序进行。本阶段工作过程中，为减少数据封锁时间，数据封锁时间应从南网调度通信服务器转移开始，到通信网络设备柜转移完成结束。

（2）第二阶段。计算机监控系统上位机设备柜以外的系统，按照主变在线监测系统网络设备柜、机组在线状态监测系统网络设备柜、主变在线状态监测系统网络设备柜、微机五防主机、环境监测电量仪电源的顺序开展。

（3）第三阶段。负荷转移完成后拆除旧电缆，恢复封堵的防火泥。

7 结语

计算机监控系统设备在投运后再进行 UPS 电源整体改造，对负荷进行完全转移，在实际工作开展过程中，是一个不小的挑战。本文经过实践证明，方法可行，风险可控，对有类似改造需求的电厂有一定借鉴作用。

参考文献

[1] 中华人民共和国国家能源局. 水力发电厂计算机监控系统设计规范 [S]. 北京：中国电力出版社，2009.

[2] 中华人民共和国国家发展和改革委员会. 水电厂计算机监控系统基本技术条件 [S]. 北京：中国电力出版社，2008.

作者简介

李文金（1985— ），男，云南昭通人，本科，工程师，从事水电厂计算机监控系统及自动化设备维护管理工作。E-mail：liwenjinjdm@ 126. com

发电机失磁保护跳机事件分析

刘　旭

（国家电投集团江西电力有限公司分宜发电厂，江西　分宜　336607）

【摘　要】　本文简述了分宜发电厂 210MW 机组励磁系统通信设备故障，造成调节器无法与整流柜交换数据，机组失磁保护动作停机事件，由此提出整改措施：定期检查励磁系统二次回路设备，与制造厂保持沟通，及时升级设备软硬件系统，防止类似事件发生。

【关键词】　励磁系统；通信故障；失磁保护

0　引言

随着时代的发展，在电力系统中大容量高参数机组的普遍应用，对励磁控制系统的可靠性和性能提出了更高的要求，微机励磁控制器得到广泛应用。同时，通信技术的发展给电厂信息自动化带来了巨大的变化，各种各样的通信方式以及通信协议应用于电力生产的各个环节，虽然减少了电气二次回路电缆和维护人员的工作量，但通信设备故障引起的设备异常及机组跳闸事故的不断出现，提高通信设备的运行可靠性对电力生产有重要意义。

江西分宜发电厂 210MW 机组，2006 年 7 月投入商业运行，发电机额定电流 9057A，额定电压 15750V，额定励磁电压 456V，额定励磁电流 1782.6A，励磁方式为自并励。

2014 年 3 月 29 日 15：31，机组 DCS“励磁系统异常报警”光字牌亮，励磁系统“综合报警”“限制动作”“欠励限制”“1 号功率柜故障”“2 号功率柜故障”“3 号功率柜故障”“异常报警”“1～3 号功率柜 CAN 异常”报警。运行人员立即前往就地对励磁整流柜进行检查，发现 1 号、2 号、3 号整流柜电压、电流均正常。15：36，检查过程中发电机跳闸，发变组保护 A 套“励磁Ⅲ段保护动作”，发变组保护 B 套“失磁保护 t0 动作”灯亮。

1　事故分析、处理

检修人员赶到现场后立即对励磁系统、保护装置及二次回路进行检查，故障录波图显示，发电机故障时刻无功功率由 144.579Mvar 突然降至-167.308Mvar，超过额定值 116.3%，机端电压 U_t 降至 80%额定电压，故障录波如图 1 所示。

发电机正常运行时，向系统送出无功功率，失磁以后，发电机大量吸收无功功率。从图 1 可以看出，故障时刻无功功率 Q 由正变负，即从发无功功率变成吸收无功功率，同时机端电压下降，此时满足失磁保护动作判据：①低电压判据；②定子侧阻抗判据；③无功反向判据。发变组保护正确动作。

工作人员在检查过程中发现，励磁系统一次设备无明显故障，双套控制器 AVR 及三台整流

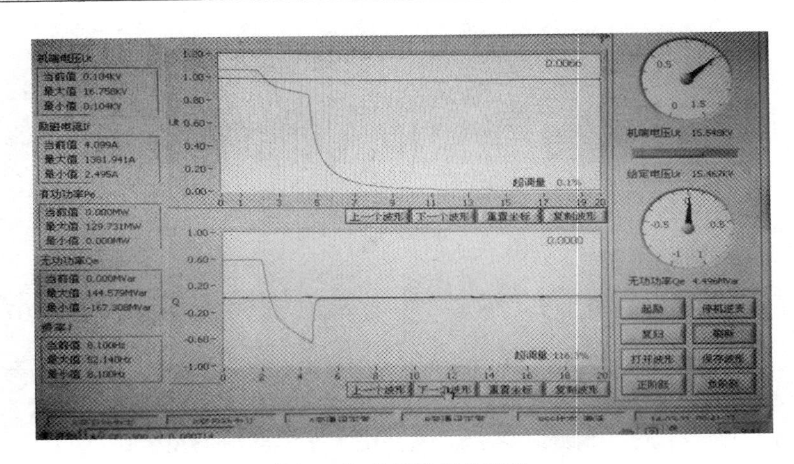

图 1　失磁保护动作波形

柜故障后均出现“CAN 异常”报警且无法复归，考虑到故障的同时性，排查的重点放在通信回路中。检查 CAN 总线板过程中发现调节器光纤调制解调器电源指示灯频闪，TX、RX 指示灯均不亮，测量其电源模块后发现，直流输出电压仅为 2.1V（额定电压应为 5V）；同时检查光纤通道，发送接收衰耗均正常。进一步检查电源模块，发现电路板上一电容已出现鼓包，并有轻微烧焦痕迹，查看电源模块生产日期，已超过正常使用年限。更换调制解调器及其电源模块后进行励磁试验，各项数据均符合规程要求，机组于 2014 年 3 月 30 日 5：44 与系统并列成功。

通过查阅励磁系统技术说明书，由其网络拓扑结构（图 2）可看出，三台励磁整流柜 IPU 与调节器中两套 AVR 控制器通过 CAN 总线连接，当 CAN 连接异常或故障时，AVR 触发脉冲信号无法发送给 IPU，而各个 IPU 均衡的励磁电流也不能反馈给 AVR 进行调节，各整流柜失去了 AVR 的反馈均流控制，无法建立均流的动态平衡，随着时间的推移，导致整个励磁系统故障。

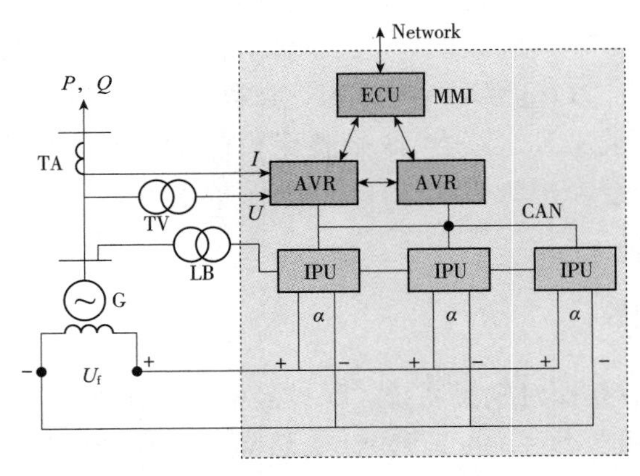

图 2　励磁系统拓扑结构

进一步分析可知，励磁反馈控制是通过以下过程来实现的：首先励磁控制器检测 TV 的信号从而获知发电机的机端电压 U_t，然后将 U_t 与参考（给定）电压 U_r 相比较得电压差 U_r-U_t，该电压差 U_r-U_t 经综合放大环节后得到控制电压 U_c。若是最简单的比例调节，那么控制电压 U_c 与电压差 U_r-U_t 有以下的关系式（不考虑调差）：

$$U_c=K(U_r-U_t)$$

式中：K 为放大倍数。

控制电压 U_c 经过移相触发环节后得到可控硅（SCR）的触发角 α，从而控制励磁机的励磁电压 U_{ff}，使发电机运行在稳定状态。原理图如图 3 所示。

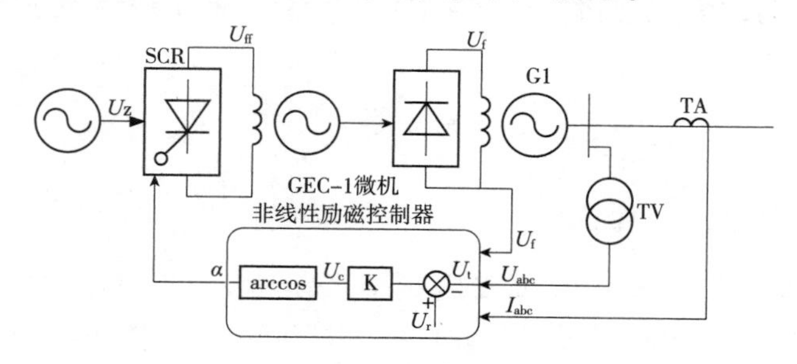

图 3　励磁反馈控制原理

如果由于扰动使发电机机端电压 U_t 上升一个小值，那么电压差 U_r-U_t 将减小，经综合放大环节后得到的控制电压 U_c 也将减小，使得 α 增大，经可控硅流后使励磁机的励磁电压 U_{ff}减小，发电机的转子电压 U_f 也随之减小，使发电机的机端电压 U_t 下降，从而抵消发电机机端电压 U_t 上升的扰动。由此励磁反馈控制可以维持发电机机端电压 U_t 的恒定。

当通信回路出现故障时，调节器 AVR 无法接收整流柜 IPU 发送的数据，也无法根据机端电流电压将数据反馈回 IPU，三台整流柜失去与励磁调节器通信后，转为独立运行。通过咨询设备厂技术人员得知，此型号励磁系统内部逻辑设计存在缺陷。当转为独立运行后，每台整流柜以恒电流源方式进行可控硅导通角调节控制。通过试验证明三台整流柜在恒电流并联运行情况下，随着机端电压的不断波动，显现出不断放大的电流效应，导致励磁电压剧烈变化，此为发电机失磁直接原因，也可以解释调节器发出异常报警后，5min 后机组即失磁跳闸。

2　结语

通信系统故障引起的励磁系统异常在发电机组运行中时有发生，通过事件分析可以得出以下结论：

（1）电气一次设备投运时间长，通信设备等电子产品使用寿命较短，必须定期检查，更换励磁系统电源模块、通信模块、散热风机等设备。

（2）定期与设备制造厂家沟通，对励磁系统进行软、硬件升级。

（3）短期内应对措施。再次发生 CAN 异常情况时，应迅速将 1 号、2 号整流柜退出运行（单台整流柜可满足满负荷励磁），防止三台整流柜相互影响，并加强巡检，做好停机准备。

作者简介

刘　旭（1983—　），男，江西南昌人，本科，工程师，技师。从事发电厂电气专业。E-mail：22579254@ qq. com

发电机励磁调节器低励报警的原因分析

李　东

（大唐临清热电有限公司，山东　临清　252600）

【摘　要】　发电机励磁系统是发电厂的重要设备，直接影响发电机的安全稳定运行。发电机低励时会引起电力系统电压下降，严重时会导致电力系统崩溃。所以励磁调节器会专门设有低励保护，防止人为或系统自动减小无功过多，使发电机因励磁过小而失步，从而达到保护系统稳定运行的目的。本文针对一起具体的发电机低励报警进行详细的分析，为同类问题的分析处理提供翔实可靠的参考依据。

【关键词】　发电机；励磁；低励；分析

0　引言

引起发电机低励的原因很多，发生低励报警后，必须及时、准确地查找出原因并处理，以防影响发电机和电网的安全稳定运行。要想快速准确地判断出故障原因，首先应把所有会引起低励报警的因素一一列举，逐步排查，从而分析判断出是励磁调节器误报，还是发电机故障导致低励运行，或者是电网波动造成机端电压变化从而引起低励报警。本文把发电机机端电压 U_t、转子电流 I_f、控制电压 U_c、无功功率 Q_e、发电机频率 f、电网电压等基础数据统一对比分析，判断低励报警的原因，最后确定为电网电压波动引起发电机低励报警。在生产实际中，按此思路分析发电机低励报警，有可能在任意步骤上找到原因，从而缩短故障维持时间，尽快处理，恢复发电机的正常运行。

1　事件概况

某发电厂有两台 350MW 机组，发电机出口电压为 20kV，励磁系统为自并励方式，2009 年投入运行。励磁控制系统设有强励顶值限制、强励反时限、欠励限制、U/f 限制、过无功限制、定子电流限制和 TV 断线保护等。

2014 年 1 月 12 日 11 时 41 分 12 秒，1 号机励磁调节器发出低励报警，当时运行工况为励磁调节器 A 套为主，电压环运行，PSS 投入，有功功率 275MW，无功功率 46Mvar，机端电压 19.22kV。

2　原因分析

为了尽快查找出低励报警的动作原因，对励磁调节器记录的各状态量波形进行分析，各状态量采用的是标幺值，单位为 p.u.。因为是用软件在电脑上打开的波形文件，所以图中的时间和调节器运行状态不是报警当时运行中的状态，此处只参考各状态量的波形。

2.1　1号机低励报警时A套励磁调节器转子电流 I_f 的波形分析

从图1可以看出，转子电流在报警时有个上升的突变，从0.64p.u. 上升为0.76p.u.。据此分析低励报警时调节器确实有增磁调节，排除了低励报警为误报的可能。

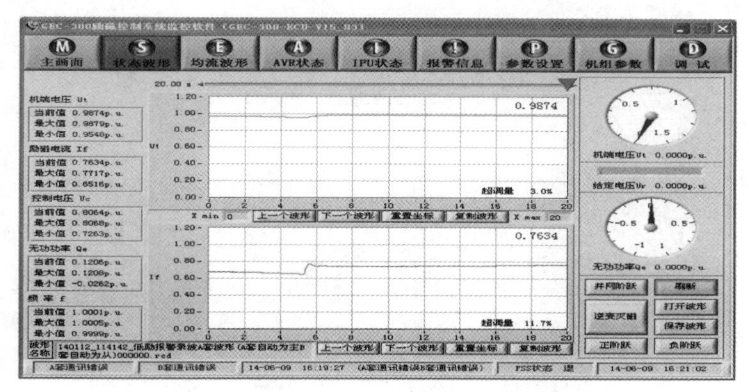

图1　2014年1月12日11时41分42秒低励报警录波A套（A套自动为主B套自动为从）转子电流 I_f 波形

2.2　1号机低励报警时A套励磁调节器控制电压 U_c 的波形分析

从图2可以看出，控制电压 U_c 在报警时有过突变，并在突变后逐渐增加，从0.73p.u. 增加到为0.80p.u.。据此分析低励报警时调节器对控制电压 U_c 有叠加调整，排除了低励报警为调节器误判的可能。

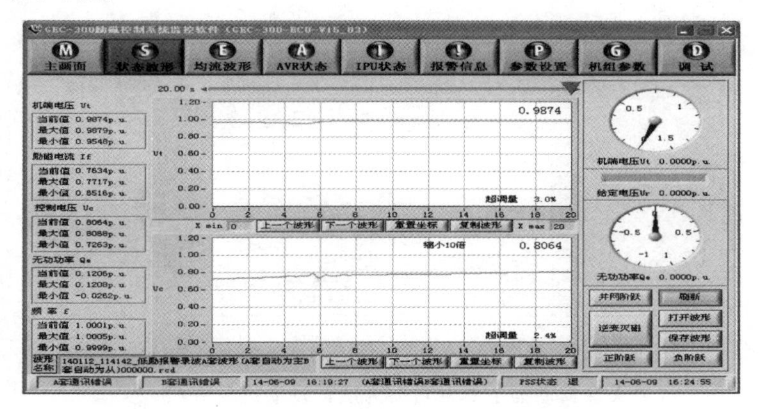

图2　2014年1月12日11时41分42秒低励报警录波A套（A套自动为主B套自动为从）控制电压 U_c 波形

2.3　1号机低励报警时A套励磁调节器录制的发电机无功功率 Q_e 的波形分析

从图3可以看出，发电机无功功率 Q_e 在报警前为−0.03p.u.，经过调节器快速调节上升为0.12p.u.，有过突变，并在突变后逐渐增加，从0.73p.u. 增加到为0.80p.u.。据此分析低励报警时发电机无功功率确实达到了低励报警动作值，进一步确定了发电机在当时确实为低励运行，低励报警动作正确。

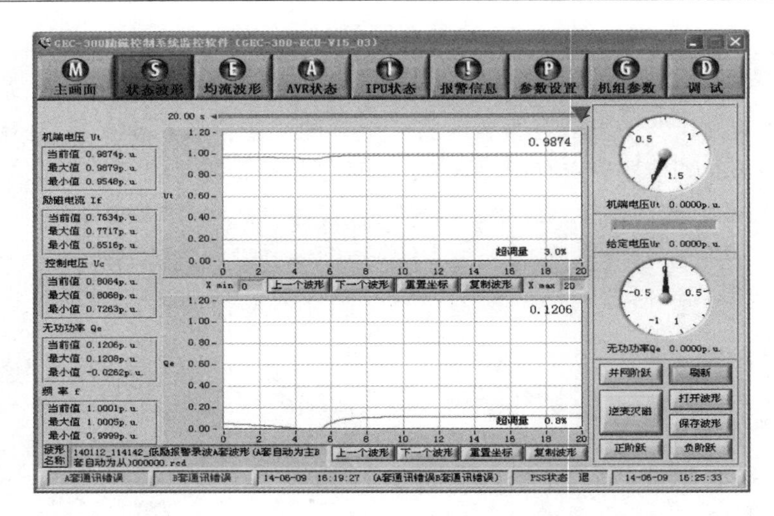

图 3　2014 年 1 月 12 日 11 时 41 分 42 秒低励报警录波 A 套

（A 套自动为主 B 套自动为从）无功功率 Q_e 波形

2.4　1 号机低励报警时 A 套励磁调节器录制的发电机频率 *f* 的波形分析

从图 4 可以看出，发电机频率一直非常平稳地处在 1.00p.u. 状态，说明发电机转速稳定在 3000r/min，结合发变组保护并无动作报警，据此分析发电机运行工况正常。

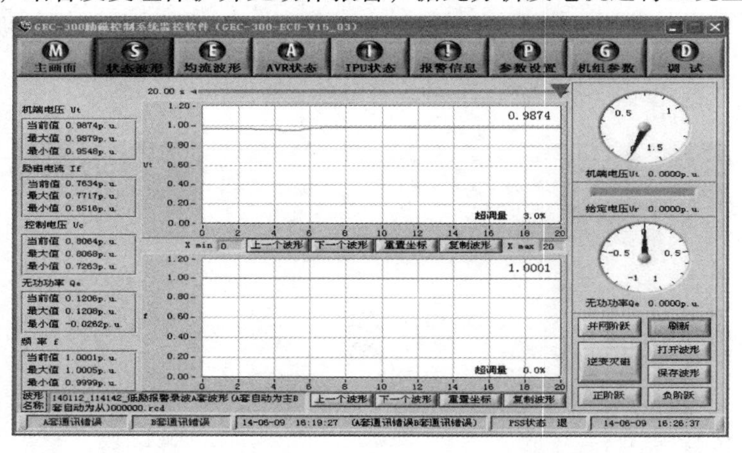

图 4　2014 年 1 月 12 日 11 时 41 分 42 秒低励报警录波 A 套

（A 套自动为主 B 套自动为从）发电机频率 *f* 波形

参考 1 号机低励报警时 B 套励磁调节器记录的上述波形，各状态量与 A 套完全一致，不再进行重复分析。

3　对策和验证

从以上分析可以看出，报警发出时，无功功率呈下降趋势，机端电压呈下降趋势，转子电流呈下降趋势，控制电压呈上升趋势。说明低励报警发出时，确实有人为或系统自动减小无功过多的情况存在。

欠励限制的目的是防止人为或系统自动减小无功过多，使发电机因励磁过小而失步，或者说是限制发电机进相吸收的无功功率的大小。因为考虑到发电机的稳定性，并综合考虑发电机端部发热及厂用电电压降低的因素，发电机的进相无功功率是有限的。励磁控制系统用软件实现以下限制曲线。由于是在办公电脑上运行的程序，所以图中调节器状态为脱机状态，定值也没有录入，只看励磁控制系统的保护原理和软件逻辑即可。

励磁控制系统的欠励限制曲线和软件逻辑图如图 5 和图 6 所示。

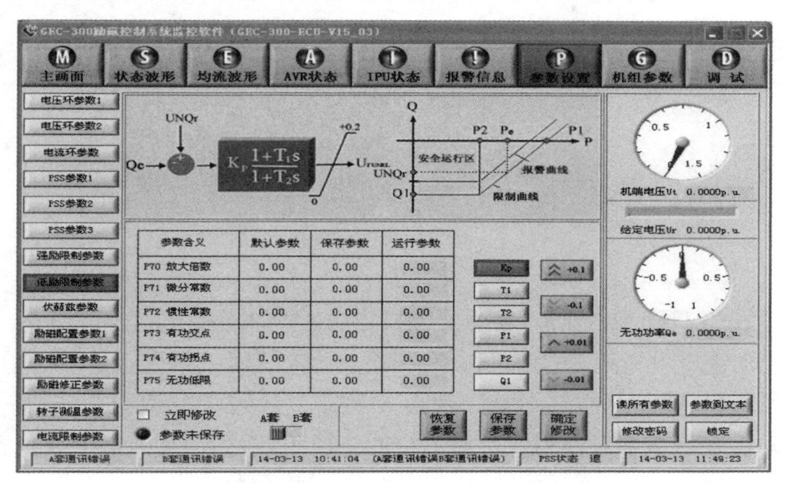

图 5　励磁控制系统的低励限制曲线

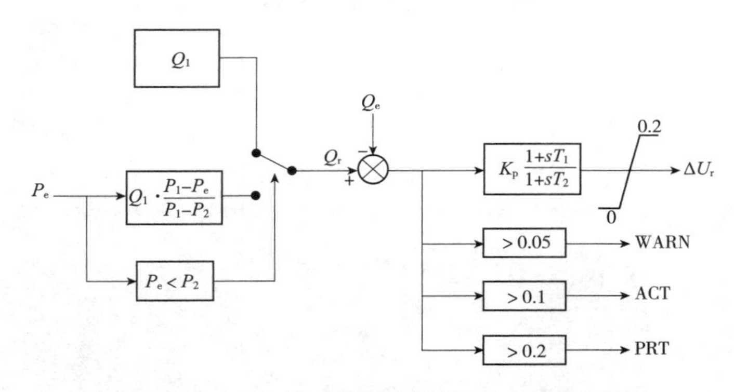

图 6　励磁控制系统的低励限制软件逻辑图

从欠励限制曲线可以看出，当 $P_e \leqslant P_2$ 时，Q_r 按直线部分给定；当 $P_e > P_2$ 时，Q_r 按斜线部分给定。当 $Q_r - Q_e > 0.05$p. u. 时调节器将会有报警输出；当 $Q_r - Q_e > 0.1$p. u. 时，调节器自动将输出叠加到给定进行调整；当连续 0.5s 内 $Q_r - Q_e > 0.2$p. u. ，低励保护动作。

根据录波文件记录的数据，结合实际定值，确认了低励报警时，$Q_r - Q_e$ 已经超过了 0.1，满足低励报警的条件。通过波形看出，低励报警发出后，调节器自动将输出叠加到给定进行调整，使无功功率从−0.026 提升到了 0.12，增加了 0.146 的无功功率，换算成有名值为 56.6Mvar。由此确定，低励报警为正确动作信号。

根据励磁自动控制原理可知，当机端电压存在小的扰动时，通过闭环调节可以快速使电压趋于稳定。从录波文件看，机端电压 U_t 的变化可以明显看出有一个波谷，控制电压 U_c 在报警前呈上升趋势。在简单的比例调节中，控制电压 U_c 与电压差 $U_r - U_t$ 的关系（不考虑调

差）为

$$U_c=K(U_r-U_t)$$

式中：K 为放大倍数。

控制电压 U_c 经过移相触发环节后得到可控硅（SCR）的触发角 α，从而控制发电机的转子电压 U_f，使发电机运行在稳定状态。在励磁控制系统中，信号的检测、综合放大、移相触发都是通过软件算法实现的。U_c 与 α、U_f 的关系为

$$\alpha=\arccos\left(U_c\frac{U_{f0}}{1.35U_Z}\right)$$

三相全控整流桥有

$$U_f=1.35U_Z\cos\alpha$$

所以

$$U_f=U_cU_{f0}$$

式中：U_{f0}为发电机空载励磁电压；U_Z 为发电机空载时 SCR 的阳极电压。

如果由于扰动使发电机机端电压 U_t 下降一个小值，那么电压差 U_r-U_t 将增加，经综合放大环节后得到控制电压 U_c 也将增加，使得 α 减小，经可控硅整流后使得转子电压 U_f 增加，转子电流 I_f 也随之增加，使得发电机的机端电压 U_t 增加，从而抵消发电机机端电压 U_t 下降的扰动。由此励磁反馈控制可以维持发电机机端电压 U_t 的恒定。下面是机端电压 U_t 下降时各个状态量的变化情况，反映出励磁闭环控制的过程。

$$U_t\downarrow \longrightarrow (U_r-U_t)\uparrow \longrightarrow U_c\uparrow$$

$$U_t\uparrow \longleftarrow U_f\uparrow \longleftarrow \alpha\downarrow$$

根据以上分析，应先检查机端电压 U_t 的变化原因，为此，调出 DCS 中有关电气量在报警时刻的趋势，如图 7 所示。

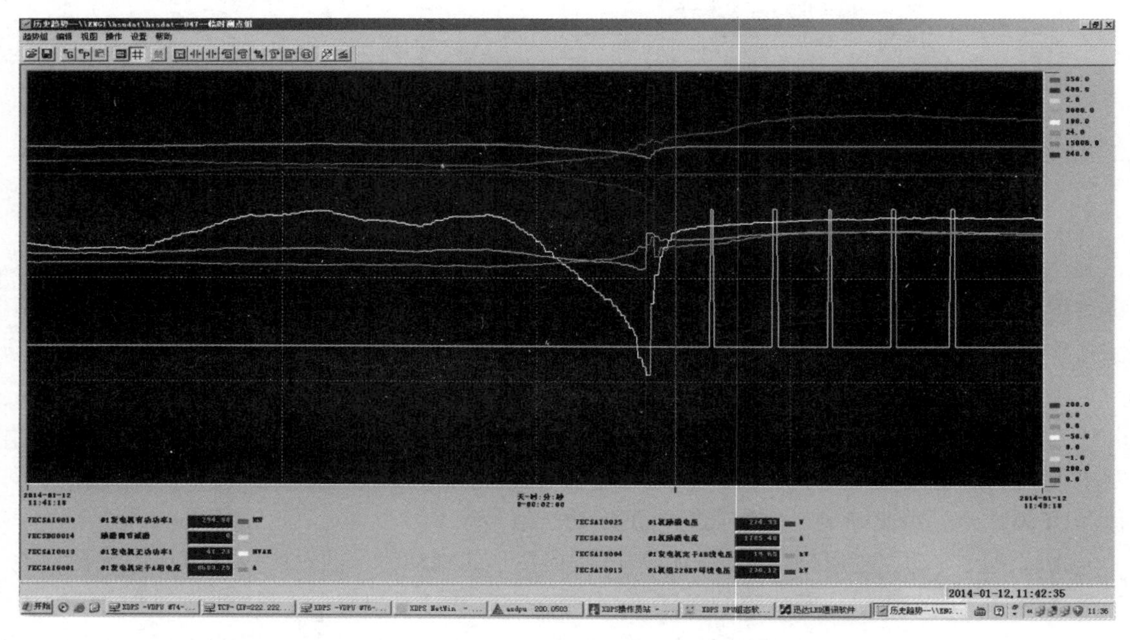

图 7　1 号机 DCS 相关电气量在低励报警时刻的趋势图

从图 7 中可以看到系统电压在报警时刻存在一个很大的波动，由此判断，因为系统电压的波动，导致机端电压 U_t 下降，从而使无功下降过快，达到励磁调节器低励限制动作值而发出低励报警，通过欠励限制自动叠加给定重新增加无功功率，保证了发电机和系统的稳定运行。

4 结语

通过对此次低励报警的原因分析和判断，为同类问题的处理和分析提供了可靠的方法和思路。当然，导致低励发生的原因有很多，本文阐述的方法和原因只是其中一种，仅为同行在处理发电机低励运行时提供思路和参考，具体情况会因励磁方式、机组状况、系统环境等原因的不同而不同。对于本文的分析方法和思路存在不足之处，还需要在今后的工作中进一步细致探索。

参考文献

[1] 王维俭. 发电机变压器继电保护应用［M］. 北京：中国电力出版社，1998.
[2] 崔家佩，孟庆炎，陈永芳，等. 电力系统继电保护与安全自动装置整定计算［M］. 北京：中国电力出版社，1993.
[3] 张志竟，黄玉铮. 电力系统继电保护原理与运行分析（上册）［M］. 北京：中国电力出版社，1995.
[4] 王广延，吕继绍. 电力系统继电保护原理与运行分析（下册）［M］. 北京：中国电力出版社，1995.

作者简介

李　东（1974—　），男，山东临清人，工程师，主要从事电力系统继电保护工作。

电厂通信系统防雷接地方案浅析

丁　珩，鲍滨寿

（江苏新海发电有限公司，江苏　连云港　222023）

【摘　要】　因1000MW机组“上大压小”扩建工程的需要，需将原有的通信机房搬迁到新的区域，通信系统也应进行相应的改造。为了确保新通信系统的可靠和安全，对电厂通信系统雷电防护技术进行了较为深入的研究，由此得出适合新通信系统的防雷接地方案。

【关键词】　通信系统；雷电危害；雷电防护

1　雷电危害的形式

电厂通信系统是一个非常分散的系统，通信线路延至电厂的各个角落，受到雷电危害的可能性比较高。电厂通信系统雷电防护是电厂通信系统建设、运行不可缺少的组成部分。要做好电厂通信系统雷电防护工作，必须先对雷电危害有一个比较全面的认识。据相关资料分析，雷电危害主要有以下几种形式：

1.1　直击雷

直击雷是雷云对大地某点发生的强烈放电。它可以直接击中设备和架空线（电力线、通信电缆、光缆等）。

1.2　感应雷

感应雷分为静电感应及电磁感应。静电感应是当带电雷云（一般带负电）出现在设备上空时，由于静电感应作用，设备上束缚了大量的相反电荷。一旦雷云发生放电，其负电荷瞬间消失，此时设备上大量正负荷以雷电波的形式入地，引起设备损坏。电磁感应是当雷电放电时，产生强交变电磁场，在这个场中的设备会感应出很高的电压，导致设备损坏。对于建筑物内的各种金属环路或电子设备而言，电磁感应分量大于静电感应分量。

1.3　雷电侵入波

当雷云之间或雷云对地放电时，在附近的金属管线上产生感应过电压（包括静电感应和电磁感应两个分量。但对于长距离线路而言，静电感应过电压分量远大于电磁感应过电压分量）。该感应过电压也会以行波的方式窜入室内，造成电子设备的损坏。

1.4　地电位反击

地电位反击指雷击建筑物或其近区时，造成附近设备的接地点电位的升高，使设备外壳与设备的导电部分间产生高过电压（也称反击过电压）而导致设备的损坏。

2 电厂通信系统的防雷措施

电厂通信系统主要由通信机房电子设备、通信电源和外部馈线等部分组成。电厂通信机房和通信设备一般处于建筑物防雷设施、避雷针、铁塔及架空线路避雷系统等外围避雷设施的保护下，基本上不会遭到直击雷的损害。据相关统计分析，感应雷、雷电侵入波和地电位反击是危害通信设备的主要原因。所以电厂通信机房及通信设备防雷系统应以防止感应雷、雷电波侵入和地电位反击为主要目标，应着重做好防雷接地网建设和通信电源、通信设备、各种馈线的防雷保护。

2.1 通信机房防雷接地网建设

接地电阻越小雷电过电压值越低，对通信系统防护越有利，因此在经济合理的前提下，应尽可能降低接地电阻。新通信机房所在的大楼原为教学大楼，大楼防雷设施为由房顶裙边、墙柱钢筋和接地点构成的建筑防雷，主要防范直击雷对人身和建筑物的危害。新通信机房选在该五层大楼的三楼，机房斜上方有 220kV 同杆双回电力线路，旁边有比机房高出八层的办公大楼，通信机房受直击雷的影响会很小，因此通信机房不再考虑对直击雷的防护。依据相关规范和文献资料，按通信机房防雷接地要求，为新通信机房建设了一个独立于大楼建筑防雷网的独立通信接地网，用以满足通信机房内部防雷需要。通信机房接地网主要由南、北两排接地体构成，每排接地体共 6 根直径 80mm、长 2.5m 的镀锌钢管，间隔 1.5m，打入深度 3.2m，在离地面 0.9m 处，用 40mm×4mm 的镀锌扁铁将 6 根钢管焊接成一体，焊地点用沥青漆涂刷。每排接地体各通过 2 根 40mm×4mm 的镀锌扁铁与 3 楼通信机房环型接地母线相连。由于新通信机房与生产区接地网较远，通信机房接地网仅通过两根 40mm×4mm 的镀锌扁钢经电缆沟与生产区接地网相连。新通过机房接地网建成后，在其环型接母线选 3 点测试，接地电阻为 0.7~0.8Ω，满足相关规范要求，但还不是很理想。

2.2 通信电源系统的防雷

电厂通信电源一般由厂用电源提供，由发电机出口经高厂变、低厂变送到通信机房，其馈线一般情况下都是延电缆沟敷设，发电机出口、主变高压侧及升压站都安装有避雷器和避雷针，因此，电厂通信电源受直击雷的影响将会很小。按相关规范要求，在通信电源配电变压器相对地加装避雷器，交流屏相对地分别加装合格的防雷模块，交流屏外壳、零线母排及防雷地与地网可靠连接，直流电源的“正极”在电源设备侧和通信设备侧均可靠接地，负极电源机房侧和通信机房侧接压敏电阻，交流电源进线入机房前穿铁管，铁管两端与地网可靠连接。为满足等电位连接要求，机房交流工作接地、直流电源工作接地和安全保护接地共用一个接地体。

2.3 通信机房设备、各种馈线的防雷保护

通信设备系统防雷保护可以分成线路部分和机房电子设备部分。线路保护的主要目的是降低起源处的过电压、过电流，减少对系统各部分的危害（包括对线路本身的绝缘危害）。线路保护的主要措施是所有的进出机房的线缆都选用具有金属外护套的线缆，较远距离的线

缆穿过电缆沟内 10m 长钢管。电缆内空线对在机房配线架上经避雷装置接地，以防引入的雷电在开路导线末端产生反击。将含有金属加强筋的光缆在机房外转接成不带金属加强筋的光缆，并将金属加强筋与接地网可靠相连。

电厂通信线路主要有光缆、音频电缆、双绞线和护导线。远程终端装置（remote terminal unit，RTU），功角装置，协调防御系统（electric power alarming and coordinated control system，EACCS）装置，脱硫监控，关口电能装置，以及与地调、省调之间的信息传输都采用不带金属加强筋的光缆，电信和移动公司含有金属加强筋的光缆在机房外转接成不带金属加强筋的光缆，并将金属加强筋与接地网可靠相连，所有光缆都穿过电缆沟内钢管进入机房，不将雷电影响带入机房。通信机房与各单位之间的电话线采用金属外护套的线缆，两端金属外护套均可靠接地。长距离电缆在进机房前先穿过电缆沟内长钢管，将感应雷和雷电入侵波的影响削弱到最低限度。由于通信系统没有发射塔、金属架空线等可能将雷电引入室内的设施，通信机房与生产区域又比较远，机房防雷接网与建筑物防雷接地不相连，因此，通信机房设备受地电压反击的影响很小。

由于通信电源和通信线路都已采取了有效的防雷措施，并建设了有效的接地系统，机房内通信设备基本上不会受到直击雷和地电位反击的危害，感应雷和雷电侵入波的危害也已得到有效的削弱。据相关资料看，电厂通信设备遭雷击损坏主要为行政交换机用户电路板卡、PCM 用户电路板卡和接口转换器等，损坏原因为雷电感应和雷电侵入波的浪涌电压，因此，电厂通信设备雷电防护工作主要为防止已削弱的雷电感应和雷电侵入波，以及保证人身安全。主要措施为用户电路板卡采用过电压保护器限制浪涌电压，保护电路板卡免受雷击过电压和过电流的损坏。通信设备与远动 RTU 之间距离较远，除加过电压限制器外，还加装光电隔离模块，避免接口设备电气连接。此外，为防止设备产生电击危险、保护人身安全，机房内各种电缆的金属外皮、设备的金属外壳和框架等不带电金属部分及保护接地、工作接地等，应以最短距离与环型接地母线可靠连接；同一套通信设备的相邻柜间保护等电位互连，不同机柜间的外壳接地保护用很短的短接线连接起来，以保护柜间信号接口不被损坏。

3 结语

随着科学技术的不断发展，精密电子设备大量应用于电力系统，电力系统的自动化和网络化程度不断提高，电力通信的重要性日渐显现，对其可靠性、安全性的要求也越来越高。电力通信系统的雷电防护问题也随着通信技术的发展变得更加复杂。由于人类对雷电机理认识的局限，目前尚无绝对有效的防护措施来保护现代通信设备。通过学习相关规定，结合多年从事通信和自动化管理的工作经验，为公司新通信系统配置了较为完善的雷电防护综合设施，较好地满足了新通信系统的雷电防护需要。公司新通信系统已运行一年多，未发生一起雷电损坏事故。

参考文献

[1] 胡蔚星. 通信机房防雷接地系统的方案设计［J］. 有线电视技术，2006（1）：73-79.
[2] 张宏伟. 电力通信机房综合防雷技术应用［J］. 广东通信技术，2006（1）：72-74.
[3] GB 50343—2012 建筑物电子信息系统防雷技术规范［S］. 北京：中国建筑工业出版社，2012.
[4] YD/T 5098—2001 通信局（站）雷电过电压保护工程设计规范［S］.

电厂自动电压控制系统（AVC）参数优化

韩晓惠

（大唐户县第二热电厂，陕西　西安　710302）

【摘　要】　AVC是近几年在电网普及的自动电压控制系统，其安装目的是调度可以较好地调节电网电压，改善电网电压品质，节能降耗，合理分配各个电厂机组的无功功率，是保证电网安全经济运行的重要措施。但随着AVC的投入，电网下发的两个细则内各个指标的考核也相对严格，电厂端与调度的矛盾也在不断暴露，电厂总是为了避免调度考核尽量调整AVC的限制闭锁参数，使得无功功率的调整范围越来越窄，虽然电厂免于考核，可是从电网系统长期来看，这是比较狭隘的做法。针对这些现象，本人通过对大唐户县第二热电厂AVC装置在参数设置及调整过程中的一些思路和做法提出个人的一些见解，共同探讨学习。

【关键词】　AVC；参数；优化

0　引言

电厂自动电压控制系统（AVC）是保证电网安全、优质运行的重要设备。现场实际应用过程中，由于转换环节较多，各个环节参数配合不协调，造成机组过压、电压超调、励磁系统限制等问题，已影响到系统安全稳定运行，亟待解决。

1　AVC系统简介

目前AVC系统广泛采用RTU+AVC+AVR的方案实现数据的传输、采集和调节，实现与调度数据的实时跟踪和调节。发电厂侧的AVC系统子站下位机采集发电厂机组厂用电母线电压、转子电压、转子电流等参数；而各台机组的重要参数及机组的运行方式均是上位机通过通信方式接收RTU已经采集的数据。AVC在收到调度下发的调节指令目标后，通过码值换算，计算出母线电压目标值并将无功调节指令通过不同方式分配至每台运行机组，机组AVR根据分配值进行有效调节，完成机组电压的调整协调。

2　AVC运行方式及配置

某电厂1号、2号机组分别采用发电机-变压器组单元接线，主变升压后接入330kV升压站，经由两条送出线路接入西北电网，升压站采用3/2接线方式。

AVC系统由系统AVC主站、发电厂的AVC装置、RTU、NCS、DCS、励磁系统组成。AVC系统配置如图1所示。发电厂侧AVC系统子站配置2台上位机，2台下位机。AVC上位机的功能是通过调度数据网接收主站电压控制命令，通过主站控制命令和母线电压目标值，结合采集到每台机组的实时测量值，计算出母线上需要送出的总无功，并根据等功率因数的原则对2台发电机组进行无功分配，将分配结果和输出的控制命令传送到下位机，下位机通过调节励磁系统实现无功的调节。2台上位机采用双机冗余配置，无缝切换，独立运行，上位机采集的发电机组部分参数是通过通信方式接受RTU传递来的模拟量信息和开关量信息。AVC系统下位机直接采集厂用电压、转子电压、转子电流，将采集的数据传递给上位机进行分析处理，同时接受上位机的控制命令和目标无功值，按照控制命令执行操作，并负责将每台机组的无功调节到目标值，以脉宽调节方式输出至DCS系统，再由DCS系统控制发电机组的励磁调节控制系统AVR。下位机中设有一些闭锁条件保证机组在本系统调节励磁时，机组运行在安全合理的范围内。

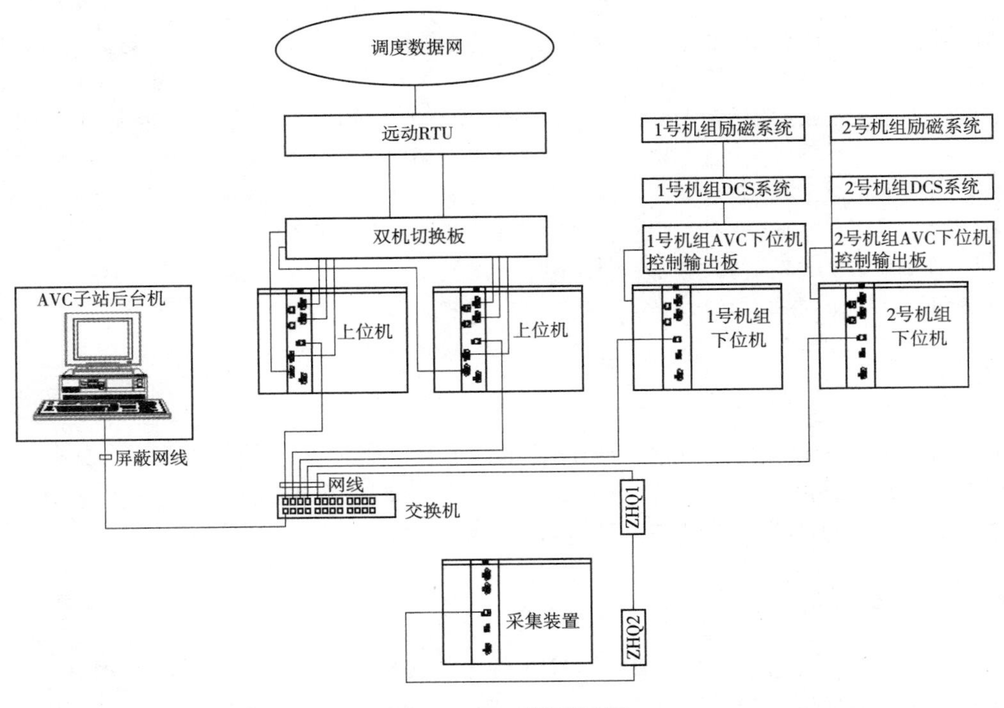

图1　AVC系统配置图

3　调度下发电压曲线

电压曲线见表1。

表1　　　　　　电　压　曲　线

时间区间	0：00—8：00	8：00—13：00	13：00—17：00	17：00—23：00	23：00—24：00
电压区间/kV	350～357	351～359	350～358	351～359	350～358

4　参数整定

330kV系统母线电压的稳定与AVR、AVC及发变组保护相关定值参数的设置息息相关，因此参数之间的配合调节尤为重要，下面针对大唐户县第二热电厂在参数设置方面的思考及做法总结如下。

4.1 上位机关键参数设置

4.1.1 330kV 母线电压高闭锁值

分析表 1 的电压曲线可知，在用电低谷与用电高峰，其电压最高和最低值分别为 350kV、359kV，但由于低谷时系统感性负荷少，加之长距离输送电的电容效应，母线电压会升高，正常情况下其不会低于 351kV，因此在考虑低谷母线电压设置时，建议不要去过多地考虑此值，只需要考虑如何降低 330kV 母线电压。在晚高峰过后 22：30—24：00，最容易出现母线突然过压现象，原因是该地方电网内，有些电厂并未按调度要求正确投入机组 AVC 装置，而使得少量投入 AVC 的机组深度进相运行，这样将很可能会导致某些厂用电动机过负荷，严重时还可能影响到机组的稳定运行。

通过以上分析，建议在设置 330kV 母线电压高闭锁值时，首先考虑机组的进相能力，确定最低无功功率，进一步确定厂用母线电压及定子电流值，此值必须满足机组在进相深度最大时能保证厂用设备的正常运行，并满足 PQ 限制曲线要求。其次，330kV 母线电压闭锁值最好不要取电压曲线高值的下限，应尽量取最大范围，该机组 AVC 装置是否闭锁应该由机组无功功率或厂用母线电压来限制。因此，参照电压曲线，建议 330kV 母线电压高闭锁值取 359～360kV。

4.1.2 330kV 母线电压低闭锁值

通过对多台机组运行电压的统计，330kV 母线电压最低值一般出现在 8：30—11：30，用电负荷大幅度增加，且感性负荷偏多，系统电压降低较多。原因是系统内投入运行机组并未按要求投入 AVC 远方自动控制方式或是由于 AVC 自身装置问题，响应速度较慢，在负荷开始增加时，不能及时增加机组无功，仍然维持夜间无功，此时虽然机组无功功率会有所增加，但其是由于有功功率及系统负荷的增加而引起的负荷调节效应，无功功率增量较小，根本不能满足系统无功功率缺额。而参与 AVC 自动调节的机组，会通过调度下发的 330kV 母线目标指令大幅度增加无功功率，甚至会引起机组励磁调节器过励限制器动作，严重时可能会出现发变组保护过激磁告警和动作，威胁机组的安全稳定运行。

通过以上分析，建议在确定 330kV 母线电压闭锁低值时，尽量考虑机组的运行状况，从机组额定无功功率、励磁电流、发电机机端电压等方面综合考虑，使得 330kV 母线电压尽量不能低于曲线下限。另外，如果将 330kV 母线下限值取得偏于保守，可能会出现系统电压较低时，本厂机组由于母线电压低闭锁而退出调节的现象，因此，根据表 1 的电压曲线，建议 330kV 母线电压低闭锁值取 349～350kV。

4.1.3 330kV 母线电压高、低告警值

AVC 上位机内设置 330kV 母线电压异常告警值，意在提醒运行人员当母线电压出现异常或接近闭锁值时，可手动参与母线电压的调节。因此，330kV 母线电压高、低告警值的设置，可以在确定闭锁值以后，适当将其曲线范围缩小 1～2kV，起到提醒运行人员、引起相应重视的作用。

4.1.4 330kV 母线电压 TV 断线值

当 330kV 母线电压 TV 由于某些原因造成 TV 断线或退出运行时，母线电压反馈将不能正常跟踪调度指令，此时应尽快将 AVC 闭锁，并提醒运行人员电压异常，应立即退出 AVC

自动运行方式，系统无功功率参与手动调节。因此，此电压闭锁值建议按 10%$3U_0$ 确定，考虑一定裕度（1.2~1.5）的可靠系数，建议 330kV 电压等级的母线取 280~290kV。

4.2 下位机关键参数设置

4.2.1 发电机机端电压高闭锁值

发电机机端电压高闭锁值的设置，主要根据 330kV 母线电压的要求进行控制。由于 330kV 电压参数调节区间偏大，因此，机端电压的限制就显得尤为重要。机端电压调整偏高，会引起过励磁限制器动作或过激磁保护报警，机端电压参数调整偏低，将在用电高峰期出现机端电压高闭锁，无功功率不能按要求增加，造成 330kV 母线电压越下限运行。综合上述因素，确定此参数时，其应低于过励磁限制器的限制值及发变组保护过激磁保护动作告警值（这两个保护动作后，均导致 AVC 装置退出运行）。根据过励限制定值取一定裕度来考虑，由于采样值偏差及 TV 二次误差等的影响，建议取 0.97~0.99 倍过励限制最高值电压。如机端电压为 20kV，此时过励限制值为 105%，此时机端电压限制值应该为 0.97×1.05×20（kV），取 20.4~20.8kV 较合适。

如果机端电压高闭锁参数确定后，发变组过激磁保护采样偏高，此时应查过激磁保护采样精度是否满足要求，在精度准确的情况下，可适当调整过激磁保护告警的启动值，但不能进入过激磁反时限保护的动作区，建议过激磁保护告警值可以取 1.06 倍。

4.2.2 发电机机端电压低闭锁值

机端电压低值主要受机组低励限制及 PQ 限制曲线限制，最终应满足 330kV 电压曲线的要求，一般按 0.95 倍额定电压确定。正常运行情况下，无论是高峰还是低谷期，机端电压均不会低于此值，建议不要过多考虑此参数的设置，只要能满足机组稳定运行即可。

4.2.3 机组无功功率高闭锁值

机组无功功率高闭锁值主要是要根据机端电压、励磁电流及调差系数综合考虑，一般机组无功功率高会出现在早高峰期，此时机端电压较高，设置不合适会出现机端电压高或过激磁保护动作闭锁等，限制机组无功的增加；但如果由于无功功率增加，相应的励磁电流也随之增加，可能会引起过励限制器动作，因此这三个参数之间的配合也尤为重要。原则上要调整机端电压在允许范围内，尽量提高无功功率高闭锁值。建议机组无功功率高闭锁值取 0.85~0.95 倍额定无功功率。如果由于其取值偏高，出现励磁电流过流等现象，可适当降低无功功率高闭锁值，以满足机组由于有功调整引起的功角 δ 变化，相应的无功功率的变化效应。功率调节效应引起机组发出无功功率增加，如果无功功率高闭锁值设置不合适，可能会导致过励磁或过励限制器动作，从而退出 AVC 运行，加剧无功缺失。因此，机组无功功率高闭锁值应根据机组性能综合考虑。

4.2.4 机组无功功率低闭锁值

设置此参数时，应依据机组进相试验报告，在考虑到厂用母线电压满足要求时，尽量提高机组进相深度；在夜间感性负荷减少的情况下，尽量保证机组参与吸收无功调节，保持 330kV 母线电压在合格范围。建议机组无功功率低闭锁值取 0.9 倍机组进相无功功率值。

4.2.5 机组厂用母线电压高、低闭锁值

厂用母线高、低闭锁值一般按厂用母线电压额定值的±5%并取一定裕度来确定，厂用母线电压闭锁低值还要保证不能低于进相试验时厂用负荷安全运行的要求，确保厂用负荷正常运行，不致引起厂用设备过流。

4.2.6 励磁电流高闭锁值

励磁电流的大小与机组无功功率的多少息息相关，因此，此参数的确定应与机组无功功率高闭锁值互相兼顾，应尽量考虑其较大的范围。励磁电流虽然随着无功功率的变化而变化，但如果机组有功功率发生变化，其也会发生一定的变化。因此，建议励磁电流高闭锁值取不大于额定励磁电流为宜。参考范围为0.98~0.99倍额定励磁电流。

4.2.7 其他参数

根据所选用AVC装置的不同，典型闭锁参数选取也有些差异。例如上海益奥设备参数闭锁值会出现功率因数高、低闭锁值，上海惠安设备参数中有定子电流高、低闭锁值，这些参数高、低值均受限于以上参数闭锁值。因此，建议其高值不超过其额定值，低值应大于空载运行时的额定值。有功功率低闭锁值，应该考虑机组稳定运行的最低负荷要求，建议取40%~50%的额定功率值。有功功率高值，不能小于额定有功功率值，建议取额定有功功率。

5 AVC参数设置

根据机组基本参数，依据上述方法，对AVC参数进行了优化，相关考核指标均满足要求。优化前、后参数信息见表2。

表2 优化前、后参数信息

序号	参数	优化前	优化后
1	330kV母线电压高闭锁值（闭锁）	358kV	359kV
2	330kV母线电压低闭锁值（闭锁）	351kV	350kV
3	330kV母线电压高告警值	357kV	357kV
4	330kV母线电压低告警值	352kV	352kV
5	330kV母线电压TV断线值	285kV	285kV
6	330kV母线电压控制调节死区	0.35kV	0.35kV
7	机组机端电压高闭锁值（增磁闭锁）	20.7kV	20.4kV
8	机组机端电压低闭锁值（减磁闭锁）	19kV	19kV
9	机组无功出力高闭锁值（增磁闭锁）	180Mvar	170Mvar
10	机组无功出力低闭锁值（减磁闭锁）	−35Mvar	−60Mvar
11	机组无功调节死区	7Mvar	7Mvar
12	机组厂用A段母线电压高闭锁值	6.5kV	6.5kV
13	机组厂用A段母线电压低闭锁值	5.9kV	5.9kV
14	机组厂用B段母线电压高闭锁值	6.5kV	6.5kV
15	机组厂用B段母线电压低闭锁值	5.9kV	5.8kV

续表

序号	参　　数	优化前	优化后
16	机组励磁电流高闭锁值	2050A	2050A
17	机组励磁电流低闭锁值	830A	830A
18	机组有功功率高闭锁值	300MW	300MW
19	机组有功功率低闭锁值	150MW	120MW
20	机组定子电流高闭锁	10150A	10150A
21	机组定子电流低闭锁	4000A	4000A

6　结语

AVC装置参数的设定还应考虑更多方面，例如发电机组性能、励磁系统性能、机组接线方式、励磁调差系数、励磁系统响应速度、*PQ*限制特性曲线、发变组保护定值及性能等。本文仅就大唐户县第二热电厂AVC装置在运行中出现的一些问题，从参数上进行的一些优化。如果出现由于通信或装置硬件引起的问题，应对相关报文及闭锁信息综合考虑。对AVC装置参数调整后，电压调整稳定，希望本文在AVC参数设置上能给同行有所启发，以求共勉。

参考文献

GB/T 14285—2006 继电保护和安全自动装置技术规程［S］. 北京：中国标准出版社，2006.

作者简介

韩晓惠（1972—　），女，陕西户县人，本科，工程师，高技技师，从事发电厂电气二次工作，擅长发电厂、变电站直流系统、发电机组保护、励磁系统、网源协调技术研究及应用。E-mail：419130487@qq.com

晶闸管整流装置过电压保护分析

陈小明[1]，谢燕军[2]，刘喜泉[1]

（1. 溪洛渡水力发电厂，云南　昭通　657300；
2. 国电南瑞科技股份有限公司，江苏　南京　211106）

【摘　要】　本文介绍了励磁系统晶闸管整流装置及其工作原理，对励磁系统晶闸管工作过程中可能存在的过电压进行了分析，针对引起晶闸管及其整流装置过电压产生的主要原因，详细探讨了常用的过电压保护配置方案，并提出了过电压的测试方法。

【关键词】　励磁系统；晶闸管整流装置；过电压保护；非线性电阻

0　引言

晶闸管整流装置是一种将交流变换为直流、为同步电机提供励磁电流的整流装置，一般由多个三相晶闸管全控整流桥及附属设备组成。

晶闸管整流装置的交流输入一般来自励磁变压器或中频机，直流输出接励磁绕组。不同的输入接线和输出至不同的励磁绕组，可以组成不同的励磁系统，如静止方式励磁系统和旋转方式励磁系统等，如图 1 所示。

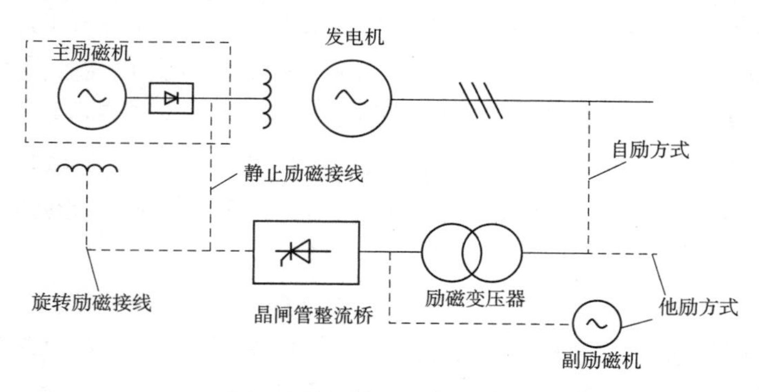

图 1　晶闸管整流励磁系统

无论何种励磁系统，晶闸管整流装置总是工作在一个电感回路中，如果电流突变，电感回路就会产生感应电势及其过电压。所以，晶闸管整流装置必须配置过电压保护设备。如果过电压保护设备工作异常或故障，励磁装置甚至发电机或主励磁机也会受到极大的影响。因此，分析晶闸管励磁装置的过电压产生原因、探讨过电压保护的配置极为重要。

1　过电压产生原因及危害

1.1　晶闸管换相过电压

晶闸管整流装置主要由三相全控整流桥组成，如图 2 所示，励磁变压器 LB 次级相电压

分别为 U_a、U_b、U_c，其漏感及每相线路电感可以折合到次级绕组，分别用集中电感 L_a、L_b、L_c 表示（$L_a=L_b=L_c$）。三相整流电路正常运行时，晶闸管 VT_1、VT_2、VT_3、VT_4、VT_5、VT_6 依次轮流导通。

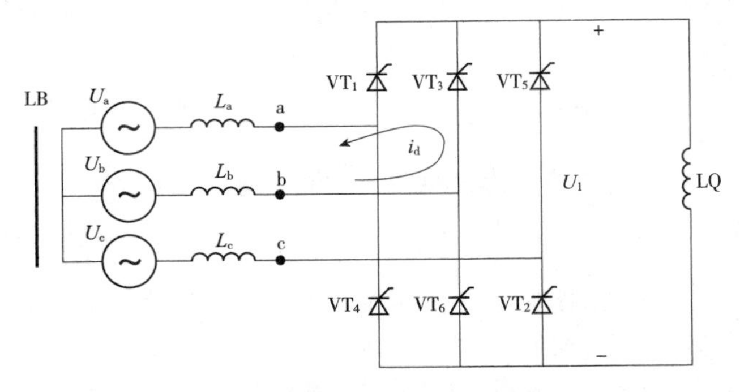

图 2　三相桥式整流电路整流原理图

假设在 t_1 时刻前，晶闸管 VT_1 和 VT_2 导通；在 t_1 时刻晶闸管 VT_3 收到触发脉冲，此时励磁变压器二次侧相电压 $U_b>U_a$，故 VT_3 管承受正向压降使其导通，而 VT_1 管承受反向压降被迫关断。但是由于 VT_1 管在导通期间，其内部储存了大量少数载流子，并不可能立即恢复截止，使得晶闸管 VT_1 和 VT_3 在短时间内同时导通。此时，a、b 两相间产生瞬时短路，$U_{ab}\approx 0$，短路电流 i_d 满足关系式

$$2L_b \mathrm{d}i_d/\mathrm{d}t=U_b-U_a$$

短路期间整流电路输出电压瞬时值 $U_f=(U_{bc}+U_{ac})/2$，为两相对 c 相线电压的平均值（考虑励磁变压器 LB 次级 a、b 相的短路阻抗压降相同），使整流输出的直流电压波形产生了一个缺口，称为换相缺口，如图 3 所示。两晶闸管换相时流过的电流波形如图 4 所示。t_1 时刻前 VT_1 管电流 i_{VT_1} 等于励磁电流 I_f，VT_3 管电流 $i_{VT_3}=0$；t_1 时刻 VT_3 管触发导通，其电流 i_{VT_3} 逐步上升，同时 i_{VT_1} 下降，开始换相过程，$i_{VT_1}+i_{VT_3}=I_f$，由于励磁绕组 L_Q 大电感的影响，励磁电流 I_f 可视为恒定值。换相的快慢即 i_{VT_1} 及 i_{VT_3} 的变化率（同时也是短路电流 i_d 的增长率）为

$$\mathrm{d}i_d/\mathrm{d}t=(U_b-U_a)/2L_b$$

到 t_2 时刻 i_{VT_1} 降到零，$i_{VT_3}=I_f$。可此时 VT_1 内仍积聚了大量的少数载流子，不能立即恢复截止，故短路电流 i_d 过零后继续增加，i_{VT_1} 变为负值，而 $i_{VT_3}>I_f$。直至 t_3 时刻，VT_1 反向恢复电流达到最大值，积存的少数载流子迅速复合完毕，立即恢复截止，故 VT_1 反向电流立刻回零。晶闸管电流 i_{VT_1} 和 i_{VT_3} 同时也是电感 L_b 内的电流，由于 t_3、t_4 时刻间时间间隔很小，因此，电流变化率极大，即使和元件串联的线路电感与变压器漏感很小，产生的感应电势也很大，电感 L_b 中感应极高的换相过电压 $\Delta u=-L_b \mathrm{d}i_k/\mathrm{d}t$。

在一个周期中，励磁整流装置依次存在 6 次换相过程，产生 6 个过电压缺口，交流电感产生 6 个过电压尖峰，并且叠加在交流输入和直流输出电压波形上。

晶闸管换相过电压属于周期性过电压，影响晶闸管整流装置以及励磁变压器和励磁绕组的绝缘，降低可靠性，甚至损坏晶闸管元件。抑制晶闸管换相过电压最有效的办法就是配置阻容保护电路。

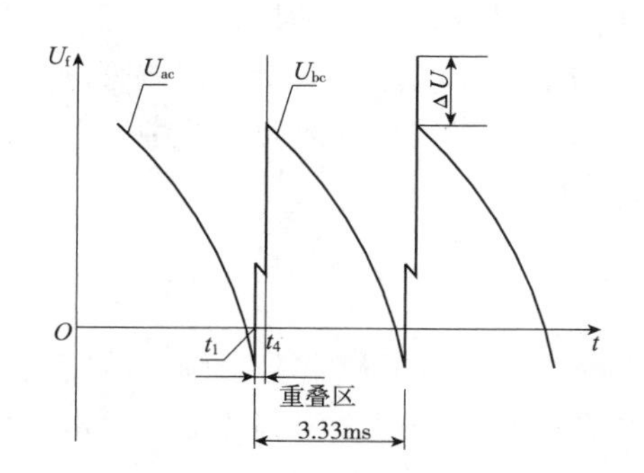

图3　桥式整流电路晶闸管上电压波形图

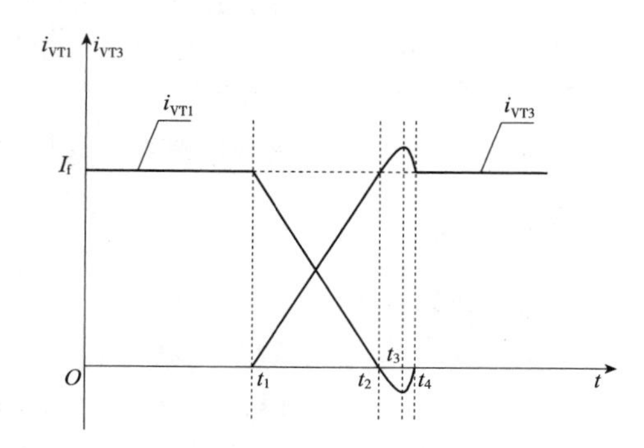

图4　VT_1、VT_3晶闸管换相时电流波形图

1.2　励磁变压器过电压

1.2.1　雷击过电压

当晶闸管励磁系统的交流电源来自由输电线路供电的降压变压器的低压侧，线路遭受雷击或静电感应等从电网侵入的冲击（浪涌）电压时，会在变压器的低压侧感应过电压。目前，励磁系统很少采用输电线路供电，雷击过电压很少，但是对于励磁变压器高压侧接厂用电的他励励磁方式，存在雷击过电压的可能。

尽管雷击过电压的时间短暂，一般仅为几十微秒，但是雷击过电压值可以很高，危害较大，可能击穿励磁回路绝缘。抑制雷击过电压，最有效的方式就是采用氧化锌避雷器。

1.2.2　合闸过电压

假定C_{12}为励磁变压器一次（高压）和二次绕组（低压侧）间的寄生电容，C_{20}为二次绕组对铁芯之间的电容，在变压器一次合闸瞬间，由C_{12}和C_{20}电容构成的充电电路引起位移电荷，由此，可求得一次传到二次侧的过电压为

$$U_2=\frac{C_{12}}{C_{12}+C_{20}}U_1$$

励磁变压器容量越大，一次侧电压越高，合闸引起的过电压越严重，会严重威胁励磁整流装置的安全。

限制励磁变压器操作过电压，措施之一是在一次、二次绕组之间增加金属静电屏蔽层，屏蔽层与接地铁芯相连，使一次、二次绕组间的电容C_{12}接近于零。措施之二是在二次绕组侧接入对地电容C_{02}，理论上当确定限制过电压倍数为Ku_2时，C_{02}值的计算式为

$$C_{02}=\frac{C_{12}u_1-Ku_2\ (C_{12}+C_{20})}{Ku_2}$$

措施二可作为水轮发电机组的选择方案，但也很少采用。对于汽轮发电机组，对地电容C_{02}可能会增加轴电压，一般不采用。

1.2.3　分闸过电压

在电源变压器空载情况下，如果在电源电压过零时突然断开电源，则会产生严重的瞬变过电压。变压器空载时，一次绕组中只有励磁电流i_0，它在相位上滞后于电源电压U_1近90°，U_1过零时，i_0达到最大值，相应的磁通也达到最大值、如果此时突然切断变压器，使i_0由最大值

变到零，则相应的 di_0/dt 和 du/dt 都很大，将在二次绕组中感应出很高的瞬时过电压。产生过电压的倍数最高可达正常反向峰值电压的 8~10 倍，一般情况下也有 4~5 倍。抑制分闸过电压的措施是将储存在电感中的能量转换到与变压器二次绕组并联的过电压吸收电路中。

1.3 励磁绕组过电压

1.3.1 励磁绕组跳闸灭磁过电压

晶闸管整流装置的输出侧，一般配置直流磁场断路器。磁场断路器分断励磁电流时，将在励磁绕组两端产生反向过电压。所以，励磁整流装置与励磁绕组之间必须配置过电压保护电路，即励磁绕组过电压（转子过电压）保护。

1.3.2 发电机异步运行转子滑差过电压

发电机异步运行，定子与转子的合成磁场开始切割励磁绕组，在转子上产生周期性的滑差电流，并在转子回路寻找能量消耗通道。如果转子或整流装置存在低阻通道，滑差电势不会很高；由于晶闸管整流装置的阻断阻抗都很高，此时转子绕组相当于一个滑差恒流源，经高阻抗产生很高的滑差过电压，可能会击穿转子绕组和整流装置的绝缘。

1.3.3 发电机突然短路、非全相或非同期合闸转子感应过电压

发电机突然短路、非全相或非同期合闸，转子在磁链守恒的作用下，将产生非周期和周期性的转子过电压，也极大危害转子或者整流装置的绝缘。

励磁绕组过电压保护，主要采用两种方案：一是通过跨接器在绕组两端并联过电压吸收电阻，可以是非线性电阻，也可以是线性电阻；二是直接将高能氧化锌非线性电阻（ZnO）或高非线性系数的碳化硅电阻（SiC）并联在励磁绕组两端，吸收过电压。

2 过电压保护的配置

2.1 总体配置方案

抑制晶闸管整流装置的过电压的主要措施有励磁变压器高低压侧屏蔽接地，配置三相组合式压敏电阻、阻容吸收电路、励磁绕组过电压保护等设备。通常采用的配置如图 5 所示，不同的励磁系统可根据实际需要选用。

配置晶闸管整流装置过电压保护，首先应明确保护对象和保护范围，然后对参数和整定值进行协调配合，其典型配合如图 6 所示。

阻容吸收保护主要负责吸收晶闸管换相过电压，是晶闸管整流装置最主要的过电压保护，主要分为桥臂分散式、三相集中式、三相整流式等阻容保护电路，如图 5 所示。晶闸管整流装置最大输出电压 U_{fmax} 等于最大整流峰值叠加换相过电压尖峰值，配置阻容吸收电路，可降低 U_{fmax}，如图 6 所示。

交流侧三相组合式压敏电阻主要吸收雷击过电压和励磁变压器操作过电压，防止过电压入侵晶闸管整流装置。

励磁绕组过电压保护能有效抑制发电机各种运行工况在励磁绕组上产生的电压，使其不超过出厂试验时绕组对地耐压试验电压幅值的 70%，是晶闸管整流装置和励磁绕组的最终过压保护。

三相组合式压敏电阻保护与励磁绕组过电压保护，其动作整定值都应该大于晶闸管整流装置最大输出电压 U_{fmax}，小于晶闸管晶闸管反向重复峰值电压 U_{RRM}。

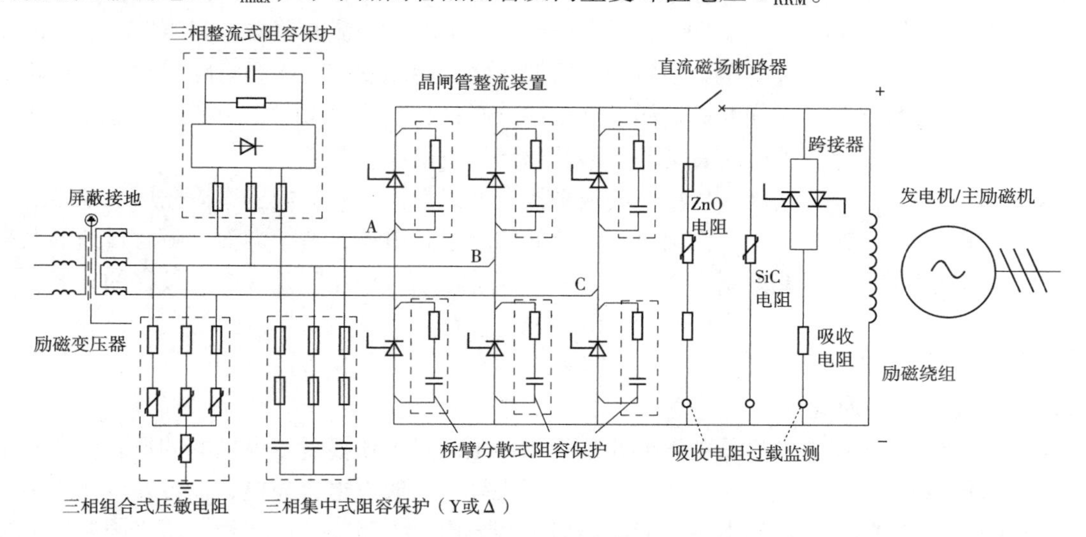

图 5 晶闸管整流装置过电压保护的配置

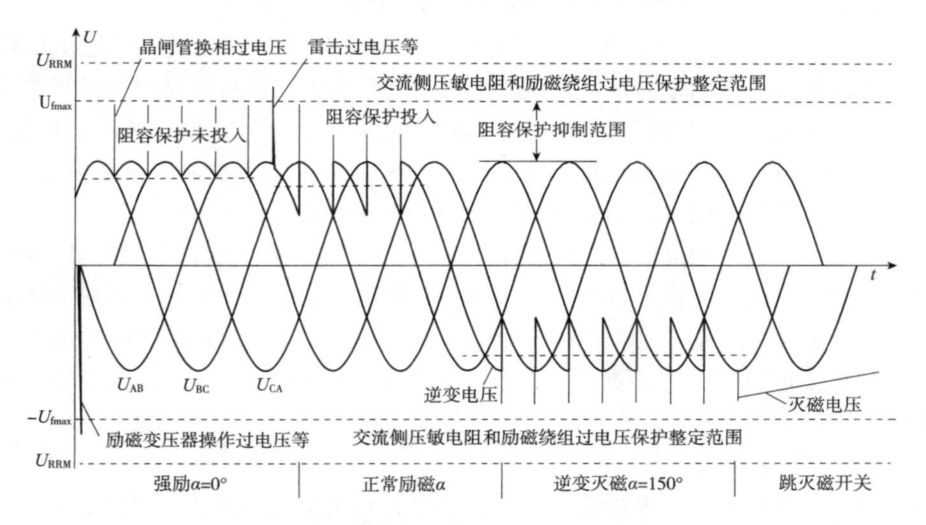

图 6 晶闸管整流装置过电压保护的配合

2.2 压敏电阻保护

ZnO 压敏电阻阀片是避雷器中的核心器件，具有较高的能量吸收能力和优良的非线性特性。当过电压低于击穿电压时，压敏电阻呈现高阻抗（兆欧），基本没有电流流过，不会产生功耗；当过电压超过击穿电压时快速导通，呈现低阻抗，吸收过电压尖峰。吸收交流侧过电压浪涌的压敏电阻不同于作为吸收励磁绕组过电压能量的 ZnO 电阻，用于避雷器的压敏电阻能量低，击穿电压高，属于高场强高电压，其压敏电压一般为 1mA。用于吸收励磁绕组过电压的 ZnO 电阻能量高，击穿电压低，属于高场强低电压，其压敏电压一般采用 10mA 电压。

由于励磁变压器高、低压侧必须设置屏蔽层，并可靠接地，大大削弱了发电机出口的雷击和操作过电压对晶闸管整流装置的影响，而且发电机出口配置了避雷器，所以一般不再配置避雷器等交流侧压敏电阻。励磁变压器高压侧一般不配置交流断路器、高压熔断器，因此不会产生分断和合闸操作过电压。励磁变压器低压侧可能配置交流磁场断路器，一般在正常开停机时，交流断路器仅在发电机残压下合闸和分闸；在事故停机时，一般采用逆变灭磁或灭磁电阻方式灭磁，减少了交流磁场断路器分闸产生过电压的危害。

对于励磁变压器高压侧接入厂用电的他励接线方式系统，必须配置交流侧压敏电阻。一般采用三相组合式压敏电阻，一方面可吸收相间的差模过电压，另一方面可吸收对地的共模过电压。组合式压敏电阻能抑制雷击、合闸和分断等浪涌过电压，是一个比较好的方案。

2.3 阻容保护

2.3.1 阻容保护的原理

桥臂分散式阻容保护，将晶闸管换相过程中产生的过电压能量以电场能的形式储存在电容中，从而达到抑制换相过电压的效果。过电压尖峰上升时对电容充电，而电容电压不能突变，抑制了过电压的上升。过电压尖峰跌落时电容放电。电阻为耗能元件，用于限制电容器充放电引起的电流上升率，同时可防止回路中的L、C元件形成谐振。

（1）三相集中式阻容保护，既是晶闸管换相过电压保护，也是交流侧过电压保护。其工作原理是在晶闸管的反向恢复电流达到峰值后突然关断时，跨接在励磁变压器二次侧的三相阻容电路起到续流回路的作用，使变压器漏感中的电流变化率降低，减小过电压的幅值，使漏感中的磁场能量转化为电场能量储存在三相阻容装置中。由于电容两端电压不能突变，因而其对换相过电压的陡度也有明显降低。

（2）三相整流式阻容保护。当出现换相过电压时，对电容充电，从而降低过电压幅值，电阻为电容中的充电电荷提供泄放回路。因整流二极管反向阻断了电容对晶闸管等其他回路放电，这种保护又称为阻断式阻容保护。整流二极管的作用是：①使三相共用一组阻容元件，且电容只承受正向电压；②防止电容上的电荷向整流主回路释放；③避免电容和回路电感产生振荡。

2.3.2 阻容保护的配置

无论自励还是他励方式，无论是静止励磁还是旋转励磁，都应该配置抑制晶闸管换相过电压的阻容保护。可以配置桥臂分散式或三相整流式阻容保护。选用桥臂分散式阻容保护，在抑制效果不好或加强抑制效果的情况下，可以额外配置三相集中式阻容保护。三相集中式阻容保护是一种辅助保护，一般不作为晶闸管换相过电压的主保护。

根据经验，三相集中式、三相整流式阻容保护应配置熔断器，其额定电压宜大于励磁变压器低压侧额定峰值电压。三相集中式和桥臂分散式的电容宜选用交流电容，其额定电压宜大于励磁变压器低压侧额定电压的2.0倍。三相整流式的电容宜选用直流电容，其额定电压宜大于励磁变压器低压侧额定电压的2.5倍。

2.3.3 阻容保护效果的测试

阻容保护抑制过电压的效果，可以用输入晶闸管整流装置的交流电压尖峰值与交流电压峰值的倍数进行衡量，一般要求不大于1.6倍。

测试励磁阳极过电压倍数，可在发电机空载额定运行时通过带有高压衰减器或分压电阻板的隔离示波器测试交流电压波形，如图 7 所示。晶闸管换相过电压倍数等于交流电压尖峰峰值 U_1 除以正弦波峰值 U_2。

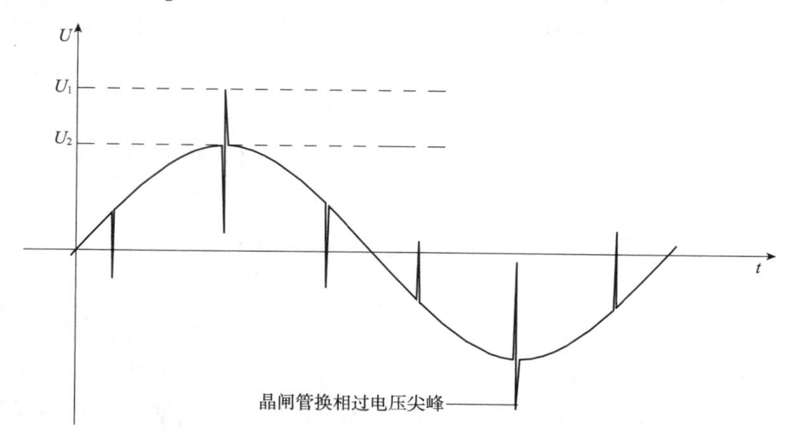

图 7　晶闸管换相过电压倍数测量

2.4　转子过电压保护

转子过电压保护一般配置跨接器过电压保护或非线性电阻限压器。

跨接器过电压保护是指当过电压达到整定值时，跨接器导通，将过电压吸收电阻并入励磁绕组两端，吸收过电压能量，抑制过电压上升。当过电压低于整定值时，跨接器关断。过电压吸收电阻，可以是线性电阻，也可以是非线性电阻，而非线性电阻又分为高能氧化锌（ZnO）电阻和碳化硅（SiC）电阻。跨接器的过电压吸收电阻可以与灭磁电阻共用。

不同非线性系数的电阻，其伏安特性曲线明显不同，如图 8 所示。图 8 中，1 是线性电阻，是一条直线，斜率由电阻值决定；2 是 ZnO 电阻，有明显的击穿导通点，大电流下的稳压特性很好；3 是非线性系数约为 0.4 的 SiC 电阻，低电压的电流较大，故不能直接并联在励磁绕组两端运行，需要跨接器；4 是非线性系数约为 0.2 的 SiC 电阻，低电压的电流很小，可并联在励磁绕组两端运行。

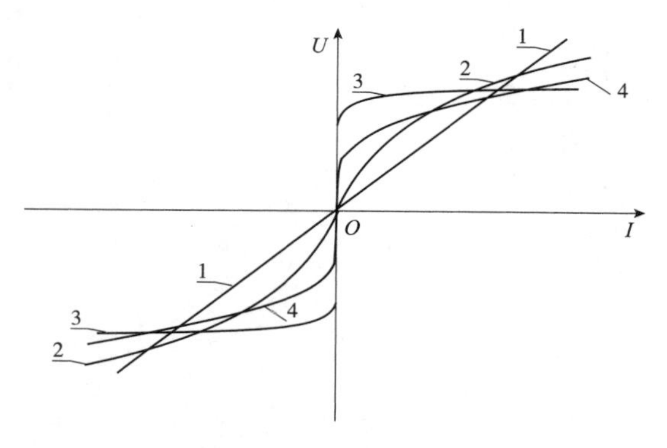

图 8　电阻的伏安特性

直接将非线性电阻并联在励磁绕组两端也是励磁绕组过电压的选择方案，特别是小型发电机组，一般不选择跨接器过电压保护，仅采用高能 ZnO 电阻通过熔断器并联在励磁绕组两端作为过电压限制器。也可直接将高非线性系数 SiC 电阻并联在励磁绕组两端，正常运行电阻电流很小，相当于一个小负载。如果产生过电压，流过电阻的电流增大，吸收灭磁或过电压的能量。

过电压吸收电阻的功率按照吸收有限的过电压能量选择，允许短时过载，严禁长时间过载。可配置电流传感器或温度传感器，监测电阻电流或温度，短时过载报警，长时间过载可选择跳闸。

3 结语

随着电力电子器件制造技术的快速发展，可控硅元件性能参数逐步提高，可控硅整流装置的容量也越来越大。由于可控硅自身的特点，晶闸管对施加在其两端的过电压很敏感。当晶闸管承受的正向过电压超过其断态重复峰值电压一定值时，晶闸管会出现误导通；当晶闸管承受的反向过电压超过其反向重复峰值电压一定值时，晶闸管会损坏。因此晶闸管过电压保护的正确配置对晶闸管装置的可靠运行起着至关重要的作用。同时，良好的过电压保护装置可以降低晶闸管两端承受重复峰值电压的要求，减少晶闸管选型成本，对晶闸管的选型经济性有积极的作用。

参考文献

[1] 李基成. 现代同步发电机励磁系统设计及应用［M］. 2 版. 北京：中国电力出版社，2002.

[2] 梁建行. 水电厂发电机励磁系统设计［M］. 北京：中国电力出版社，2015.

作者简介

陈小明（1959—　），男，湖北公安人，本科，主要从事发电厂励磁系统等检修维护工作。E-mail：chen_ xiaoming@ cypc. com. cn

谢燕军（1986—　），男，江苏泗洪人，硕士，主要从事发电厂励磁系统等调试、设计工作。E-mail：xieyanjun@ sgepri. sgcc. com. cn

刘喜泉（1980—　），男，山东济阳人，硕士，主要从事发电厂励磁系统等检修维护工作。E-mail：liu_ xiquan@ cypc. com. cn

基于JMS的水电自动化系统间的实时数据传输研究

周南菁，葛斌冰，钱　峰，艾文凯

（南瑞继保电气有限公司，江苏　南京　211102）

【摘　要】　当前水电集控对流域电网全景建模的建设需求不断增长，对各个自动化主站之间量测数据交互的需求也日益增长。本文针对多个多级水电自动化系统间的大量量测数据交换及集成技术展开研究，提出了一种新颖的自动化主站间大量量测数据交互的解决方案。为了避免复杂的维护流程，实现高效的数据交互，本方案采用了以电力设备全局标识符（globally identifier，GID）为基础，以Java消息服务（Java message service，JMS）为手段的量测数据交互方法，并将量测数据集成到统一的流域电网全景模型中。

【关键词】　JMS；全景模型；电网；GID；数据交互

0　引言

在智能电网的建设中，电网的信息化程度越来越高，各种二次系统为电网安全可靠、经济优质的稳定运行及高效管理提供了越来越有力的支持，电网的二次一体化建设需求也日益明显。水电方向的二次一体化建设包括水电监控实体内各专业应用间的横向融合和不同水电监控实体之间各类业务的纵向贯通，从而实现水电数据的集成与共享，建立数据中心。对各级水电自动化系统的数据集成在二次一体化的大潮中也首当其冲。要实现这个目标，必须要保证大批量量测数据的高效传输，从而支持各级水电监控系统量测数据的交互。

为此，本文根据数据中心对各级水电自动化系统大量量测数据集成的实际需求，提出了一种新颖的水电自动化系统间大量量测数据交互的解决方案。在对水电自动化系统量测数据的实时性要求不是很严格的情况下，采用了以电力设备GID为基础，以JMS为手段的数据交互方式的量测数据交互方法，避免了复杂的维护流程，实现高效的数据交互。

1　实时类数据的交互

传统的水电自动化系统间的实时类数据交互采用电力行业专用的远动规约协议进行数据传输，包括TASE2、104、DL476－92等规约，可以实现实时数据高实时性、可靠地传输。但是通过电力行业专用的远动规约协议进行数据传输的方式也有一些缺点，如需要维护传输信息在不同主站的对应关系；当传输数据量较大时，维护工作量比较大。

E格式文件形式的数据交互也被用于水电自动化系统之间的实时类数据的交互。该方式将要传输的数据以规范的形式写入文件，以文件的方式进行数据交互。这种交互方式的缺点是，数据的实时性很低，只能被用于一些对数据实时性要求较低的场景。

本文根据数据中心建设对于实时量测数据的需求，即：数据集成量大，需要集成多个多级水电自动化系统量测数据，以形成对多级水电数据量测数据的采集和监视；对于数据的实时性要求不是很高，但是需要及时反映多级水电运行状态的变化，提供一种新颖的量测数据交互方式。这种交互方式，依赖于数据中心已有的建设成果——GID 编码，以 GID 作为数据传输的对象标识，避免了复杂的维护流程，无需在各个水电自动化主站进行对传输数据对应关系的维护；以 JMS 作为传输手段，尽量提高量测数据传输的实时性。

2 关键技术介绍

2.1 GID

在数据中心的建设中，对象注册中心根据多种策略及规范，对电网全景模型中的对象进行 GID 的生成、管理与发布，作为电力专业系统间交换数据的全局唯一标识，其作用是为数据服务提供记录标识。

2.2 模型拼接

在当前的分级调度体制下，各级水电自动化系统内只建立管辖范围内的电网模型，外部电网一般采用等值模型。模型拼接技术可以将其他水电自动化系统发来的外网电网模型拼接至本水电自动化的电网模型中，从而形成全景的电网模型。

2.3 JMS

JMS 能够通过消息收发服务从一个 JMS 客户机向另一个 JMS 客户机发送消息，实现高效率的信息共享和数据通信。在 JMS 的协议中定义了 2 种最基本的传递信息的模式。

（1）点对点方式（point to point）。JMS 消息仅发给一个单独的使用者，一般通过队列“Queue”实现。

（2）发布/购读方式（publish/subscribe）。JMS 消息生产者和消费者都参与消息的传递。生产者发布事件，而使用者订阅感兴趣的事件并使用事件，事件可以被多个使用者同时使用。一般通过主题“Topic”实现。

3 数据传输方案

区别于传统的远动规约传输和文件传输，基于 JMS 消息的量测数据传输需要 JMS 消息服务器的支持。JMS 消息服务器负责对发送端和接收端注册的队列及主题进行管理，负责消息的中转。多个发送端和接收端可以共用一个 JMS 消息服务器，也可以分别使用多个 JMS 消息服务器。量测数据的传输总体结构如图 1 所示。发送端和接收端都是与 JMS 服务器通信，发送和接收相应队列和主题的数据消息。

对于每个 JMS 量测数据发送端和接收端之间，可以认为存在一个“通道”，这个“通道”由一个主题和两个队列组成。图 2 展示了这个“通道”的组成，以及通道中各个成员的工作策略。对于每个 JMS 量测数据发送端，需要注册一个主题，用于发布量测数据。首次发送时，发送该发送端需要发送的所有量测数据，之后根据需求定时发送变化的量测数据。每一个 JMS 量测数据接收端都需要订阅这个主题，这样发送端一旦发送变化的量测数据，所有接收端都可以接收到变化的量测数据。每个发送端对于每一个接收端，还需要注册两个队列，用于实现总招；相同的，每个接收端对于每一个发送端也需要注册两个队列。当接收端判断某一个发送端满足总招条件时，立即通过对应的总招发送队列，发送一个总招信息到指定发送端。是否需要总招的判断条件如下：

（1）数据接收端重新启动，发送总招消息至每一个发送端。

（2）固定一定时间间隔。

（3）某一发送端一定时间内无数据上送。

（4）后台缓存版本升级，发送总招消息至每一个发送端（即采集模型发生变化）。

当发送端收到总招消息时，立即通过相应的队列，向目标接收端发送全量测数据。通过这个“通道”，量测数据可以可靠地从发送端发送到接收端。

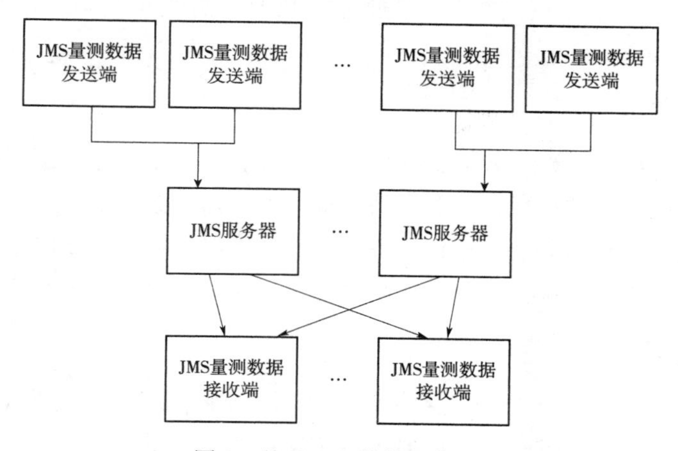

图 1　基于 JMS 的数据传输

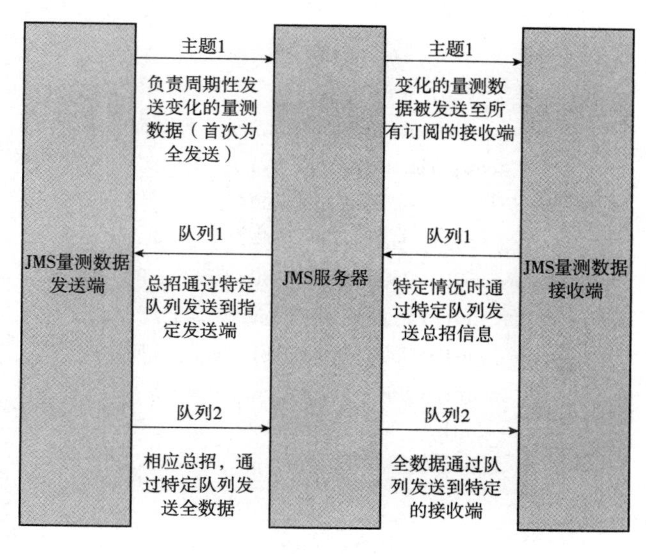

图 2　数据传输策略

4　数据传输内容

4.1　传输数据范围

在量测数据传输的过程中，既要保证传输数据的完整性，又要尽量提高传输效率，所以传输的量测数据遵循一定的规则。

（1）量测数据必须要在对象注册中心中能够查询到对应的GID。对于查询不到GID的量测数据，发送端不做处理。

（2）量测数据在发送端系统中必须是有效的数据。对于无效数据发送端无需处理。

（3）符合（1）、（2）的所有量测数据均在传输数据范围内。

一般来说，每个发送端发送的量测数据数量较多，采用传输优化策略可以提高传输的效率。例如：只有首次发送或者是响应总招时，才发送全部量测数据，其他情况均只发送发生变化的量测数据；可以根据实际需求及“通道”状况按需优化遥测发送的时间间隔以及总招判定的时间参数。

4.2　传输数据版本

为了防止传输数据包丢失，或者因不确定原因造成发送端与接收端数据不同步，当发送端整理好需要发送的量测数据后，需要在消息报文中加入数据版本信息。接收端应当记录该信息，并在接收到数据包后验证数据包的版本信息，确保接收到的数据包是版本连续的。如果发送端发现版本验证不正确，应当发送总招报文，请求发送端进行一次全数据发送。

4.3　传输数据格式

当发送端整理好需要发送的量测数据后，需要按照一定的格式规范写入JMS消息中。考虑到传输内容的可用性与规范性，同时兼顾传输内容的简洁性，xml格式被指定为量测数据传输的JMS消息内容组织格式。JMS消息内容示例如下：

```
<cim：system rdf：ID=" 0" >
<cim：Area >XX</cim：Area >
<cim：Edition>msg edition</cim：Edition>
<cim：Time>msg time</cim：Time >
</cim：system >
<cim：Analog rdf：ID=" 1" >
<cim：mRID>0300F150000180</cim：mRID>
<cim：Value>value1</cim：Value>
<cim：mRID>0300F150000181</cim：mRID>
<cim：Value>value2</cim：Value>
<cim：mRID>0300F150000182</cim：mRID>
<cim：Value>value3</cim：Value>
… …
</cim：Analog>
<cim：Discrete rdf：ID=" 2" >
```

<cim：mRID>0300F150000183</cim：mRID>
<cim：Value>value1</cim：Value>
<cim：mRID>0300F150000184</cim：mRID>
<cim：Value>value2</cim：Value>
<cim：mRID>0300F150000185</cim：mRID>
<cim：Value>value3</cim：Value>
… …
</cim：Discrete>

根元素 system 用来表示该元素内为消息版本信息，包括数据所属地区、数据版本、数据发送时间等。数据地区使用地区汉语拼音全拼；数据版本从 0 开始，递增至 32767 循环使用；发送时间为数据发送时的时间，格式为 yyyy-MM-dd hh：mm：ss 如 2000-01-01 01：01：01。

根元素 Analog 或者 Discrete 用来区别模拟量或者状态量。在子元素 mRID 中，记录传输量测数据对象的 GID；在子元素 Value 中，记录传输量测数据的当前值。一次传输的多个量测记录，顺序写入消息即可。接收端在接收到 JMS 消息后，按照规定格式解析，即可获得传输的量测数据值。

5 数据传输流程

5.1 发送端流程

首先，在应用基于 JMS 与 GID 的量测数据传输技术之前，应该保证通过模型拼接，在发送端成功地将含有 GID 信息的发送端模型文件送至接收端，并在接收端成功地完成模型拼接，使发送端含有 GID 信息的模型拼接入接收端模型。发送端数据传输流程如图 3 所示。

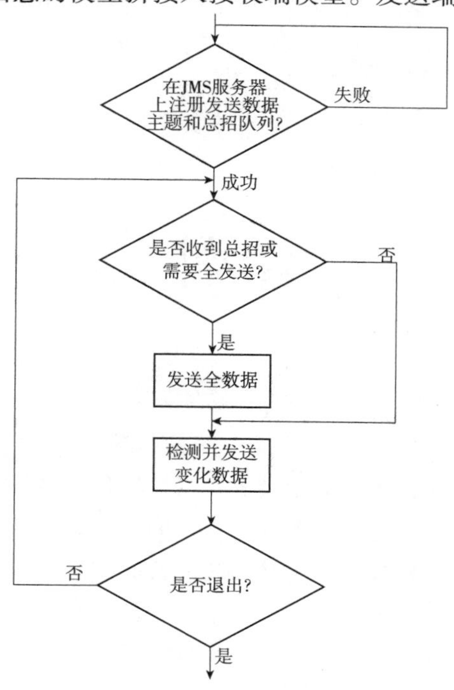

图 3　发送端数据传输流程

发送端首先会尝试在 JMS 服务器上注册一个数据发布主题、一个总招接收队列和一个总招发送队列。如果发送端通过总招接收队列接收到某个接收端的总招请求，则发送端通过相应接收端的总招数据通信队列发送全数据给对应的接收端。同时，发送端通过数据发布主题，发布变化数据。这些发送的数据消息都会以前文中指定的 xml 格式发送至 JMS 服务器，以供相应的消费者使用。

5.2 接收端流程

首先，在应用基于 JMS 与 GID 的量测数据传输技术之前，应该保证通过模型拼接，在接收端成功地接收了发送端发来的包含 GID 信息的模型文件，并完成模型拼接，使发送端含有 GID 信息的模型拼接入接收端模型。接收端数据传输流程如图 4 所示。

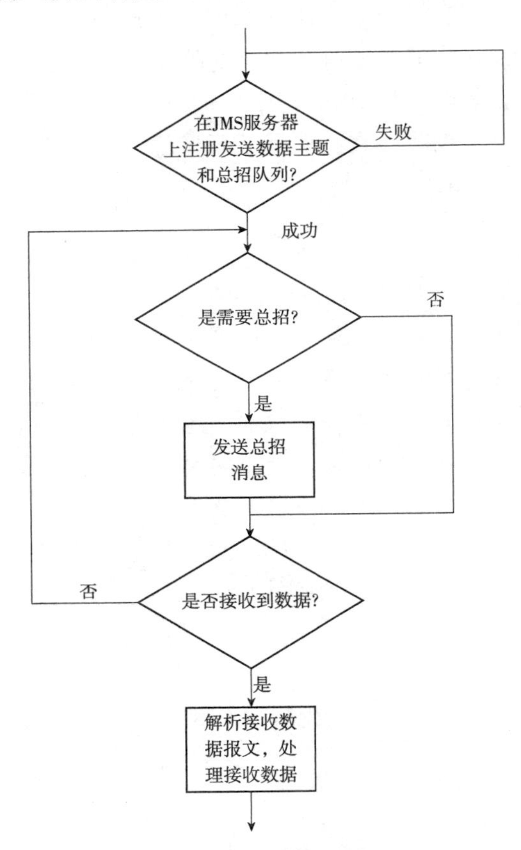

图 4　接收端数据传输流程

接收端首先会尝试在 JMS 服务器上注册一个数据发布主题、一个总招接收队列和一个总招发送队列。通过这些主题和队列与相应的发送端通信，如果接收端通过数据发布主题接收到某个发送端发送的消息，则接收端根据前文中的数据格式解析接收到的消息，并将数据更新至实时数据库中。如果接收端重新启动，或者长时间没有收到发送端发送的消息，或消息版本验证失败，则接收端会通过总招队列发送总招消息给发送端，召唤全数据，以保证数据的正确性。

6　结语

本文针对电网二次一体化建设过程中多个多级水电自动化主站间大量量测数据传输的问题展开研究，分析了多种量测数据的传输方式及数据集成方式特点，提出了“基于 JMS 消息和 GID 的自动化主站间的量测数据传输”这一解决方案，兼顾了数据的实时性和实施的方便性，并在实际应用中验证了该方案的可行性和正确性。

参考文献

[1] 梁寿愚. 基于 ETL 技术的电网运行全景建模 [J]. 南方电网技术，2012，6 (4)：53－56.

[2] 陈根军，顾全. 应用模型拼接建立的全电网模型 [J]. 电网技术，2010 (12)：94－98.

[3] 吴俊勇. 基于 JMS 技术的电力市场技术支持系统信息共享和数据通信的实现 [J]. 电力信息与通信技术，2007，5 (8)：56－59.

[4] 李斌，崔恒志，白义传. TASE. 2 协议在调度自动化系统之间信息交换的实现 [J]. 电力系统自动化，2000，24 (8)：49－51.

作者简介

周南菁（1982—　），男，云南昆明人，硕士，工程师，长期从事调度自动化系统的开发和应用。E-mail：zhounj@ nrec. com

葛斌冰（1987—　），男，江苏如东人，本科，工程师，长期从事继电保护专业研究。E-mail：gebb@ nrec. com

钱　峰（1978—　），男，江苏南通人，硕士，工程师，主要研究方向为电力信息技术、分布式智能软件技术。E-mail：qianf@ nrec. com

艾文凯（1986—　），男，江苏人，硕士，工程师，主要研究方向为电力信息技术、网络通信技术。E-mail：aiwk@ nrec. com

基于柔性光学电流互感器的零序方向定子接地保护

李华忠[1]，王思良[2]，蔡显岗[3]，王成业[2]，王　光[1]，陈　俊[1]

（1. 南京南瑞继保电气有限公司，江苏　南京　211100；
2. 雅砻江流域水电开发有限公司二滩水力发电厂，四川　攀枝花　617000；
3. 锦屏水力发电厂，四川　西昌　615000）

【摘　要】　本文提出一种基于柔性光学电流互感器的零序方向定子接地保护新方法，解决了扩大单元接线方式下发电机定子接地保护无选择性的问题。将柔性光学电流互感器制成一次传感光缆形式，绕置在发电机机端三相导体上，检测发电机机端零序电流，采用测得的零序电流与零序电压构成零序方向元件，实现选择性定子接地保护。试验结果表明该方法能准确测量零序电流，且不受导体空间位置和电磁干扰等影响，具有明确的选择性，可适用于机端铜排或电缆出线方式。

【关键词】　扩大单元接线；定子接地保护；选择性；柔性光学电流互感器；零序方向

0　引言

定子绕组的单相接地是发电机最常见的一种故障。现有定子接地保护原理包括基波零序电压原理、基波零序电流原理、3次谐波电压原理和注入式原理，这些保护原理在现场得到成熟的应用，能有效实现100%定子接地保护。但这些原理均存在无选择性的问题，即不能区分区内和区外接地故障。对于扩大单元接线方式的发电机组，任何一台发电机发生定子接地故障时，所有并列运行的发电机定子接地保护均将动作，从而扩大事故范围。此外，无选择性引起现场故障定位和排查不便，存在耗时长、效率低等问题。

根据以往经验，需要实现定子接地保护的选择性，难点是准确测量微小的发电机接地零序电流。针对该问题，文献［2-3］提出了基于零序方向元件的定子接地保护原理，并在现场得到很好的应用。但由于该方法采用传统电磁式电流互感器测量零序电流，存在易受导体空间位置、外部电磁干扰影响等问题，对于现场安装、调试要求很高，而且该方法仅适用于发电机机端电缆出线方式，对于发电机机端铜排（包括绝缘浇筑、封闭绝缘母线等硬导体）出线方式则无法适用。本文提出了一种基于柔性光学电流互感器的选择性定子接地保护新方法，经试验验证该方法能准确测量零序电流，不受导体空间位置和电磁干扰影响，具有明确的选择性，适用于发电机机端铜排或电缆出线方式。

1　柔性光学电流互感器

光学电流互感器（optical current transducer，OCT）基于Faraday磁光效应原理，其传感原理如图1所示。偏振光通过处于磁场中的Faraday材料（磁光玻璃或光纤）后，将产生与磁感应强度大小相关的旋转，可以通过检测旋转角度来测量产生磁场的电流大小。

根据安培环路定理，当传感光纤或磁光玻璃围绕一次通流导体闭合成环时。旋光角 φ 可表示为

$$\varphi = V\int_l H\mathrm{d}l = VN_\mathrm{L}I \tag{1}$$

式中：V 为光学介质的 Verdet 常数，表示单位磁场产生的旋光角；H 为磁场强度；l 为光在介质中传播的距离；N_L 为围绕通流导体闭合光路的圈数；I 为产生磁场的电流。

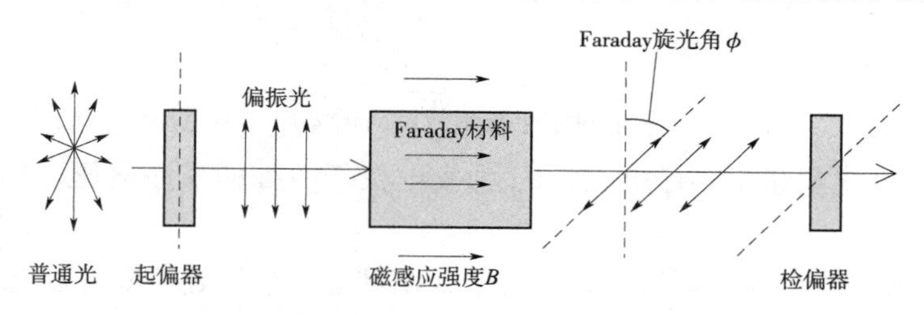

图 1　光学电流互感器原理示意图

柔性光学电流互感器将一次传感器制成光缆，可以方便地缠绕在各种形状的一次导体上。同时，柔性光学电流互感器对物理空间的要求很小，能够在狭小空间实现安装，布置和安装方便。

2　扩大单元接线发电机定子接地故障电气量特征分析

以图 2 所示的两机一变为例，分析扩大单元接线方式发电机区内、区外单相接地故障时的电气量特征。

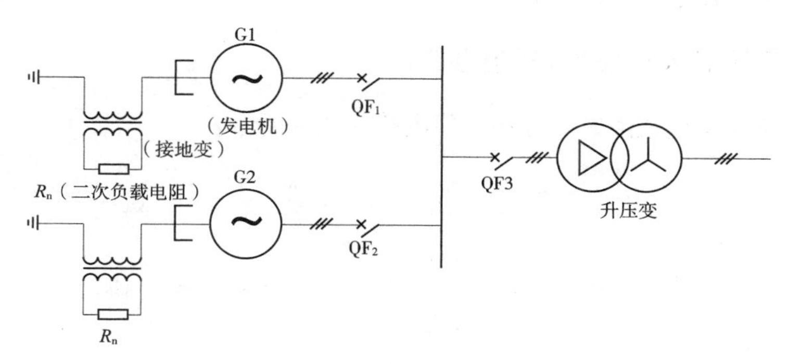

图 2　两机一变扩大单元接线方式

为便于分析，假设每台发电机的容量、定子绕组对地电容、机端电缆对地电容、接地变压器的变比及其二次负载电阻值均相同。设发电机定子绕组每相对地电容为 C_g，机端电缆或铜排每相对地电容为 C_l（含并接在机端断路器两侧抑制过电压的电容），母线每相对地等效电容为 C_B，忽略主变低压侧等其他设备对地电容，接地变二次负载电阻为 R_n，接地变变比为 N，接地变二次负载电阻折算到一次侧的阻值为 $R_N = N^2R_n$。

2.1　发电机区内定子接地故障的零序等值回路

假设图 2 中 G_1 发电机发生定子接地故障，接地故障点位于定子绕组 A 相距中性点 α 处，接地过渡电阻为 R_f，定子绕组的对地电容分布均可等效地各以 $0.5C_g$ 集中于发电机机端

和中性点，其零序等值电路如图 3 所示。分析过程中，忽略了接地变的漏阻抗和励磁阻抗，所有电流、电压均为一次值。

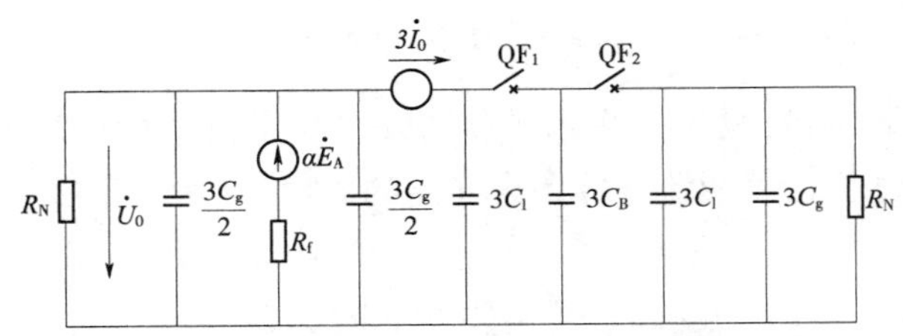

图 3　G_1 发电机定子接地故障时的零序等值电路

图中，$3\dot{I}_0$ 为发电机机端零序电流，$\dot{U}_0$ 为发电机任一处的零序电压，$\dot{E}_A$ 为发电机 A 相电动势。

（1）只有一台发电机并网运行（QF_1 处于合闸状态，QF_2 处于断开状态），发电机区内单相接地故障时，机端零序电流为

$$3\dot{I}_0=\dot{U}_0\mathrm{j}\cdot 3\omega(C_1+C_B) \tag{2}$$

由式（2）可知，此时发电机区内单相接地故障时，零序电流超前零序电压 90°附近。

（2）两台发电机均并网运行（QF_1 和 QF_2 均处于合闸状态），发电机区内单相接地故障时，机端零序电流为

$$3\dot{I}_0=\dot{U}_0[1/R_N+\mathrm{j}\cdot 3\omega(2C_1+C_g+C_B)] \tag{3}$$

由式（3）结合接地变二次负载电阻的设计原则可知，此时发电机区内单相接地故障时，零序电流超前零序电压 45°附近。

2.2　发电机区外接地故障的零序等值回路

母线上发生单相接地故障时的零序等值电路如图 4 所示。

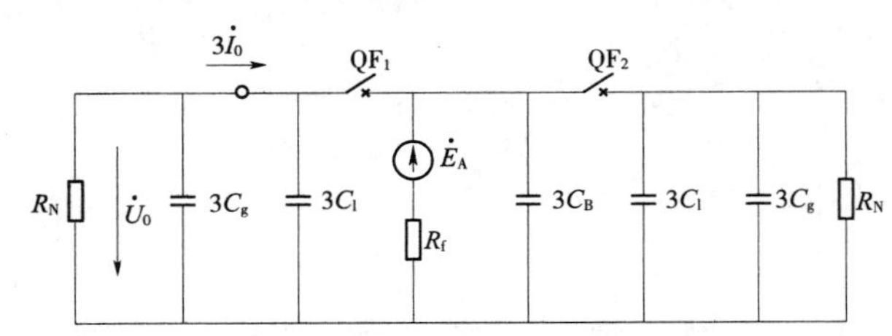

图 4　G_1 发电机区外单相接地故障时的零序等值电路

由图 4 可得发电机区外单相接地故障时，流过 G_1 发电机机端零序电流为

$$3\dot{I}_0=-\dot{U}_0(1/R_N+\mathrm{j}\cdot 3\omega C_g) \tag{4}$$

由式（4）可知，发电机区外单相接地故障时，零序电流滞后零序电压 135°附近。

2.3　结论

综合上述分析，当发电机区内发生定子接地故障时，零序电流超前零序电压，考虑电容和电阻的影响，角度为 0°～135°。当发电机区外发生接地故障时，零序电流滞后零序电压，角度为 90°～180°。因此，可通过判别零序电流和零序电压的相角差以区分

区内或区外接地。

3 保护判据及方案

3.1 保护判据

根据式（2）~式（4）构成选择性定子接地保护判据，由机端零序电流与机端零序电压构成零序方向元件，逻辑图如图5所示。

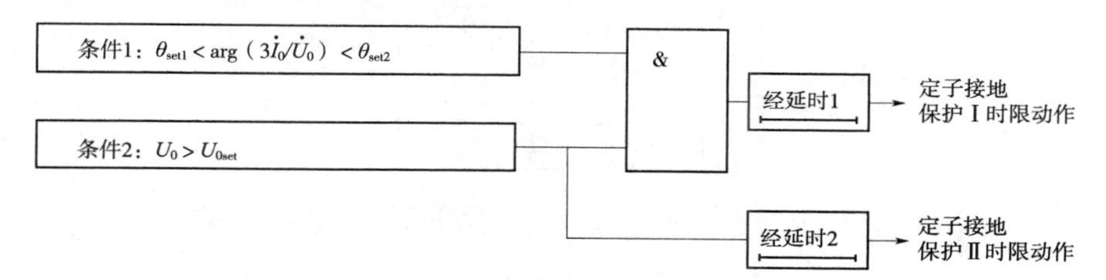

图5 基于柔性光学电流互感器的选择性定子接地保护逻辑图

其中，U_{0set}为零序电压定值，θ_{set1}、θ_{set2}为边界角度定值。条件1：当机端零序电流与机端零序电压的相角差在角度边界定值范围时，零序方向元件开放。条件2：当机端基波零序电压大于U_{0set}定值时，定子接地保护启动。当上述条件1和条件2均满足时，定子接地保护Ⅰ时限经延时1动作。此外，考虑当母线上发生接地故障或因接地零序电流太小零序方向元件无法准确判别的情况，增加定子接地保护Ⅱ时限，经长延时2动作，其中延时2定值与延时1定值配合，时间级差取0.3s以上。

根据零序方向元件开放特性画出动作特性图，如图6所示。

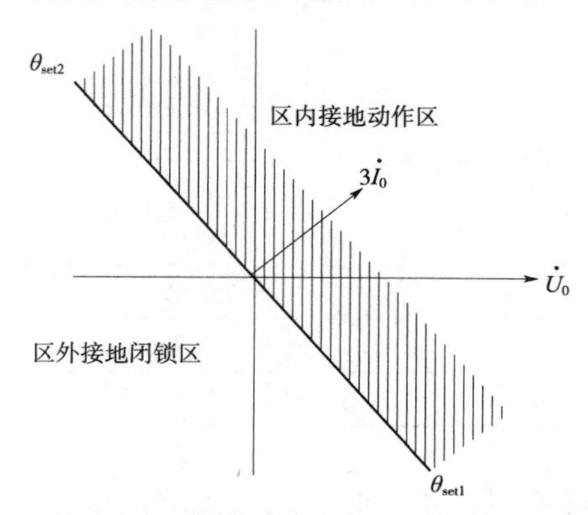

图6 基于光学电流互感器的选择性定子接地保护动作特性图

3.2 保护方案

在扩大单元接线方式的每台发电机上，均配置基于柔性光学电流互感器的选择性定子接地保护，如图7所示。将柔性光学电流互感器绕置在发电机机端三相电缆或铜排上，测量机端零序电流，采集单元将零序电流模拟量解析后转换为数字量送至保护装置。采用常规电磁型电压互感器测量发电机机端零序电压。保护装置将采集的零序电流与零序电压进行数据同步处理，计算零序电压的基波幅值、零序电流和零序电压的相角差值，当满足图5所示判据时，保护动作于信号或跳闸。

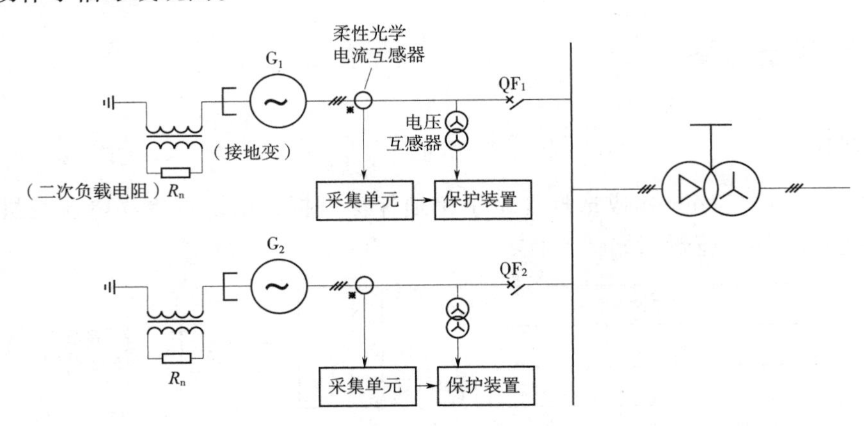

图 7　基于柔性光学电流互感器的选择性定子接地保护方案图

4　零序电流精度测试情况

研制基于柔性光学电流互感器的选择性定子接地保护样机，搭建 50Hz 三相不接地系统，将柔性光学电流互感器传感环绕置在不接地系统的三相电缆外，接线如图 7 所示。模拟单相接地故障工况，测量和记录零序电流大小。

（1）三相导体任意排布，且通入 1200A 三相对称电流，模拟单相接地故障工况，测量零序电流大小，记录结果见表 1。

表 1　　三相导体不对称排布且通 1200A 电流时的零序电流测量

序号	零序电流值/A	实测值/A	误差/%
1	0	0.04	—
2	0.30	0.29	-3.33
3	0.50	0.51	2
4	1.00	0.99	-1
5	2.00	1.99	-0.5
6	5.00	4.99	-0.2
7	10.00	10.01	0.1

由表 1 可见，在三相导体不对称排布时，柔性光学电流互感器能准确测量零序电流，满足保护要求。

（2）三相导体任意排布，且通入 1200A 三相对称电流，同时在光学电流互感器传感圈外附加 1000A 大电流干扰，模拟不接地系统的单相接地故障工况，测量零序电流大小，记录结果见表 2。

表 2　　圈内三相导体不对称排布且圈外附加大电流干扰时的零序电流测量

序号	零序电流值/A	实测值/A	误差/%
1	0	0.05	—

续表

序号	零序电流值/A	实测值/A	误差/%
2	0.30	0.31	3.33
3	0.50	0.51	2
4	1.00	1.01	1
5	2.00	2.01	0.5
6	5.00	5.01	0.2
7	10.00	10.02	0.2

由表2可见，当传感圈外存在大电流回路干扰时，光学电流互感器依然能准确测量零序电流，满足保护要求。

5 结语

本文提出了基于柔性光学电流互感器的零序方向定子接地保护新方法，采用柔性光学电流互感器测量发电机机端零序电流，进而采用零序电流与零序电压构成零序方向元件，实现选择性定子接地保护功能。在此基础上开发了保护装置样机，试验结果表明，该方法能准确测量微小的零序电流，不易受导体空间位置及外部电磁干扰影响，适用于发电机机端电缆或铜排出线方式，很好地解决了扩大单元接线方式发电机定子接地保护选择性的问题。该原理即将在国内某水电站三机一变接线方式的6台机组上投入使用。

参考文献

[1] 王维俭. 电气主设备继电保护原理与应用［M］. 北京：中国电力出版社，1996.
[2] 谈涛，陈俊，王翔，等. 零序方向元件选择性定子接地保护的分析［J］. 江苏电机工程，2010，29（5）：40－43.
[3] 陈俊，沈全荣. 扩大单元接线发电机定子接地保护方案［J］. 电力系统自动化，2007，31（24）：86－89.
[4] 李传生，张春熹，王夏霄，等. 反射式Sagnac型光纤电流互感器的关键技术［J］. 电力系统自动化，2013，37（12）：104－108.
[5] 肖智宏. 电力系统中光学互感器的研究与评述［J］. 电力系统保护与控制，2014，42（12）：148－154.
[6] 郭志忠. 电子式电流互感器研究评述［J］. 继电器，2005，33（14）：11－16.
[7] 张健，及洪泉，远振海，等. 光学电流互感器及其应用综述［J］. 高电压技术，2007，33（5）：32－36.

作者简介

李华忠（1983—　），男，硕士，高级工程师，主要从事电气主设备微机保护的研究和开发工作。E-mail：lihz@nrec.com

王思良（1986—　），男，硕士，工程师，主要从事电力系统继电保护及自动化控制工作。E-mail：siliangw@126.com

蔡显岗（1987—　），男，硕士，工程师，主要从事电力系统继电保护及自动化控制工作。E-mail：caixiangang@ylhdc.com.cn

王成业（1987—　），男，本科，工程师，主要从事电力系统继电保护及自动化控制工作。

王　光（1980—　），男，硕士，高级工程师，主要从事电气主设备微机保护的研发和管理工作。

潘家口抽水蓄能电站发电电动机—变压器组保护国产化改造及应用

王 凯，姜久超，姬生飞，王 光，徐天乐，施 挺，满 建

（南京南瑞继保电气有限公司，江苏 南京 211102）

【摘 要】 潘家口抽水蓄能电站安装了三台变极双转速抽水蓄能机组，2012 年保护首次改造时引进了原奥地利 Elin 公司的 DRS 系列机组保护，该保护运行到期后，实施了国产化改造工作，并于 2018 年年初投入运行。本文首先介绍了机组单元主接线方式及运行特点，然后从保护配置方案、差动主保护和主变低压侧接地保护等方面对改造前后保护性能优化情况进行分析，最后说明了变极双转速运行方式对保护的影响。该项目的顺利实施，打破了进口产品的技术垄断，推动了我国抽水蓄能机组保护技术的发展。

【关键词】 抽水蓄能；变极双转速；发变组保护；水泵启动；差动保护

0 引言

潘家口抽水蓄能电站位于河北省东北部唐山市迁西县境内的滦河干流上，该电站二期引进了意大利 TIBB 公司（现已改为 ABB TECNOMASIO SPA 公司）和 DPEW 公司联合制造的三台可逆式抽水蓄能机组，单机额定容量 91MW。由于电站水头变化范围很大（36~86m），为提高机组效率和运行稳定性，采用变极结构的双转速运行方式。发电工况时，接成 48 极运行（对应转速 125r/min）；水泵工况有两种极数，高水头时采用高转速，接成 42 极（对应转速 142.86r/min），低水头时采用较低转速，接成 48 极（对应转速 125r/min）。2012 年，电站机组保护首次改造时引进了原奥地利 Elin 公司的 DRS 系列机组保护。该保护运行到期后，在深入研究机组运行特点、保护配置及关键技术的基础上，完成了首例变极双转速抽水蓄能机组保护的国产化改造工作。本文对保护改造情况进行介绍，分析并总结相关技术成果。

1 机组主接线及其运行特点

发电电动机采用变极结构，机组单元电气主接线与常规抽水蓄能机组不同。虽然同样采用发电电动机—变压器组单元接线，但是增加了变极开关等设备，换相开关和水泵启动回路的设计也较为特殊。潘家口蓄能电厂单元机组的主接线如图 1 所示。

从图 1 可以看出，单元机组主接线的主要特点如下：

（1）发电电动机可变极结构定子绕组引出后，在机端出口处设置变极/换相开关。Q_3 设在定子 42 极绕组引出端，高扬程水泵电动机工况时合上。Q_4 和 Q_5 设在定子 48 极绕组引出端，分别在发电工况与低扬程水泵电动机工况转换时使用。

（2）全站共用一套静止变频器，电源侧经进线断路器分别与三台主变压器的低压侧相连，输出端分别经启动断路器与各个发电电动机相连，实现对各机组水泵启动过程的拖动控制。背靠背启动作为备用启动方式，分别合上拖动机组和被拖动机组的启动断路器，即可通过变频启动母线实现背靠背拖动。

（3）未配置电气制动开关，无电气制动工况。停机时，在水力和转动机械阻力作用下，机组转速不断下降，15%额定转速时投入机械制动，直至完全静止。

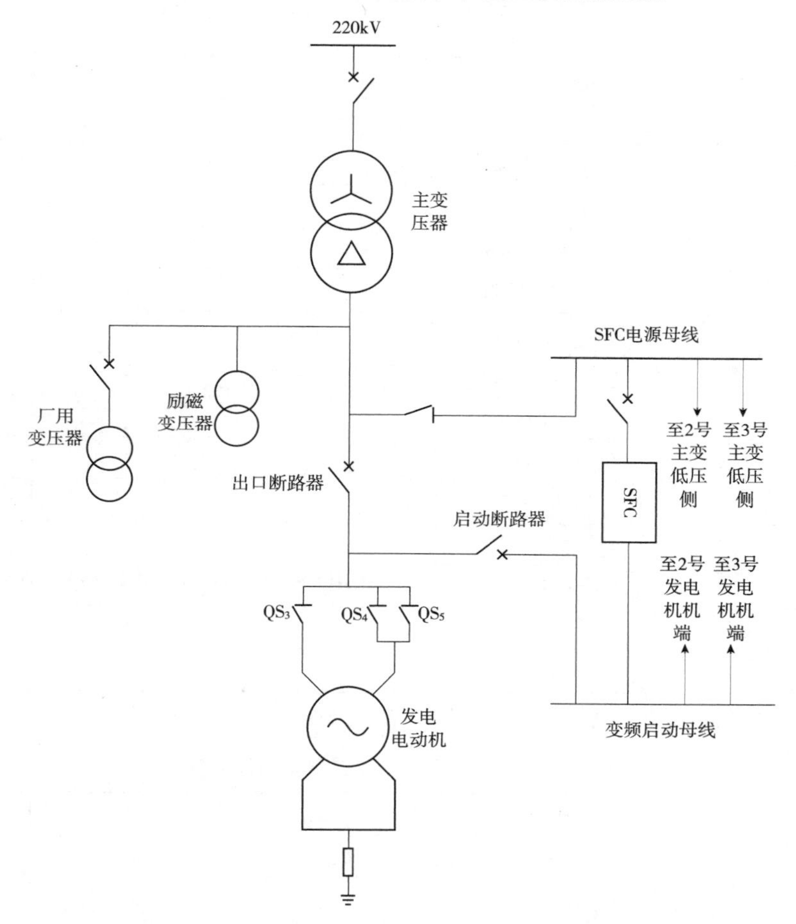

图 1　单元机组主接线方式

2　保护配置方案及优化分析

改造前的机组保护由多台保护装置构成，各装置均提供一部分保护功能。发电电动机和主变压器均配置两套差动保护，除了主变复压过流保护外，其他后备和异常保护均只配置一套。

改造后保护系统采用“主后一体、双重化配置”的设计理念，由两台独立的发电电动机保护装置和主变压器保护装置（含励磁变压器保护功能）实现双套的差动保护、后备保护和双套异常运行保护功能。改造前后发电电动机、主变压器和励磁变压器保护功能配置的对比见表 1 和表 2。

表1　改造前后发电电动机保护功能配置对比

序号	保护功能	改造前	改造后
1	发电电动机差动保护	**	**
2	定子接地保护	*	**
3	转子接地保护	*	*
4	低电压过流保护	*	**
5	低频过流保护	*	**
6	定子过负荷保护	*	**
7	负序电流保护	*	**
8	过励磁保护	*	**
9	低功率保护	*	**
10	逆功率保护	*	**
11	频率异常保护	*	**
12	失磁保护	*	**
13	失步保护	*	**
14	过电压保护	*	**
15	机端断路器失灵保护	*	**
16	相序保护	*	**
17	轴电流保护	*	**
18	误上电保护	N	**
19	低频差动保护	N	**
20	低频零序电压保护	N	**

注　“**”表示双套配置，“*”表示单套配置，“N”表示未配置。

表2　改造前后主变压器、励磁变压器保护功能配置对比

序号	保护功能	改造前	改造后
1	主变压器差动保护	**	**
2	主变压器复合电压过流保护	**	**
3	主变压器过电流保护	*	**
4	主变压器零序过流保护	*	**
5	主变压器间隙零序保护	*	**
6	主变压器低压侧接地保护	*	**
7	主变压器高压侧断路器失灵保护	*	**
8	主变压器过励磁保护	N	**
9	励磁变压器电流速断保护	*	**
10	励磁变压器过流保护	*	**

注　“**”表示双套配置，“*”表示单套配置，“N”表示未配置。

对改造前后保护配置方案变化的优劣分析如下：

（1）由“双套差动保护、单套其他保护”改进为所有电量保护双重化。发电电动机差动保护仅反映定子绕组内部相间短路，而对于其他短路故障和异常运行故障，如定子接地故障、定子过负荷、转子表层负序过负荷、失磁、失步、低频、逆功率、过电压、过励磁、误上电等，改造前这些保护仅配置一套，不满足 GB/T 14285—2006《继电保护和安全自动装置技术规程》的技术要求，安全性难以保证。同样的，原主变保护也存在此问题。

（2）增加了主变过励磁保护。抽水蓄能机组停机时，主变压器一般仍然与电力系统相连，当因过电压导致其过励磁时，发电机过励磁保护不能反映主变压器的过励磁状态，应配置单独的主变过励磁保护。

（3）增加了误上电保护。按照国内相关标准和规程要求增加了误上电保护功能，反映机组启停过程中机端断路器的误合闸事故。

（4）完善了水泵启动过程保护。抽水蓄能机组启停频繁，一般每天均要启停数次，水泵启动过程在整个运行过程中所占比例较高，因此在启动过程中保证完善的保护性能非常重要。增加了低频差动保护，作为水泵启动全过程的机组内部相间故障主保护。另外，启动过程初始阶段发电机端电压低，常规整定的零序电压定子接地保护在此时的灵敏度不足，为此单独增设了低频零序电压保护。

尽管如下，受机组现有条件限制，改造后保护配置方案仍然并非十分完善，尤其是定子绕组内部故障保护仍有进一步优化的空间。发电电动机中性点侧未装设分支 TA 或单元件横差 TA，未能配置反映匝间故障的裂相横差保护、不完全纵差保护和单元件横差保护。由于常规纵差保护不能反映定子绕组匝间保护，机组存在定子匝间故障不能及时跳机的风险。另外，发电电动机中性点经高阻接地，未来若能够在中性点增设单相 TV，或改造为常见的经接地变压器高阻接地方式，即可加装注入式定子接地保护，以进一步提高接地保护性能。

3　差动主保护优化分析

3.1　差动保护配置方案

改造前的差动保护配置如图 2（a）所示。虽然发电电动机和主变压器均配置双套差动保护，但是，双套主变差动保护使用了相同的 TA，且两者所采用的主变低压侧 TA 又和其中一套发电电动机差动保护共用。在该 TA 异常或停运情况下，同时导致三套差动保护退出运行。

改造后的差动保护配置如图 2（b）所示。发电电动机和变压器的双套差动保护均采用了不同的 TA，提高了差动保护可靠性。

3.2　水泵启动过程的差动保护

机组在水泵启动过程开始时已加励磁，机组电气频率随着转速升高而连续变化。在启动初始阶段，电气频率较低时，尤其是 5Hz 以下，电磁式 TA 可能出现严重的暂态饱和，传变特性差，严重影响差动保护性能，甚至导致保护误动。为防止因 TA 传变特性差导致保护误动，改造前保护在机组频率低于 15Hz（对应于 30%额定转速）时闭锁差动保护。该方法会导致此期间无差动主保护，存在设备安全风险。改进方案是：在水泵启动过程初始阶段

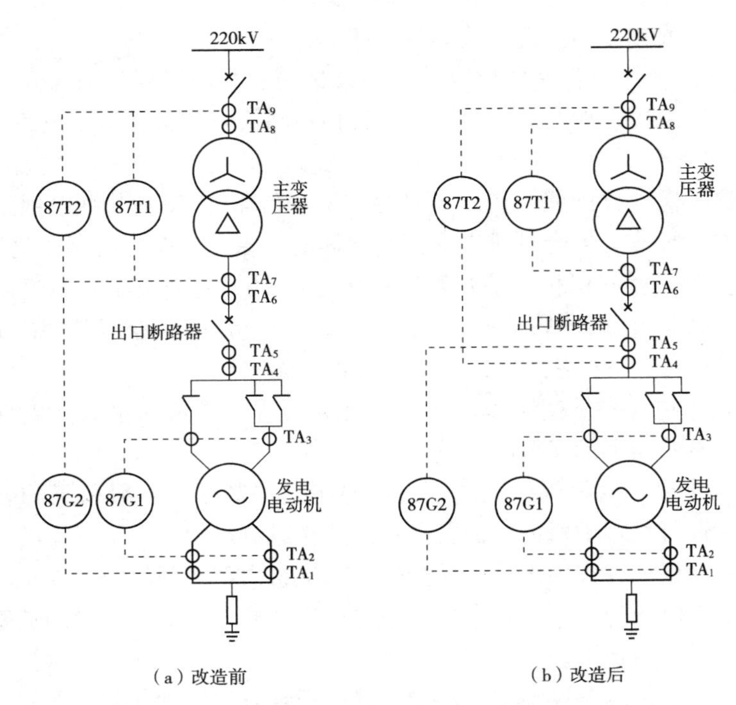

图 2　潘家口抽水蓄能电站改造前后差动保护配置

（10Hz 以下时），抬高保护定值门槛以防止误动。该方法保证了差动保护在变频启动过程中能够全程投入，提高了机组安全系数。

另外，当采用 60MW 变频器启动机组时，其驱动力矩很大，机组启动和电制动停机都很快，其启动加速时间（不包括同期时间）分别为 24s（48 极时）和 33s（42 极时），频率变化速度达到 2Hz/s，以往的频率跟踪算法易因超调导致测量误差大，进而影响保护可靠性。改造后保护针对水泵启动过程配置了低频差动保护、低频过流保护和低频零序电压保护，采用了与频率无关的算法，其性能不受频率快速变化的影响。

4　变极双转速运行方式对保护的影响

发电电动机变极双转速的特点要求保护与之相适应。发电电动机与系统侧采用变极/换相开关相连，保护装置应具有相应的电流通道切换和相序转换机制。不同极对数定子绕组运行时的电机参数不同，对保护定值的整定也会产生影响。

4.1　保护电流通道切换

不同极对数定子绕组在机端侧和中性点侧通过独立引出线引出机组，且均装设了 TA，保护装置应根据当前运行工况，取运行绕组的 TA 二次电流构成保护。常规处理办法是根据表征当前工况的变极/换相开关位置，切换保护所用 TA。该方案的缺点是，保护可靠性依赖于外部接点及其二次回路的可靠性。

一种更加可靠的方法是，在任何工况下，均取发电机出口处两组 TA 二次电流的和作为发电机机端侧电流，取中性点侧两组 TA 二次电流的和作为发电机中性点侧电流。该方法无需进行电流切换，不依赖于外部接点，可靠性明显提高。

4.2 发电电动机电气量相序转换机制

潘家口抽水蓄能机组换相开关的设置较常规抽水蓄能机组更加复杂，如图 1 所示。机组设置了 142r/min 电动工况开关 Q_3、125r/min 电动工况开关 Q_4 和 125r/min 发电工况开关 Q_5。Q_3 和 Q_4 两侧电气相序一致，Q_5 两侧 A 相电气相序一致，B、C 两相交叉连接。继电保护设备应根据机组运行工况进行相应的电气量相序转换，具体做法是，当换相开关 Q_5 合位时，将接入保护装置的 TA 安装位置在换相开关以下的所有 TA 电流进行 B 相、C 相采样值调换处理，以确保机组电气量的相序与电力系统侧保持一致。

4.3 电机参数变化对保护定值的影响

发电电动机不同极对数定子绕组运行时具有不同的电抗参数，见表 3。依据的电气参数或等效电路计算出的保护定值均有不同。针对不同的保护功能，有两种不同的处理办法。

（1）保护定值按躲过所有运行工况下的计算结果或实际运行特征进行整定。例如在定子绕组变极运行或不同运行工况下，机端侧和中性点侧的 3 次谐波电压呈现不同比例关系，3 次谐波电压比率保护应取各种情况下的最大比率值，并考虑一定裕度进行整定。需要注意的是，最终整定值针对各运行工况应具有足够的灵敏度，否则，应考虑切换定值的处理方法。

（2）依据特定工况切换保护定值。对于一些阻抗型保护功能，例如失磁保护、失步保护等，当不同工况下阻抗定值计算结果差异较大时，应采用多套定值、随工况切换的处理方式。类似的还有电动工况低功率保护，在两种电动工况下，按额定功率一半进行整定的低功率定值分别为 45MW 和 30MW，应随工况切换保护定值。

表 3　　发电电动机电抗参数（标幺值）

参　数	发电工况 125r/min (91MV·A)	电动工况 125r/min (59.5MV·A)	电动工况 142r/min (90.2MV·A)
直轴同步电抗 X_{du}（不饱和值）	0.806	0.527	0.988
直轴同步电抗 X_d（饱和值）	0.695	0.455	0.943
横轴同步电抗 X_{qu}（不饱和值）	0.670	0.438	0.761
横轴同步电抗 X_q（饱和值）	0.630	0.412	0.716
直轴瞬变电抗 X'_{du}（不饱和值）	0.292	0.191	0.279
直轴瞬变电抗 X'_d（饱和值）	0.272	0.178	0.260
横轴瞬变电抗 X'_{qu}（不饱和值）	0.670	0.438	0.761
横轴瞬变电抗 X'_{qu}（饱和值）	0.630	0.412	0.716
直轴超瞬变电抗 X''_{du}（不饱和值）	0.237	0.155	0.238
直轴超瞬变电抗 X''_d（饱和值）	0.201	0.132	0.202
横轴超瞬变电抗 X''_{qu}（不饱和值）	0.264	0.173	0.270
横轴超瞬变电抗 X''_q（饱和值）	0.247	0.161	0.252

5 静止变频器反送谐波的影响及对策

静止变频器为六脉动单桥接线，运行时产生会较大的 5 次、7 次、11 次、13 次谐波，因此在电网侧配置了滤波器，阻止相应谐波反送电力系统。以往实际运行中发现，在水泵启动过程中，主变低压侧零序电压包含大量的 3 次谐波分量，同时还包含较小的 5 次、7 次等高次谐波分量，主变低压侧 TV 开口三角电压波形及其频谱分析结果如图 3 所示。改造前的主变低压侧零序电压保护所采用的算法未能很好地滤去高次谐波分量，在运行中多次出现误动作情况。

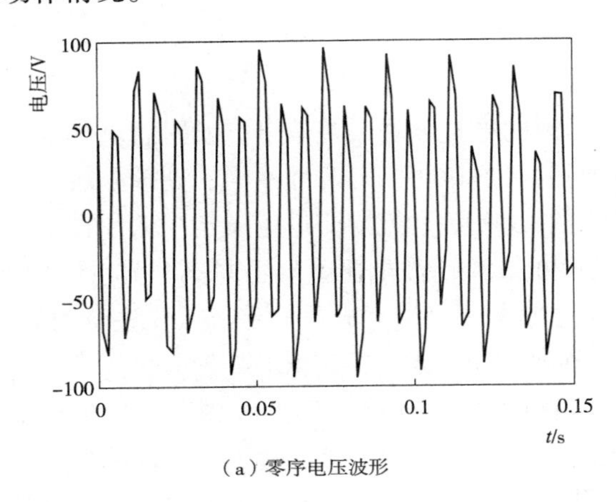

（a）零序电压波形

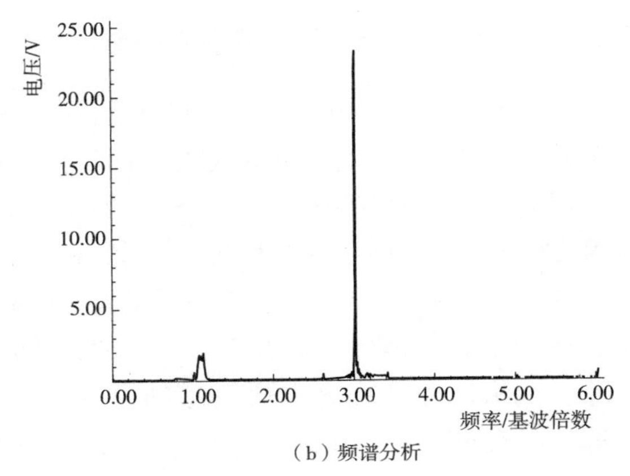

（b）频谱分析

图 3 主变低压侧零序电压波形及其频谱分析

为防止保护误动作，改造后保护采用全波傅里叶算法+3 次谐波数字滤波器，高次谐波分量的滤除特性好，经现场运行证明效果良好，在正常的水泵启动过程中均未出现异常动作或报警。

6 结语

综上所述，改造后保护按照国内标准规程的技术要求，配置了双重化电气量保护，保护功能更加齐全，而且对差动主保护、主变低压侧零序电压保护等保护的算法、判据进行了优化改进，提升了保护整体性能。2018 年初，保护改造完毕并投入运行，运行至今已约半年，装置运行状况良好，未出现异常。该项目的实施，为以后国内同类机组保护的国产化改造奠定了基础。

参考文献

[1] 李之勇. 潘家口水电站抽水蓄能机组简介［J］. 水电站机电技术，1989（3）：30－32+40.

[2] 梅祖彦. 抽水蓄能发电技术［M］. 北京：机械工业出版社，2000.

[3] 李建国. 潘家口抽水蓄能电站电气（一次）设计特点［J］. 水力发电，1989（12）：34－39+47.

[4] 杨志申. 潘家口抽水蓄能电站发电电动机及主变压器的保护系统［J］. 水电厂自动化，1992（1）：43－47.

[5] 陈俊，王凯，袁江伟，等. 大型抽水蓄能机组控制保护关键技术研究进展［J］. 水电与抽水蓄能，2016，2（4）：3－9.

[6] 李之勇. 大型抽水蓄能机组的变速运行 [J]. 水电站机电技术，1990（3）：44－49+13.
[7] 王凯，王光，季遥遥，等. 抽水蓄能机组运行工况判别及校验方法研究 [C]. 中国水力发电工程学会电网调峰与抽水蓄能专业委员会. 抽水蓄能电站工程建设文集 2015. 北京：中国水力发电工程学会电网调峰与抽水蓄能专业委员会，2015.

作者简介

王　凯（1983—　），男，河南南阳人，高级工程师，从事电气主设备继电保护研究。E－mail：wangkai3@ nrec. com

姜久超（1989—　），男，四川德阳人，工程师，从事电气主设备继电保护安装调试及维护工作。E－mail：jiangjc@ nrec. com

姬生飞（1983—　），男，黑龙江佳木斯人，高级工程师，从事继电保护设计和技术管理工作。E－mail：jisf@ nrec. com

王　光（1980—　），男，内蒙古鄂尔多斯人，高级工程师，从事电气主设备继电保护研究。E－mail：wangg@ nrec. com

徐天乐（1988—　），男，江苏南通人，工程师，从事电气主设备继电保护研究和开发工作。E－mail：xutianle@ nrec. com

施　挺（1982—　），男，江苏南通人，工程师，从事电气设备继电保护设计工作。E－mail：shiting@ nrec. com

满　建（1993—　），男，山东济宁人，助理工程师，从事电气主设备继电保护调试工作。E－mail：manj@ nrec. cm

交直流电源串扰导致断路器误动作风险分析

郭　文，马殿勋

（溪洛渡水力发电厂，云南　昭通　657300）

【摘　要】　结合一起典型事故，分析当交流电源串入直流电源回路时，可能引起的直跳或合闸继电器误动作。分析其动作原因，主要与继电器的动作功率、动作时间、外接电缆对地电容以及交流电压有关。梳理水电站开入直跳回路、合闸回路，并搭建 Simulink 仿真模型，逐项分析若交流电源串入直流电源后继电器误动作的风险。

【关键词】　直流电源；交流电源；串入；对地电容；直跳继电器；合闸继电器

0　引言

在水力发电厂建设期间，运行设备与基建施工同时并存，由于施工人员对回路不熟悉，接线过程中极易造成交流电源串入直流回路。在中性点直接接地系统中，若出现接地故障，故障电流经由中性点流到地网内，再经架空地线流回接地位置。在地网阻抗影响下，故障点电位相对于大地电位升高，并且根据离故障点位置不同其电位差也不同，此时电缆屏蔽层会产生工频电流，屏蔽回路受到工频电源的干扰，电缆通过对屏蔽层的耦合电容效应即出现交直流回路瞬时串扰。故障点附近的二次回路控制电缆受到接地故障的影响，同时在长电缆电容效应共同作用下，继电器线圈达到动作的临界值。二次控制回路或保护回路大多采用直流电源，直流回路存在对地分布电容，可能出现交直流回路瞬时串扰，经分布电容引起继电器误动作。发电机、开关站二次控制回路或保护回路中，存在大量开入直跳继电器，当直跳继电器开入节点闭合时，二次控制回路或保护回路不经过任何电气模拟量防误运算直接出口动作，会造成严重事故。近年来，由于交直流回路瞬时串扰而引起控制回路或保护回路误动的事件时有发生。本文针对近期一起一次设备故障引起交直流串扰导致保护误动事故进行了分析，同时实测水力发电厂各项参数，建立数学模型与仿真模型，以此评价水力发电厂交流电源串入直流电源导致断路器误动作的风险。

1　一起电气一次设备接地故障导致相邻间隔断路器误合闸的事故

1.1　事故前运行方式

2017 年贵州某电厂发生一起全厂停电事故，主接线图如图 1 所示。事故厂站电压等级为 500kV，主接线为 3/2 接线，故障前 2 号、3 号机组正常运行，均带负荷 600MW；1 号机开机升负荷过程中，带负荷 140MW；4 号机组热备用；500kV 升压站 Ⅰ 段母线、Ⅱ 段母线正常运行；500kV 线路正常运行。

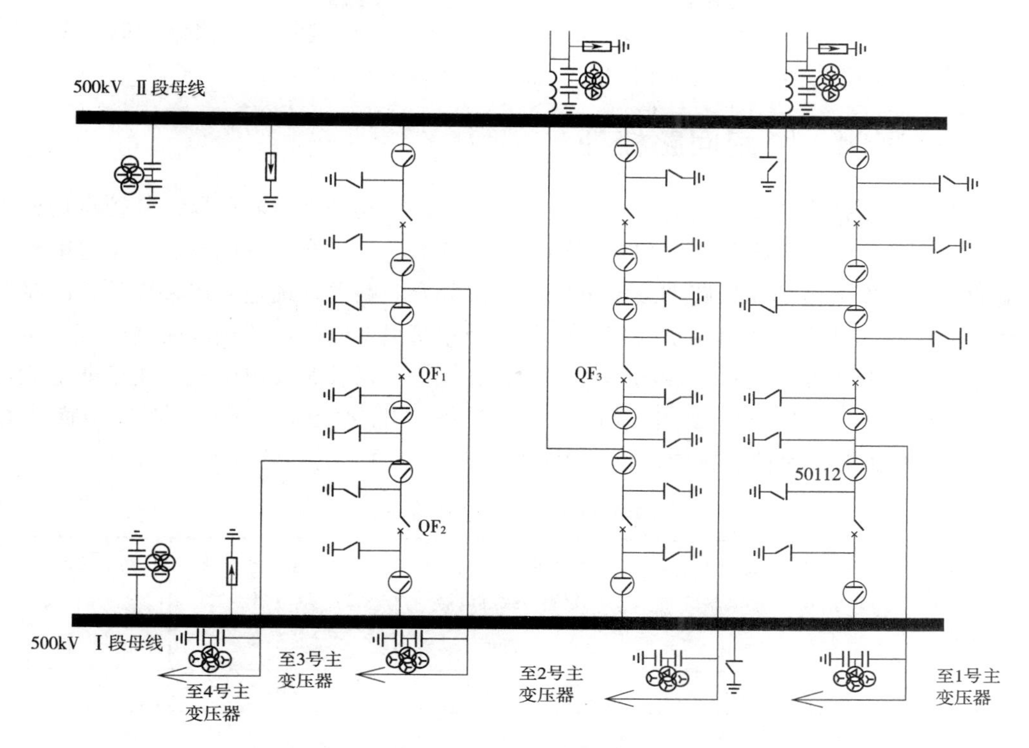

图1　事故厂站主接线图

1.2　厂站故障发生过程

QF_3 断路器A相电流互感器爆燃，导致1~3号机组和两条线路跳闸。同时，500kV第三串 QF_1 断路器偷合，4号机组误上电保护动作。事件发生前，QF_2、QF_1 断路器处于热备状态。

1.3　针对 QF_1 断路器偷合事故的现场检查及原因分析

针对 QF_1 断路器偷合事故，电厂组织专业人员对设备进行了详细检查，检查内容如下：

（1）检查 QF_1 断路器合闸回路是否存在寄生回路。

（2）测试 QF_1 断路器合闸回路绝缘。

（3）核查 QF_1 断路器合闸直流电源系统在故障发生时有无异常。

（4）检查网络监控系统遥控板、QF_1 断路器操作箱及同期装置。

（5）检查 QF_1 断路器控制回路屏蔽接地。

排查过程中未发现异常，说明在静态条件下，QF_1 断路器合闸回路及相关设备状态完好。由于该厂站500kV升压站第三串带有3号、4号两台机组，机组同期装置距离升压站距离约500m，后期检查 QF_1 断路器合闸回路继电器，发现继电器功率较小，计算值仅有0.17W。当站内发生大电流接地故障时，故障点周围电磁环境突变，断路器合闸回路继电器受到外部因素的干扰，最终误动作出口导致断路器误合。继电保护反事故措施中要求：经长电缆跳闸回路，宜采取增加出口继电器动作功率等措施，防止误动；直接跳闸的重要回路应采用动作电压在额定直流电源电压的55%~70%范围以内的中间继电器，并要求其动作功率不低于5W。但对长电缆合闸回路功率没有具体的要求，由此判断断路器偷合的主要原因是合闸回路继电器功率较小，同时受到一次设备故障点的交流电源串扰。

2 水电站直跳、合闸回路梳理

随着电气控制技术的不断发展，绝大多数断路器，尤其是高压断路器，其控制均通过断路器操作箱完成。断路器操作箱中包含断路器手合继电器、重合闸继电器、跳闸继电器、跳闸继电器等。操作人员操作断路器或继电保护装置分合断路器均通过开出接点接入断路器操作箱相应的控制回路中。继电保护装置与断路器操作箱很多时候需要用长距离电缆连接。另外，大型水电站的主变重瓦斯、压力释放等非电量保护通过长距离电缆接入主变非电量保护装置。本次梳理的直跳、合闸继电器封装在南瑞继保电气公司的CZX－22G型操作箱和RCS974FG主变非电量保护装置内，且采用220V直流电源系统，见表1。

表1　　水电站直跳、合闸继电器分类

回路类型	500kV断路器跳闸继电器	500kV断路器现地三相不一致继电器	500kV断路器合闸继电器	主变非电量开入继电器
继电器编号	TJR	47TX	SHJ	JA
	TJF	47T1X	ZHJ	
	STJ			

近年来断路器误动作事故时有发生，继电保护反事故措施中要求：经长电缆跳闸回路，宜采取增加出口继电器动作功率等措施，防止误动；直接跳闸的重要回路应采用动作电压在额定直流电源电压的55%～70%范围以内的中间继电器，并要求其动作功率不低于5W。功率公式为

$$P_1 = U_1 I_1$$

式中：P_1为继电器动作功率计算值，W；U_1为继电器动作电压实测值，V；I_1为继电器动作电流实测值，mA。

实际测试跳闸、合闸继电器继电器动作电压、动作电流可得继电器参数，见表2。

表2　　水电站部分直跳、合闸继电器参数测定

继电器编号	动作电压U_1/V	动作时间T_1/ms	动作电流I_1/mA	线圈直阻R_1/kΩ	动作功率P_1/W
TJR1	118	6.9	48.32	2.441	5.701
TJR2	129	7.3	52.43	2.439	6.763
TJF1	128	6.2	77	1.662	9.856
TJF2	123	6.3	74.6	1.660	9.175
STJ	120	8	50.02	2.449	6.002
SHJ	123	7.7	48.51	2.771	5.965
ZHJ	126	5.6	47.85	2.795	6.029
JA	141		52.84	2.798	7.450

二次控制大多采用直流电源，直流回路存在对地分布电容，可能出现的交直流瞬时串扰经分布电容易引起继电器误动作。断路器跳闸回路中，一组跳闸线圈外接多对开入接点。实测直跳、合闸继电器外接电缆对地电容，见表3。

表3　水力发电厂部分直跳、合闸继电器外接电缆对地电容测量值　单位：μF

断路器编号	TJR	TJF	STJ	ZHJ	JA
5133	0.47	0.46	0.29	0.4	0.76
5143	0.7	0.75	0.39	0.35	0.75
5154	0.47	0.49	0.31		0.73
5211	0.45	0.43	0.28		0.75
5221	0.44	0.42	0.26		
5231	0.33	0.35	0.32		

注　断路器编号为实际设备编号，限于篇幅不在文中示出。

继电器操作箱中的直跳、合闸继电器在交流电源的作用下，其动作功率和动作电压通过试验测定，见表4。

表4　水力发电厂断路器操作箱中直跳、合闸继电器交流电压动作值测定

继电器编号	动作电压 U_2/V	动作时间 T_2/ms	动作电流 I_2/mA
TJR1	141	8.1	74.2
TJR2	156	7.8	83.5
TJF1	124	7.1	77.2
TJF2	124	7.2	77.2
STJ	136	9.2	77.4
SHJ	140	7.7	50
ZHJ	122	6.8	52.55
JA	381		98

注　继电器编号为实际设备编号，限于篇幅不在文中示出。

3　仿真分析水力发电厂交直流串电导致断路器误动作的风险

以交流电源串入直流电源负极为例，分析断路器误动作原因。直流回路对地有分布电容，当交流电源的火线搭接到直流的负极时，通过接地点与电容、手合继电器 SHJ 形成回路。电容在交流电源作用下可能使 SHJ 动作，在断路器处于分闸位置时（其辅助接点 QF 闭合），将造成断路器误合闸，如图2所示。

通过表3测定的直跳、合闸继电器外接电缆对地电容，以及表2中测定的直跳、合闸继电器直阻参数，建立仿真模型，分析相应的断路器在220V交流电源串扰下误跳闸的风险。继电器是否误动主要由电压和功率决定。仿真直跳、合闸继电器动作电压、动作电流波形如图3、图4所示，结果见表5。

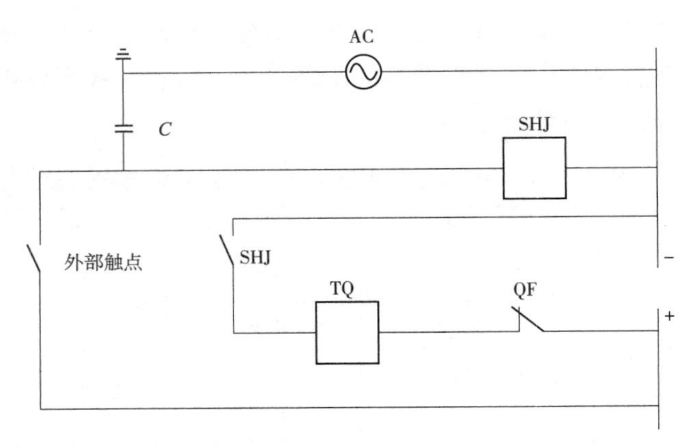

图 2　交流电源串入直流电源负极回路

表 5　　　水力发电厂部分直跳、合闸继电器交流电源串扰仿真

继电器类型	最大电容/μF	线圈直阻 R_1/kΩ	最大电压/V	最大电流/mA
TJR	0.7	2.441	91.10	0.037
TJF	0.75	1.662	71.12	0.043
STJ	0.39	2.449	56.94	0.023
SHJ	0.4	2.771	64.56	0.023
ZHJ	0.4	2.795	65.02	0.023
JA	0.76	2.798	106.9	0.038

由表 2 可以看出，已使用的继电器目前满足继电保护反事故措施要求。继电器外接电缆对地电容因设备安装位置不同而差异性较大。在交直流串扰的情况下，通过表 5 可知，电缆对地电容越大，继电器线圈直阻越大，在交流电源串扰下继电器电压越大。通过仿真实验，可以看出在 220V 交流电源串扰下，本站跳闸、合闸继电器均不会动作。

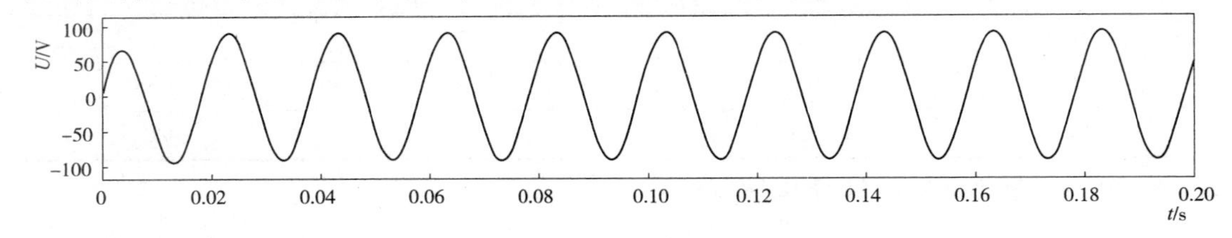

图 3　仿真分析交流串扰继电器电压波形

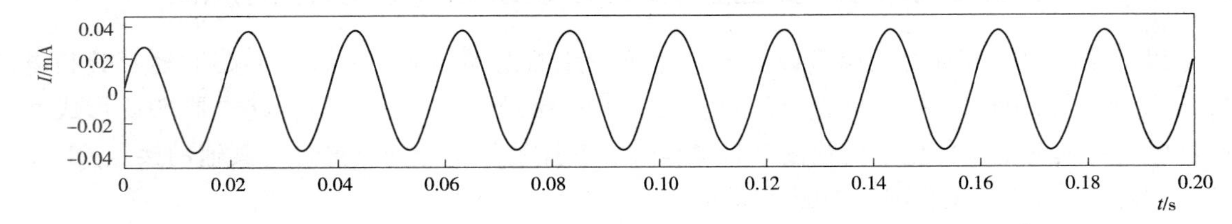

图 4　仿真分析交流串扰继电器电流波形

参考文献［1］、文献［2］，对于直跳回路，采取以下防范措施：

（1）按照继电保护反事故措施要求，直跳需经大功率继电器重动后。大功率继电器的启动功率应大于 5W，动作电压在额定直流电源电压的 55%～70%范围内，额定直流电源电压下动作时间为20~35ms，应具有抗220V工频电压干扰的能力。

（2）直跳开入经光耦隔离。光耦动作电压在额定直流电源电压的55%~70%范围内，出口中增加20~30ms延时以提高抗干扰能力。

对比以上防范措施，可以看出为了防止交直流串扰对开入直跳回路的影响，主要是从以下方面限制：①限制动作电压；②提高动作功率；③延长动作时间。随着继电保护的发展，大多数水电站的设计和施工已经满足措施①和②。一般是主保护或者非电量保护动作引起保护控制回路中的TJR、TJF等继电器跳闸，故障较为严重，因此为保持一次设备和电力系统稳定性，希望能够尽快切除，即措施③。但该措施与保护的速动性要求相悖，对于电力系统稳定有一定威胁，需慎重使用。

4 防范措施

（1）施工过程中严格把控施工质量，防止人为误接线导致交直流串电。

（2）严格把控水电站直跳继电器和合闸继电器的动作电压、动作功率、动作时间等参数，严格审查设备验收报告，杜绝不合格产品入网运行。

（3）在投产之时可精准测量二次控制电缆对地电容，通过仿真分析电缆的抗干扰能力。

（4）随着智能技术的发展，智能化水电站利用光纤代替长电缆传输跳闸信号，例如在数字化变电站中利用GOOSE跳闸发送跳合闸命令。

（5）对交直流串电的情况，继电保护反事故措施中只对直跳回路做出了明确要求，但对于合闸回路未有提及。从本文所述典型事故可以看出，合闸回路也应该有相同的要求。

5 结语

交流电源串入直流电源回路可能导致断路器误动作，其风险因素包括继电器动作电压、动作功率、动作时间以及交流电压等。针对每一项风险因素，对应核查水电站继电保护系统，严格执行继电保护反事故措施要求。在满足继电保护反事故措施的条件下，可直跳开入加防误判据防止误出口。对于不能避免的电缆对地电容，可实测电容参数并仿真分析其动作风险。

电力系统每一次事故都是多个因素共同作用的结果。为防止交直流串电对断路器合闸回路的影响，在继电保护反事故措施中需增加防范断路器误合闸的措施。

参考文献

[1] 中国南方电网电力调度通信中心. 中国南方电网公司继电保护反事故措施汇编［M］. 北京：中国电力出版社，2008.

[2] 中国南方电网电力调度通信中心. 南方电网继电保护通用技术规范［M］. 北京：中国电力出版社，2012.

[3] 高翔. 数字化变电站应用技术［M］. 北京：中国电力出版社，2007.

[4] 赵永生，庄洪波. 交流电源串入直流电源回路导致断路器跳合闸原因分析［J］. 湖南电力，2010，30（1）：27-29.

[5] 龚琪. 探究继电保护干扰的原因及解决对策［J］. 科技风，2015（24）：59.

[6] 周思宇，冷怡. 高速铁路电力电缆不对称接地故障对二次电缆的影响 [J]. 四川电力技术，2012（5）：81－84.
[7] 孟恒信. 出口继电器安全动作功率分析 [J]. 电力系统自动化，2009，33（6）：104－107.

作者简介

郭　文（1986—　），男，四川人，本科，工程师，从事水电站继电保护维护与管理。E-mail：guo_wen1@cypc.com.cn

马殿勋（1993—　），男，云南人，本科，助理工程师，从事水电站继电保护维护与管理。E-mail：ma_dianxun@cypc.com.cn

大轴接地碳刷对转子接地保护和轴绝缘保护的影响及改进思路

黄泰山，吕晓勇

（中国长江电力股份有限公司三峡水力发电厂，湖北 宜昌 443000）

【摘 要】 分析了接地碳刷与大轴间接触电阻对水轮发电机转子接地保护和轴绝缘保护的影响，并提出了有针对性的改进措施。取消水轮发电机转子接地保护和轴绝缘保护采用经大轴接地碳刷接地的方式，改为经发变组保护盘内的接地铜排接地，从而提高水轮发电机转子接地保护和轴绝缘保护的可靠性。

【关键词】 转子接地保护；轴绝缘保护；接地碳刷；接触不良

0 引言

转子接地和轴电流是水轮发电机较常见的故障。转子一点接地时，由于没有形成闭合回路，不会造成直接的危险，但此时如果再发生第二点接地，就会出现故障点电流过大而烧伤转子本体、励磁绕组被短接而使气隙磁通失去平衡引起振动以及轴系转子磁化等灾难性后果，严重威胁水轮发电机的安全。轴电压超过轴承油膜的击穿电压时，在轴承上会形成很大的轴电流，即轴电流电弧将烧蚀轴承部件并使轴承的润滑油老化，从而加速轴承的机械磨损，严重时会烧坏轴瓦，造成机组非计划停运，且事故后机组抢修恢复周期较长。因此，转子接地保护和轴绝缘保护是水轮发电机保护的重要组成部分。转子接地保护和轴绝缘保护共用的大轴接地碳刷是威胁保护可靠性的重大隐患。

1 对转子接地保护的影响

接地碳刷和大轴滑环是转子接地保护测量回路中的一部分，当两者接触不良或接地碳刷接地不可靠时，会影响转子接地保护的性能。近年来，由于接地碳刷与大轴滑环及地之间接触不良而导致转子接地保护误动或拒动的事故时有发生，尤其对于一些采用转子接地保护的600MW以上的机组，一点接地低定值段动作于跳闸，更应引起重视。

下面将分析该接触电阻对乒乓式和注入式转子接地保护原理的影响。

1.1 对乒乓式转子接地保护原理的影响

乒乓式转子接地原理如图1所示。

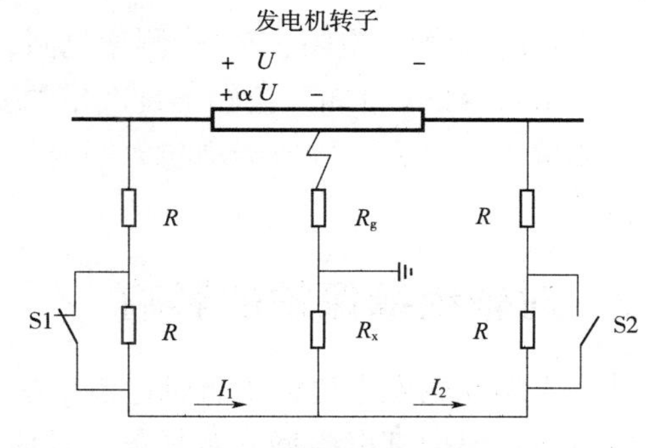

图1 乒乓式转子接地原理图

假设乒乓式转子接地回路中两种状态下转子电压不变，S1 合上，S2 断开，对应的测量电流为 I_1 和 I_2；S1 断开，S2 合上，对应的测量电流为 I_1'和 I_2'，取采样值的稳态量，则转子一点接地电阻为

$$R_g=\frac{(I_1-2I_2)-(2I_1'-I_2')}{(I_1'-I_2')-(I_1-I_2)}\frac{R}{2}+\frac{R_x}{\dfrac{I_1'-I_2'}{I_1-I_2}-1}$$

式中：R_x 为接触电阻。

当实际接触不良时，接触电阻 R_x 往往是变化的，会导致保护计算接地电阻值 R_g 偏大或偏小。可见，接地碳刷与大轴滑环及地之间接触不良会导致乒乓式转子接地保护误动或拒动。

1.2 对注入式转子接地保护原理的影响

注入式转子接地原理如图 2 所示。

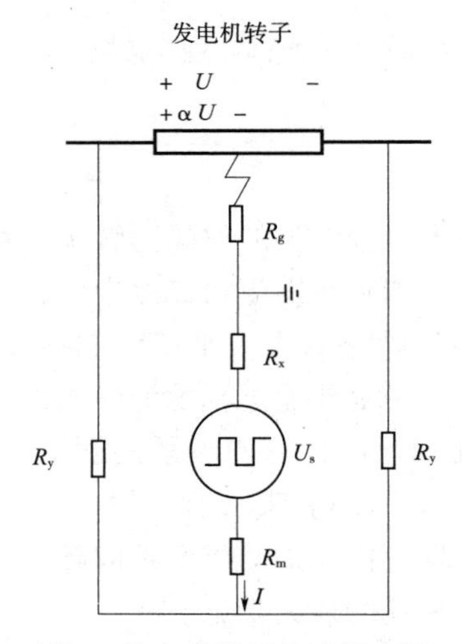

图 2 注入式转子接地原理图

取采样值的稳态量，接地电阻 R_g 的计算式为

$$R_g=\frac{2U_s}{I'-I}-\left(R_m+\frac{R_y}{2}\right)+R_x\frac{1}{\dfrac{I'}{I}-1}$$

式中：R_y 为耦合电阻；R_m 为测量电阻；R_g 为转子一点接地电阻；R_x 为接触电阻。

由式（2）可知，接触不良产生的变化的接触电阻 R_x 会导致保护计算接地电阻值 R_g 偏大或偏小。可见，接地碳刷与大轴滑环及地之间接触不良会导致注入式转子接地保护误动或拒动。

2 对轴绝缘保护的影响

大型水轮发电机需配置轴电流保护，常规的轴电流保护中轴 TA 安装在上机架下端。发电机运行时内部电磁场分布复杂，对轴 TA 的干扰很大，测量出来的轴电流往往存在较大的误差，严重影响轴电流保护的可靠性。因此现在很多发电机采用轴绝缘保护，即利用通用可

编程变送器的电阻测量功能对上导绝缘进行监视，以替代传统的轴电流保护。在装置中注入幅值为微安级的自适应恒定电流信号，通过测量端口电压来计算回路绝缘情况。对于磁路和磁场状况不理想的机组，轴电压较高、所含高次谐波较大时，可以在测量回路上并取滤波电容，消除对装置测量的影响。轴绝缘监测回路原理如图 3 所示。

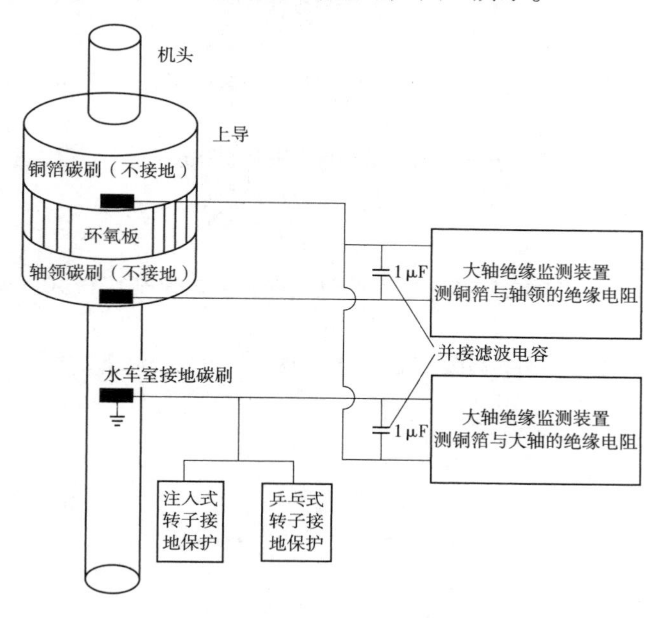

图 3　轴绝缘监测回路原理图

从图 3 可以很清晰地看出，由于转子接地保护跟轴绝缘保护共用一个接地碳刷，当大轴接地碳刷接地不可靠时，注入式转子接地保护装置的注入电压就会注入大轴绝缘监测装置，使铜箔与大轴的绝缘电阻测量出现偏差，造成大轴绝缘监测装置的误启动。

3　改进思路

大轴接地碳刷的安装位置往往在水车室上方滑环室的狭窄空间内，检查和维护都不方便，部分机组由于条件不具备，大轴接地碳刷甚至成为检查的死角。而由于大轴接地碳刷安装位置的实际运行工况很恶劣，机组转动过程中会产生大量的油污和碳粉，这些油污和碳粉堆积过多后，就会严重影响接地碳刷与大轴滑环及地之间的接触电阻，导致转子接地保护和轴绝缘保护出现误动或拒动的情况。

为了提高转子接地保护和轴绝缘保护的可靠性，考虑将两个保护的接地方式由经大轴接地碳刷接地改为经发变组保护盘内的接地铜排上接地，增加接地可靠性，也可以随时检查接地状况；同时要保留大轴接地碳刷，接地碳刷的作用是将转子的金属表面与大地相连，及时将累积的静电荷释放掉。

4　结语

本文探讨了接地碳刷与大轴滑环及地之间接触不良对转子接地保护和轴绝缘保护的影响。为确保转子接地保护和轴绝缘保护可靠工作，保证机组安全运行，应注意以下问题：

（1）将转子接地保护和轴绝缘保护的接地方式改为在发变组保护盘内的接地铜排上接地。

（2）在条件具备时，还是应重点检查接地碳刷的工况，确保接地碳刷与大轴滑环及地之间可靠接触。

参考文献

[1] 陈俊，王光，严伟，等. 关于发电机转子接地保护几个问题的探讨［J］. 电力系统自动化，2008，32（1）：90-92.

[2] 朱梅生，李志超，卢继平. 水轮发电机轴绝缘监测方法及效果分析［J］. 电力系统保护与控制，2010，38（4）：127-129.

作者简介

黄泰山（1984—　），男，硕士，工程师，从事继电保护生产管理工作。E-mail：huang_taishan@cypc.com.cn

吕晓勇（1976—　），男，本科，高级工程师，从事继电保护生产管理工作。E-mail：lv_xiaoyong@cypc.com.cn

溪洛渡水电站继电保护反措整改案例分析

杨维胜，任丽先，汪　巍，刘忠惠

（溪洛渡水电站，云南　昭通　657300）

【摘　要】　为了进一步完善电力生产事故预防措施，提高电力生产安全水平，有效防止电力生产事故的发生，溪洛渡水电站继电保护维护人员结合反措要求，对所辖设备及二次回路进行深入排查。本文针对继电保护双重化配置、继电保护设计及选型方面的若干案例进行分析，强调了反措中容易被忽视的问题，提升了维护人员的专业技术水平和反措意识，提高了保护装置运行可靠性，确保了一次设备安全可靠运行。

【关键词】　继电保护反措；双重化配置；设计与选型；案例分析

0　引言

溪洛渡水电站左右岸电站各安装 9 台容量为 770MW 的发电机组，均采用发电机—变压器组单元接线，发电机出口设断路器，发电机出口电压为 20kV，经主变升压，至 500kV GIS 开关站接入电网，左岸至国网，右岸至南网。

继电保护反措是保证电力系统继电保护及安全自动化装置运行正确可靠，针对二次系统设备在电力系统运行存在的问题而制定的技术改进措施，是保证电力系统安全稳定运行的基本经验，更是宝贵的事故教训总结。为了进一步完善电力生产事故预防措施，提高电力生产安全水平，有效防止电力生产事故的发生，溪洛渡水电站继保维护人员结合反措要求，对所辖设备及二次回路进行深入排查，针对继电保护双重化配置、继电保护设计及选型方面存在的问题进行整改。本文对几起整改案例进行分析说明，希望广大继电保护专业人员受到启发，举一反三。

1　继电保护双重化配置整改案例分析

1.1　发变组注入式定子接地保护注入源装置电源整改案例

溪洛渡水电站发电机 A 套保护采用低频注入式定子接地保护，B 套保护采用基波零序电压和 3 次谐波零序电压定子接地保护。在反措整改排查中，发现发电机 A 套保护注入式定子接地保护所用的辅助电源装置与发电机 B 套保护装置取自同一路直流母线段，发电机 B 套保护直流电源接线图如图 1 所示。当该段直流母线失电时，将导致发电机两套定子接地保护均失效，严重危及发电机定子铁芯的安全。

两套保护装置的直流电源应取自不同蓄电池组供电的直流母线段。保护配置双重化、保护装置电源相互独立等问题早已引起足够的重视，但对于单套保护装置中某个保护功能涉及辅助装置电源问题时，则容易被忽视。

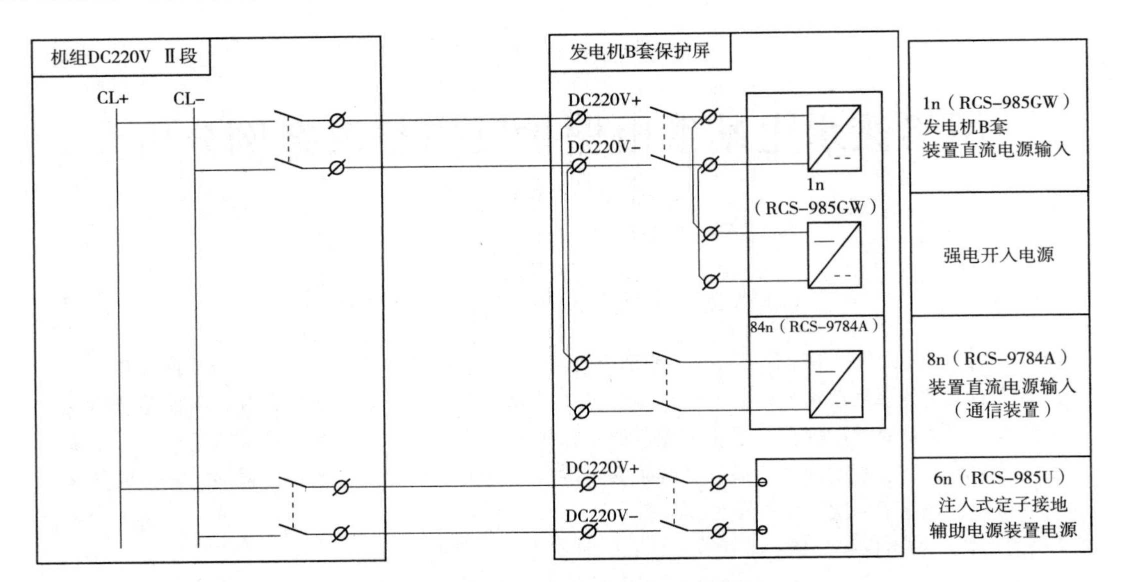

图 1 发电机 B 套保护直流电源接线图

维护人员提出将注入式定子接地辅助电源装置电源改接于发电机 A 套保护装置对应的直流母线的整改方案，并达到了预期效果。整改前、后注入式辅助电源装置电源接线图如图 2 所示。

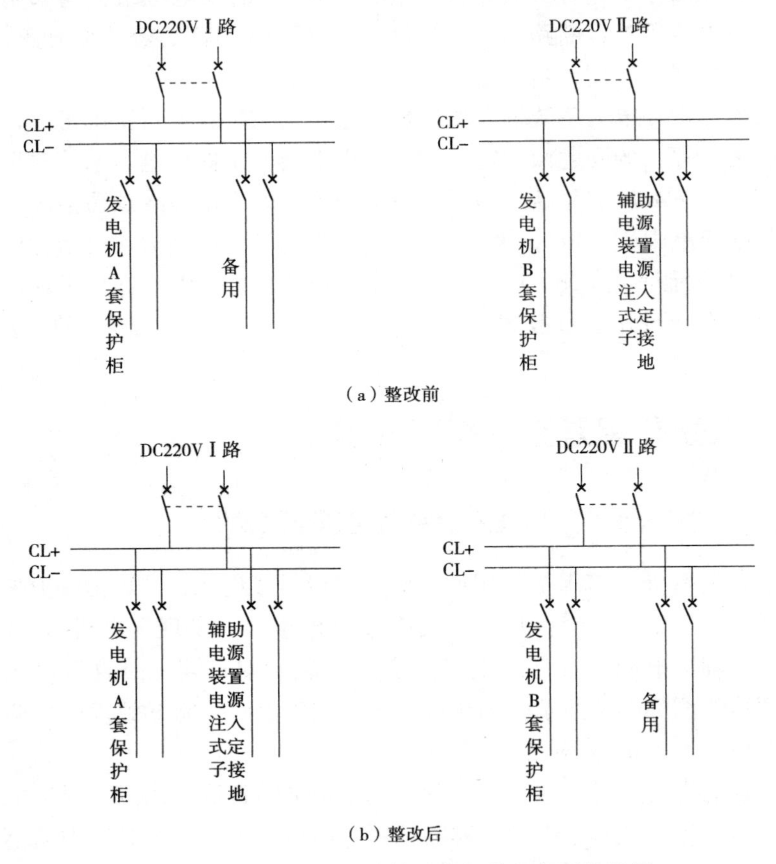

图 2 整改前、后注入式辅助电源装置电源接线图

1.2 线路保护通信接口柜电源整改案例

溪洛渡右岸电站线路保护通信接口柜的装置电源由48V两路直流电源供电。500kV线路保护A套通信接口柜中通道一、通道二的通信接口装置均由右岸48V直流电源配电柜的第一段直流母线供电。线路保护B套通信接口柜中通道一、通道二的通信接口装置均由右岸48V直流电源配电柜的第二段直流母线供电。

当某一段直流母线失电时，将会导致对应线路保护装置通道一、通道二通信接口装置同时掉电，导致该套线路保护失效，使线路处于单套保护运行，不符合运行规程要求，可靠性大大降低。线路纵联保护的通道（含光纤、载波等通道及加工设备和供电电源等）应遵循相互独立的原则按双重配置。在双重化配置的理解中，往往重视保护功能配置的双重化，电流、电压回路的相互独立以及跳闸出口回路双重化等方面的排查，在通信通道等方面往往不够重视，存在重大的事故隐患。

维护人员通过对溪洛渡右岸电站线路保护通信接口柜电源接线进行改造，确保每套主保护的每个保护通道的通信接口装置所使用的直流电源相互独立。当右岸48V直流电源配电柜Ⅰ段或Ⅱ段直流母线失电时，仍能确保线路保护A套、B套正常运行，提高右岸线路保护可靠性。整改前、后线路保护通信接口柜48V电源系统接线图如图3所示。

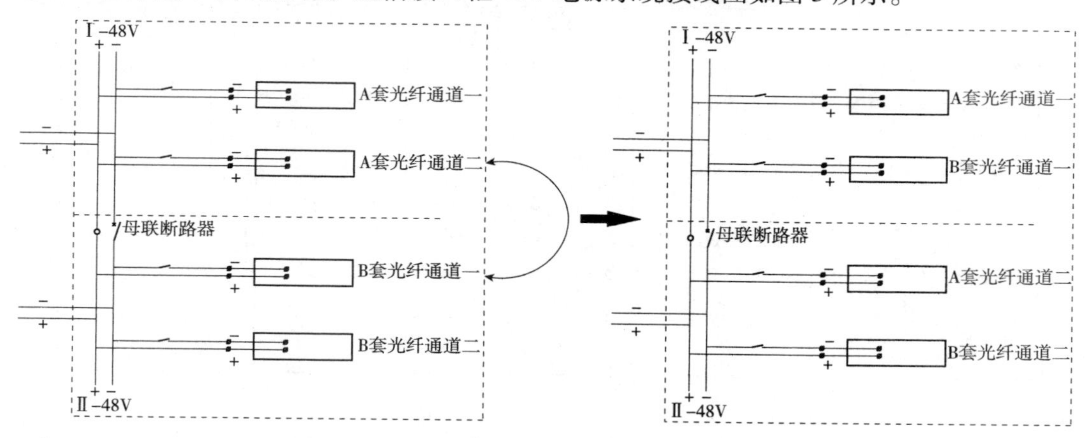

图3 整改前、后线路保护通信接口柜48V电源系统接线图

2 继电保护设计与选型整改案例分析

2.1 主变非电量保护停机出口接至故障录波整改案例

溪洛渡水电站曾发生一起GIS接地开关故障，运行主变受区外故障穿越电流的影响，在电动力、过热等因素下，油箱振动、油流扰动，导致重瓦斯保护动作。重瓦斯保护动作出口包含跳500kV断路器、解列、灭磁、停机、跳厂变低压侧断路器、启动消防，但动作后机组现地控制单元（local control unit，LCU）并未进入停机流程，发电机解列、灭磁后，只进入空转状态。故障时发变组开关量变位录波图如图4所示。机组现地LCU对开入量采集扫描周期约为100ms，停机出口持续时间需大于扫描周期时间，方可触发停机流程。但由于主

变非电量保护停机信号未接入录波，导致停机信号是否出口以及出口持续时间未知，给后续的原因分析带来了困扰。

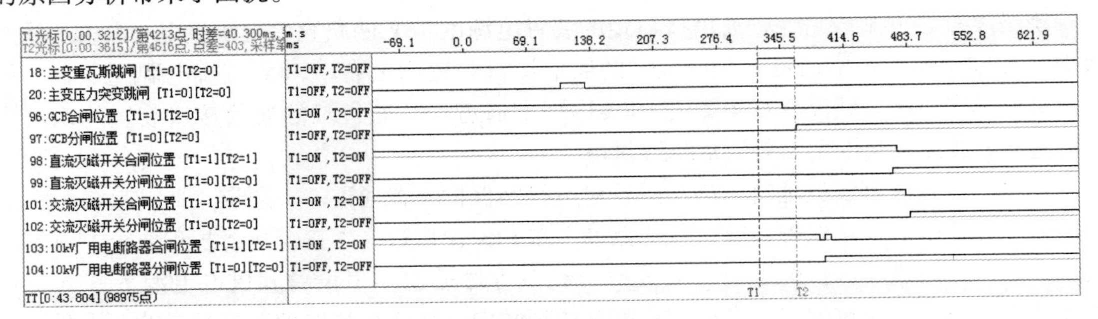

图 4　故障时发变组开关量变位录波图

所有保护出口信息、通道收发信情况及断路器分合位情况等变位信息应全部接入故障录波器。保护出口信息的记录对故障分析中验证保护装置动作的正确性，分析故障时刻各保护的动作时序具有重要的参考价值。

为此，维护人员提出了将非电量保护盘备用跳闸出口接点接至故障录波盘，定义为停机出口的整改方案。整改前、后接线示意图如图 5 所示。

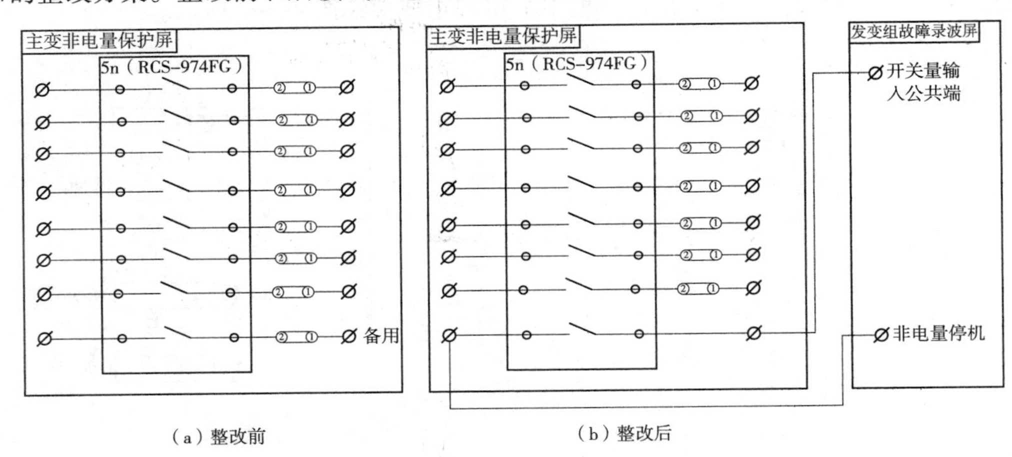

图 5　整改前、后接线示意图

溪洛渡水电站主变非电量保护采用南瑞继保 RCS－974FG 型保护装置，非电量跳闸分为直接跳闸和经装置延时跳闸两类。直接跳闸类型出口时间与开入持续时间保持一致。带延时跳闸类型出口时间为经延时确认后，动作持续 244.7ms 返回，大于机组现地 LCU 开入采集扫描周期 100ms，可以触发停机流程。分别模拟重瓦斯保护动作（直接跳闸类型），冷却器全停动作（带延时跳闸类型）验证整改结果，符合要求。整改后重瓦斯保护停机出口录波图如图 6 所示，主变冷却器全停停机出口录波图如图 7 所示。

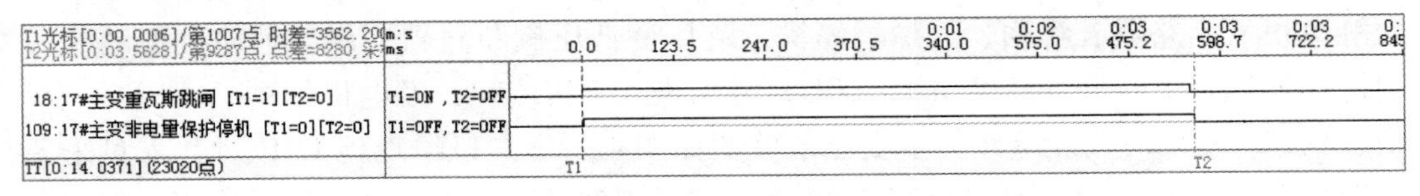

图 6　整改后重瓦斯保护停机出口录波图

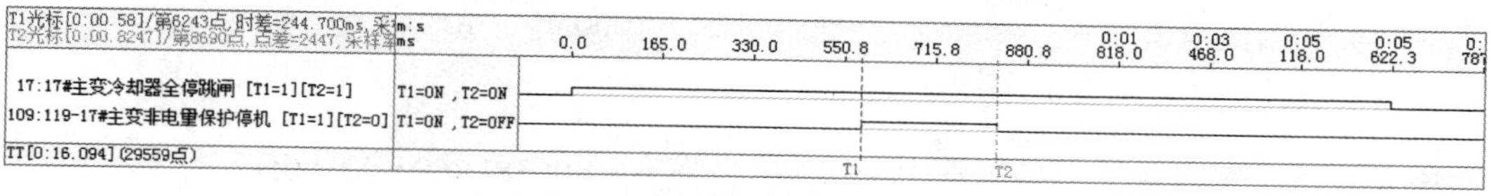

图7　整改后主变冷却器全停停机出口录波图

2.2　发电机失步保护区内滑极次数整改案例

溪洛渡水电站采用发电机—变压器组单元接线，发变组电抗较大。系统规模的增大使系统等效电抗减小，因此振荡中心往往落在发电机端附近或升压变范围内，使得振荡过程对机组的影响大大增加。故300MW及以上容量的发电机应配置失步保护，在机组进入失步工况时根据不同工况选择不同延时的解列方式，并保证断路器断开时的电流不超过断路器允许开断电流。

溪洛渡水电站机组失步保护采用失步保护阻抗元件动作特性，失步保护阻抗特性如图8所示。

第一部分是透镜特性，图8中的①把阻抗平面分为透镜内的部分 I 和透镜外的部分 O；第二部分是遮挡器特性，图8中的②把阻抗平面分成左半部分 L 和右半部分 R。两种特性结合，把阻抗平面分为OL、IL、IR、OR四个区，阻抗轨迹顺序穿过四个区，并在每个区停留时间大于一时限，则保护判为发电机失步振荡。每顺序穿过一次，保护的滑极计数加1，达到整定次数，保护动作。第三部分是电抗线特性，图8中的③将动作区分为两部分。阻抗轨迹顺序穿过四个区时位于电抗线以下，则认为振荡中心位于发变组内，判为区内失步；位于电抗线以上，则认为振荡中心位于发变组外，判为区外失步，两种情况可分别整定。

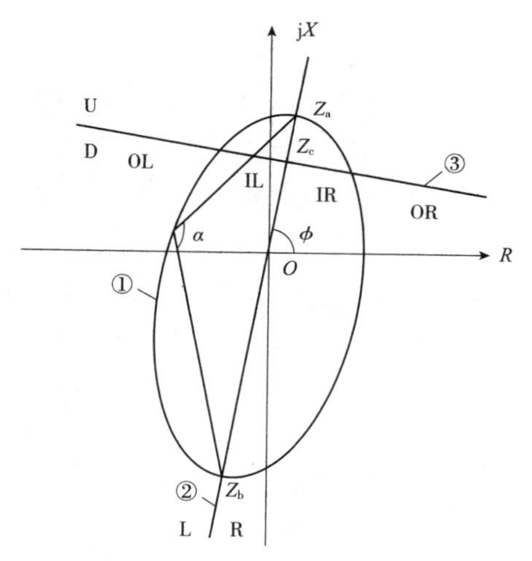

图8　失步保护阻抗特性

发电机失步保护主要是检测振荡中心位于发变组内部的失步振荡。分析基于单机对无穷大系统的简化双机系统，500kV系统侧最大运行方式。失步保护整定基本参数（基准容量 $S_B = 1000\text{MV}\cdot\text{A}$）见表1。

表1　　**失步保护整定基本参数**

序号	电抗参数	标幺值
1	发电机直轴瞬态电抗 X'_{d*}	0.381
2	主变短路电抗 X_{T*}	0.1915
3	系统等值电抗 X_{Smin*}	0.0389
序号	互感器参数	变比
1	电流互感器 n_a	30000/1
2	电压互感器 n_v	20/0.1

发电机机端额定电压 $U_N=20kV$，基准容量 $S_B=1000MV\cdot A$。

发电机直轴瞬态电抗二次有名值为

$$X'_d=X'_{d*}\frac{U_N^2 n_a}{S_B n_v}=0.381\times\frac{20^2}{1000}\times\frac{30000/1}{20/0.1}=0.381\times60=22.86\Omega$$

主变短路电抗电抗二次有名值为

$$X_T=X_{T*}\frac{U_N^2 n_a}{S_B n_v}=0.1915\times60=11.49\Omega$$

最大允许方式下，系统等值电抗二次有名值为

$$X_{Smin}=X_{Smin*}\frac{U_N^2 n_a}{S_B n_v}=0.0389\times60=2.33\Omega$$

（1）遮挡器特性的整定。遮挡器特性参数为 Z_a、Z_b、ϕ。失步保护装置在机端，则

$$Z_a=X_{Smin}+X_T=13.82\Omega$$

$$Z_b=X'_d=22.86\Omega$$

$$\phi=85°$$

式中：ϕ 为系统阻抗角，（°）。

（2）电抗线特性的整定。一般 Z_c 选定为主变阻抗 Z_T 的 90%，则

$$Z_c=0.9Z_T\approx0.9X_T=10.34\Omega$$

式中：Z_T 为主变阻抗，约等于主变短路电抗。

（3）透镜内角的整定。采用保护装置生产厂家的推荐透镜内角 $\alpha=120°$，依据南网总调提供的系统振荡的最短振荡周期（300ms），失步故障发生时，从进入透镜开始到达遮挡器直线所需的最短时间 T 为

$$T=300ms\times\frac{180°-120°}{360°}=50ms$$

（4）跳闸允许电流的整定。机端电流小于跳闸允许电流，允许保护出口。

$$I_{off}=K_{rel}I_{brk}=0.85\times0.5\times170\times10^3\times\frac{1}{30000}=2.4A$$

式中：K_{rel} 为可靠系数，取 0.85～0.90；I_{off} 为二次侧跳闸允许电流；I_{brk} 为允许遮断电流按 0.5 倍额定遮断电流计算，额定遮断电流为 170kA。

（5）滑极次数的整定。溪洛渡水电站此前所有机组失步保护均是区内 2 个滑极次数动作，即未选择不同延时，不符合反措要求。区外滑极次数整定为 4 次，发信。发电机失步保护定值清单见表 2。

表 2　发电机失步保护定值清单

序号	定值名称	定值
1	阻抗定值 Z_a/Ω	13.82
2	阻抗定值 Z_b/Ω	22.86
3	阻抗定值 Z_c/Ω	10.34
4	系统阻抗角/（°）	85

续表

序号	定值名称	定值
5	透镜内角/（°）	120
6	区外滑极数整定	4
7	区内滑极数整定	奇数编号机组为1 偶数编号机组为2
8	跳闸允许电流/A	2.4
9	运行方式控制字外失步动作于信号	1
10	运行方式控制字外失步动作于跳闸	0
11	运行方式控制字内失步动作于信号	0
12	运行方式控制字内失步动作于跳闸	1

当9台机组并列运行时，若机组发生失步，既要防止发电机损坏，又要减小失步对系统和用户造成的危害。假设9台机组失步均是2个滑极次数动作，则要同时切除多台机组，存在失步故障扩大为电网事故的可能，且未考虑电网和发电机有重新恢复同步的可能性。因此，溪洛渡机组失步保护采取对机组分批次整定策略，奇数编号机组区内滑极数整定为1，偶数编号机组区内滑极次数整定为2，这样的整定策略符合反措要求。

3 结语

继电保护反措是宝贵的电力系统事故教训的总结。本文通过对现场四起整改案例的分析，以及对相关条文进行剖析，突出强调了在反措理解中容易忽视的几个问题，有助于提高继电保护维护人员的反措意识，提升继电保护维护人员的检修维护水平，更能够切实保证继电保护装置的安全运行；同时，对提高电力生产安全水平，有效防止电力生产事故的发生具有重要意义。

参考文献

[1] 王维俭. 电气主设备继电保护原理与应用［M］. 北京：中国电力出版社，2001.
[2] 国家能源局. 防止电力生产事故的二十五项重点要求及编制释义［M］. 北京：中国电力出版社，2014.
[3] 中国南方电网有限责任公司. 南方电网电力系统继电保护反事故措施汇编（2014年）［M］. 北京：中国电力出版社，2016.
[4] 国家能源局. DL/T 684—2012 大型发电机变压器继电保护整定计算导则［S］. 北京：中国电力出版社，2012.

作者简介

杨维胜（1990— ），男，四川泸州人，本科，助理工程师，主要从事继电保护工作。E - mail：yang_ weisheng@ ctg. com. cn

水电站二次等电位地网敷设及应用探讨

侯小虎，龚林平，李海燕

（溪洛渡水力发电厂，云南　昭通　657300）

【摘　要】　等电位地网相关反措执行标准在工程中尚不统一。本文梳理了水电站二次等电位地网的敷设方式及工程应用上的整改案例，并针对反措执行中的几个疑点问题做了详细分析，提出相应的解决办法。

【关键词】　等电位地网；主地网；接地

0　引言

水电站一般建设在电阻率较高的山区，其主接地网对地电阻一般较大，约为0.5Ω。当站内发生单相接地故障或雷击事故时，入地电流会在主接地网上产生一个电压，该电压自电流入地点开始，由近至远，慢慢降低，使主地网上自高向低分布着不均匀的电位；厂站覆盖的区域越大，电位差就越大。接在该地网的二次设备，尤其是屏蔽层两端接地的控制电缆，会由于压差过大而损坏电缆绝缘、形成屏蔽层环流、产生电磁干扰，严重时甚至烧毁电缆或端子箱。

为保证设备和人身安全，抑制短路故障时的地网电位差，目前各项规程均要求在主接地网之外，另敷设与其紧密相连的二次等电位地网。

1　水电站二次等电位地网的敷设方式

水电站二次等电位地网敷设的位置应包括中控室、继电保护室、机旁屏、互感器端子箱、GIS现地柜等区域，其中，重点是继电保护所属屏柜，因其直接影响断路器出口操作回路。敷设方式如下：

（1）中控室、保护室、机旁盘的等电位接地网采用25mm×4mm的铜排组成“目”字形闭环结构。

（2）不同区域之间的等电位地网采用100mm^{2}的铜缆相连，铜缆与铜排连接采用螺栓连接或放热焊连接。

（3）二次等电位地网与主地网的连接处选择在保护室外部电缆沟道入口处，采用4根50mm^{2}的铜排固定在主地网接地扁钢上，固定方式最好采用放热焊连接。

（4）电缆沟道中的等电位铜缆截面积应不小于100mm^2，并采用绝缘子架起，固定在电缆支架上。

（5）屏柜内的等电位铜排应采用截面积不小于50mm^{2}的铜缆与等电位地网相连，连接方式采用螺栓连接或放热焊连接。

某水电站二次等电位地网布设方式如图1所示。

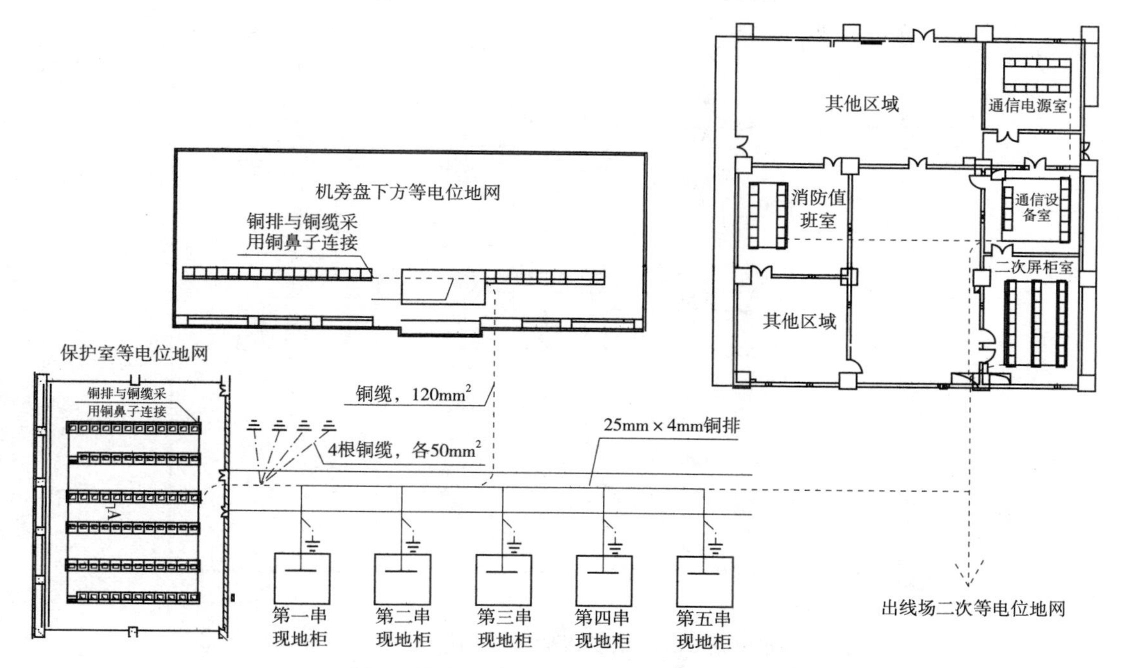

图 1　某水电站二次等电位地网布设方式

2　等电位地网的常见整改案例

2.1　电压互感器二次绕组多点接地

某水电站 GIS TV 二次绕组接地点设计在 GIS 现地柜，如图 2 所示。在投产前夕，维护人员对二次回路接地线进行排查，拆解 GIS 现地柜 UD：6 地线，发现二次绕组对地阻值仍然为 0，于是判断 TV 二次存在其他接地点。后查验得知，TV 厂家在本体处将二次绕组进行接地，而安装单位未做处理，导致 TV 二次绕组存在多点接地，维护人员对该处接地线进行了拆除。

TV 安装位置一般较高，采用直接查验的方法往往较为困难，此时可采用拆解唯一地线，测量其余回路对地电阻的方式进行查验。

2.2　电流互感器二次绕组多点接地

TA 二次绕组多点接地常见于和电流接线方式，如图 3 所示，两组 TA 采用硬接线和电流的方式接入稳控装置，而接地点选择在现地柜或变压器保护柜，使得两组 TA 事实上各存在两个接地点。

当接地点选择在现地柜时，由于两个接地点相距较远，地电位在站内发生单相短路等故障时差异较大，容易造成两组 TA 绕组之间产生环流，造成保护装置误动作；当接地点选择在变压器保护柜时，虽然有两个接地点，但接在同一个盘柜下的同一根铜排上，两者之间不会产生电位差，对保护装置影响不大。

对于这种接地方式，选择在和电流处用一根 $4mm^2$ 黄绿导线进行接地即可。

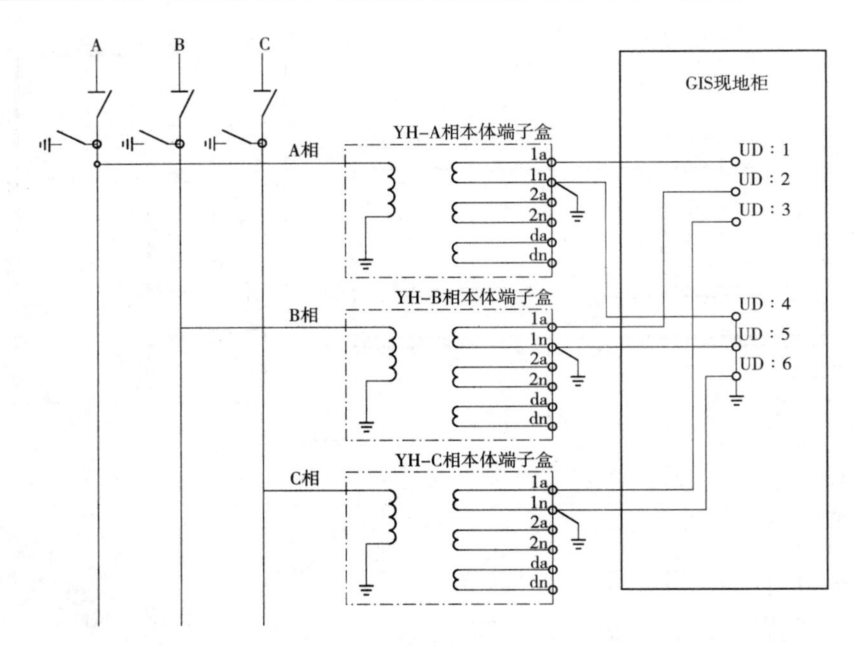

图 2　某水电站 GIS 电压互感器二次侧接地方式（整改前）

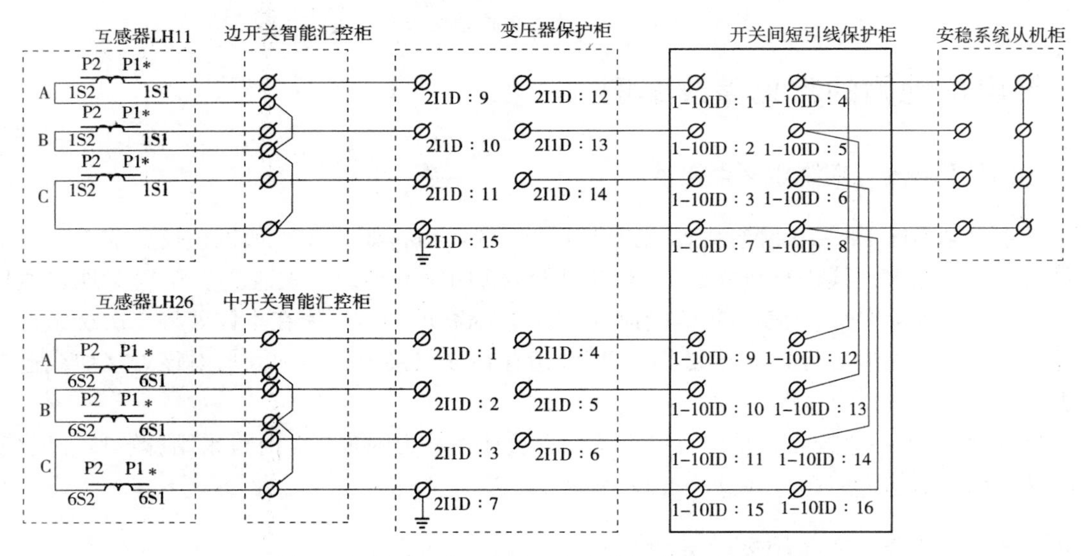

图 3　电流互感器二次绕组多点接地方式（整改前）

2.3　不同互感器绕组共用一根接地线

在工程建设中，不同互感器绕组共用一根接地线是一种常见的违反反措的行为。当盘柜中存在多组 TA 或 TV 二次绕组时，施工人员一般先将各组互感器 N 线串联起来，再引一根黄绿线接入二次等电位地网。

这种接线方式存在两个问题：①不同互感器绕组 N 线串联后，使得原本相互独立的互感器产生了电气连接，在一组互感器发生绝缘损坏等故障时易影响到其他互感器；②不同绕组仅有一个公共地线，当此地线断裂后，会造成多组互感器同时失去接地。

因此，需要将原各组互感器 N 线之间的短接线拆除，并分别采用 4mm^2 黄绿导线进行接地。

2.4 主地网与二次等电位地网不做区分

虽然二次等电位地网的应用在多种技术规范中有所体现，但在工程建设中，部分施工人员对该标准如何实施仍不甚了解，常见的错误就是对主地网与二次等电位地网不加以区分。例如将控制电缆屏蔽层、互感器 N 线接入一次地排，或将盘柜里所有的地线全接在等电位地排上。

屏柜下方等电位地排与一次地排的区别见表 1。

表 1　屏柜下方等电位地排与一次地排的区别

地排类别	等电位地排	一次地排
材质要求	铜	铜
尺寸要求	100mm^2	100mm^2
安装方式	采用绝缘子支撑	直接固定在盘柜上
对下连接部位	接于等电位地网（50mm^2 铜缆）	接于主地网（50mm^2 铜缆）
对上连接的金属物	电压、电流互感器 N 线； 电缆屏蔽层	屏柜外壳；装置外壳； 交流电源零线

3 关于二次等电位地网在工程应用中的疑点探讨

3.1 部分端子箱未设计等电位地网

《防止电力生产事故的二十五项重点要求》中，仅对主控室、保护室、二次电缆沟道、开关场就地端子箱、保护用结合滤波器等二次等电位地网的敷设提出要求，并未对分散在各处的 TA、TV 二次端子箱进行规定。导致目前几乎所有设备厂家提供的互感器二次端子箱均未安装等电位地排，设计院也未将二次等电位地网的拓扑结构延伸至此。一般在工程中，施工人员只能将互感器二次绕组 N 线及控制电缆屏蔽层接入附近的主地网。

互感器端子箱安装位置一般比较靠近一次设备，当发生接地故障时，该处主地网点电位变化较大，将互感器二次绕组 N 线及控制电缆屏蔽层接入主地网，很容易造成二次回路绝缘损坏或保护装置误动作。建议在互感器端子箱中增设等电位铜排，并将其纳入二次等电位地网的覆盖范围，以解决此风险。

3.2 继电保护装置接地端子的接地方式

GB/T 14285—2006《继电保护和安全自动装置技术规程》第 6.5.3.2 条规定："静态保护和控制装置的屏柜下部应设有截面不小于 100mm^2 的接地铜排。屏柜上装置的接地端子应用截面不小于 4mm^2 的多股铜线和接地铜排相连。接地铜排应用截面不小于 50mm^2 的铜排与地面下的等电位接地母线相连。"

由上述规定可知，屏柜上装置的接地端子应指装置的逻辑接地，即当屏柜上多个装置组成一个系统时，为避免各装置的逻辑接地点产生噪声电位差，使整个系统无法工作，各装置的逻辑接地点必须直接以接地线引至等电位铜排。然而，目前多数继电保护装置逻辑地与其装置外壳相连，而装置外壳又经过屏柜柜体接至主地网，若不加区分地将装置接地端子接入等电位铜排，则会在保护室内造成等电位地网与主地网多处相连，违反单点接地的要求。

因此，对于继电保护装置的接地端子的接地方式应做如下区分：若该接地端子与装置外壳绝缘，则应将该接地端子接入等电位铜排；若该接地端子悬空或与外壳相连，则应将其接入一次地排。

3.3 二次等电位地网与主地网的连接位置及数量

《防止电力生产事故的二十五项重点要求》第18.8条中对等电位地网与主地网的连接方式有如下规定："保护室内的等电位接地网与厂、站的主接地网只能存在唯一连接点，连接点位置宜选择在保护室外部电缆沟道的入口处。""沿开关场二次电缆的沟道敷设截面面积不小于100mm^{2}的铜排，并在保护室及开关场的就地端子箱处与主地网紧密连接，保护室的连接点宜设置在室内等电位接地网与厂、站主接地网连接处。"

大型电站开关场占地面积较大，以某水电站为例，其GIS开关站总长度约450m，开关站与保护室毗邻而设，其就地端子箱（现地柜）呈一字分散排列，二次电缆沟道处于开关站下方。若按照条文中规定，在每一处就地端子箱处，设置等电位地网与主地网的连接点，则事实上形成了二次电缆沟道中等电位地网处处接地的情形。这与一般所理解的二次等电位铜缆在桥架上要经绝缘瓷瓶进行绝缘敷设的认识发生了冲突，也使得绝缘敷设失去了意义。

等电位铜缆绝缘敷设的初始原因，在于防止多点接地时故障电流在等电位地网中流过，对连接其上的保护装置造成影响；而开关站就地端子箱处与主地网相连，则主要考虑到开关站与保护室距离较远时，采用保护室单点接地，会造成端子箱处等电位铜排对地阻抗偏大。

查阅目前的资料，有的电站采用全电站等电位地网绝缘敷设的方式，与主地网只有一点连接；有的电站则采用等电位地网与主地网多点连接的方式，电缆沟道中的铜缆未做绝缘敷设；也有电站既采用等电位地网与主地网多点连接的方式，铜缆又进行绝缘敷设。

笔者认为，对于全站规模较小，布局较为紧促的电站，不存在等电位地网对地电阻不均衡的问题，可以采用一点接地的方式；而对于占地面积广阔，布局分散的电站，可以根据二次回路走向的特点，将相互之间无电气连接的区域划分为数个不相连的小等电位地网，每一个小等电位地网单独接地，若某一个区域小等电位地网布局仍然分散，对地电阻不均衡，则还应在距离一次设备较远的地方设置多处接地点。

4 结语

等电位地网在工程中的重要性已经渐入人心，电力行业对于反措的推行力度也在逐年加大，但由于反措仅规定了等电位地网敷设的大体原则，并未给出具体的实施细则，目前大家对反措的理解千差万别，最大的分歧在于全站等电位地网是否与主地网只一点连接。本文梳理了水电站二次等电位地网的敷设方式及工程应用上的整改案例，并针对反措执行中的几个疑点问题做了详细分析，提出相应的解决办法。

目前看来，等电位地网相关反措的诠释与理解，尚需要同业人员共同的探讨、研究方能达成共识。本文在此提出个人浅见，以求抛砖引玉之效。

参考文献

[1] 毛健. 发电厂和变电站二次设备等电位接地网的布设［J］. 水电与新能源，2016（8）：40－43.
[2] 国家能源局. 防止电力生产事故的二十五项重点要求及编制释义［M］. 北京：中国电力出版社，2014.
[3] GB/T 14285—2006 继电保护和安全自动装置技术规程［S］. 北京：中国电力出版社，2006.
[4] 卢建华，曹效义，菅晓清. 变电站内各类接地及其接地网［J］. 电气技术，2014（12）：127－131.

作者简介

侯小虎（1986—　），男，山西芮城人，本科，工程师，从事继电保护工作。E－mail：hou_ xiaohu@ctg. com. cn

10kV 厂用电断路器保护防跳回路有关问题探讨

赵　晟

（龙滩水力发电厂，广西　天峨　547300）

【摘　要】　厂用电系统保护装置的稳定可靠运行保障了电厂的安全生产。为提高厂用电系统供电的可靠性，龙滩水力发电厂对原有的10kV厂用电保护装置进行了全新改造。根据现场实际情况，10kV厂用电断路器综合保护测控装置和断路器操动机构内部同时带有防跳功能，但在反措要求中是不允许同时运行的。现从满足有关规范规定的发电厂二次回路在符合要求的前提下应尽量简单的要求入手，分析发电厂10kV断路器二次防跳回路设计的方案选择。

【关键词】　综合保护测控装置；断路器操动机构；防跳回路

0　引言

高压断路器合分闸回路是控制与保护回路设计的重要内容之一。合分闸回路出现故障会引起高压断路器误动或拒动，误动造成不必要的停电；发生事故时拒动，上一级保护跳闸就会扩大事故停电的范围。合分闸回路还需要设计防跳回路，避免合分闸回路出现故障同时接通，引起高压断路器反复动作，进而对设备与人身安全造成危害。当合闸于事故时，继电保护动作立即跳闸，如果合闸命令给出的时间过长，或者合闸回路出现故障而接通，高压断路器就会马上再合闸于事故，使事故扩大，造成更大的危害。在断路器合分闸回路中设计防跳回路，当合分闸发生故障时，防跳回路就会阻止断路器误动。因此防跳回路是发电厂二次回路设计的重要组成部分。

1　现象简述

龙滩水力发电厂10kV厂用电断路器原综合保护测控装置采用进口综合保护装置，从2007年5月设备投产至今，运行已9年，运行年限比较长。保护装置电子元器件老化严重，保护光耦开入元件损坏比较频繁，对电厂的安全稳定生产造成影响。且厂家已不再生产同型号装置的备品备件，只能购买升级装置更换，每次调试发现保护装置数据不符合要求，因无备品备件，只能从备用断路器保护上调换；其自动化水平不高，数字化程度弱，装置信息管理不方便，在自动化程度普遍提高的今天已不能满足要求；同时由于设备人机界面和软件（全英文）不够友好，给运维调试带来更多的繁琐工作，降低工作效率。因此综合考虑以上因素，为提高厂用电系统供电的可靠性，保障电站的安全生产，龙滩水力发电厂于2016年对10kV厂用电断路器综合保护测控装置进行技术改造，并根据现场实际情况对二次防跳回路进行完善。

在实际现场中，综合保护测控装置和断路器操动机构内部同时带有防跳功能，但在

《防止电力生产事故的二十五项重点要求》中是不允许同时运行的，现从满足有关规范规定的发电厂二次回路在符合要求的前提下应尽量简单的要求入手，分析发电厂 10kV 断路器二次防跳回路设计的方案选择。

2　综合保护测控装置防跳回路方案

综合保护测控装置的防跳回路，其防跳继电器直接焊接在线路板上，原理如图 1 所示。图中 KA 为防跳继电器，有电流 KA（I）与电压 KA（U）两个线圈；电流线圈 KA（I）串联在分闸回路中，电压线圈 KA（U）并联在合闸回路上。Y9 为断路器操动机构的合闸线圈；TQ 为断路器操动机构的分闸线圈；S1 为断路器操动机构的常开与常闭辅助触点。

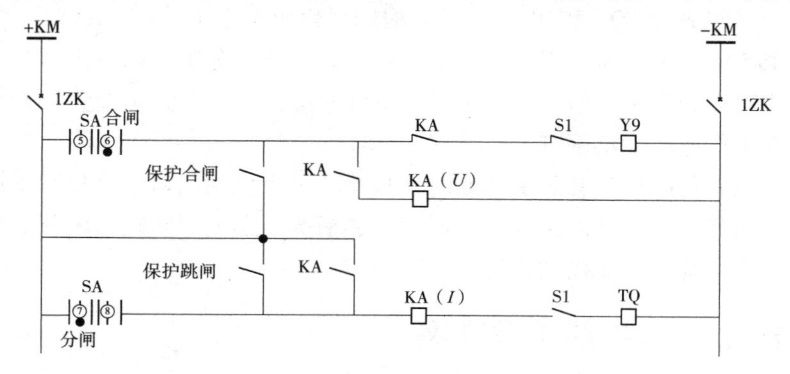

图 1　防跳继电器组成的防跳回路

2.1　断路器处于合闸状态时防跳回路的动作过程

断路器处于合闸状态，手动分闸或保护跳闸时，正操作电源+KM 接通，防跳继电器电流线圈 KA（I）与分闸线圈 TQ 同时接通。此时防跳继电器 KA 一对常开触点吸合，使分闸回路自保持，可有效防止分闸按钮或保护继电器触点在断路器常开辅助触点没有断开之前先断开时被烧毁。

分闸过程中防跳继电器 KA 另外一对常开触点也吸合，接通防跳继电器电压线圈 KA（U）。如果此时合闸回路有故障，也处于接通状态，正操作电源+KM 也被接通，防跳继电器电压线圈 KA（U）就会吸合并且自保持，另外一对常闭触点断开将合闸回路打开，断路器便不能再合闸，从而保证在合分闸回路同时带电时，断路器分闸后不能马上再合闸，起到防跳保护作用。此时断路器只分闸一次。

2.2　断路器处于分闸状态时防跳回路的动作过程

断路器处于分闸状态时，手动合闸，正操作电源+KM 接通到合闸回路，断路器马上合闸。如果此时有短路事故，或者分闸回路发生故障，正操作电源+KM 接通到分闸回路，断路器会马上又分闸。

在断路器分闸时，防跳继电器 KA（I）与分闸线圈 TQ 同时接通。此时防跳继电器 KA 一对常开触点吸合，使分闸回路自保持，KA 另外一对常开触点也吸合，接通防跳继电器电压线圈 KA（U）。如果此时合闸回路有故障，也处于接通状态，或者手动合闸时间过长，正操作电源+KM 还接通，防跳继电器电压线圈就会吸合并且自保持，另外一对常闭触点断开将合闸回路打开，从而保证断路器不能再合闸，起到防跳保护作用。此时断路器先合闸一次，接着分闸一次，但只能动作两次。

2.3 需注意的问题

防跳继电器电流线圈 KA（*I*）串联在分闸回路中，二次回路设计时需要注意防跳继电器的电流线圈 KA（*I*）额定电流与断路器操动机构分闸线圈 TQ 额定电流相匹配的问题。防跳继电器电流线圈 KA（*I*）的额定电流大于断路器操动机构分闸线圈 TQ 额定电流，分闸时防跳继电器启动不了，就会失去防跳作用；防跳继电器电流线圈 KA（*I*）的额定电流小于断路器操动机构分闸线圈 TQ 额定电流，分闸时防跳继电器电流线圈 KA（*I*）容易被烧毁。

手动合分闸按钮或开关通过综合保护测控装置时，若合分闸回路发生故障，综合保护测控装置内部防跳回路起作用。但在综合保护测控装置退出运行时，不能直接进行手动合分闸操作，会对检修工作造成一定困难。

综合保护测控装置内部带有防跳功能时，只能有一个跳闸出口，保护跳闸连接片就不能够直接断开跳闸回路了。二次回路设计时遇到上述情况，继电器防跳方案就需要选用操动机构内部带防跳功能的弹簧储能操动机构。

3 断路器操动机构内部防跳方案

龙滩水力发电厂 10kV 断路器采用弹簧储能操动机构，弹簧储能操动机构内部都可以带防跳功能，弹簧储能操动机构内部防跳原理如图 2 所示。图中 K1 为防跳继电器，Y9 为断路器操动机构的合闸线圈，TQ 为断路器操动机构的分闸线圈，S1 为断路器操动机构的常闭辅助接点，S3 为断路器操动机构弹簧储能辅助接点。

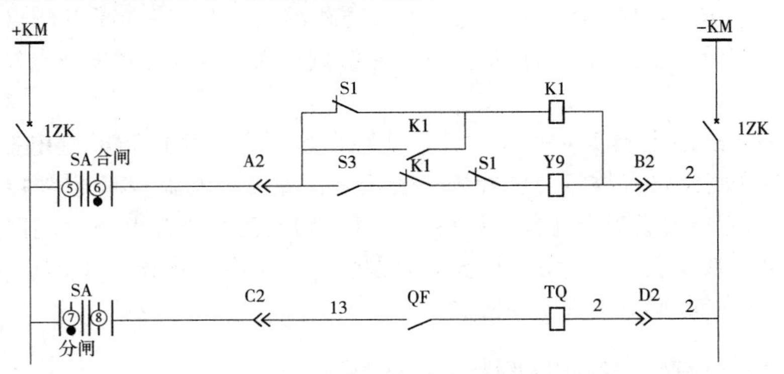

图 2　弹簧储能操动机构内部防跳原理

3.1 断路器处于合闸状态时防跳回路的动作过程

断路器处于合闸状态，手动分闸或保护跳闸时，正操作电源+KM 接通，断路器分闸后操动机构的常闭辅助触点闭合，为下次合闸做好准备。常开辅助触点打开，断开防跳继电器 K1。

如果在断路器分闸前，合闸回路有故障，处于接通状态，正操作电源+KM 被接通。由于断路器处于合闸状态，常闭辅助触点处于打开状态，断路器合闸回路被断开。此时断路器常开辅助触点闭合，使防跳继电器 K1 吸合并自保持，其串联在合闸回路的常闭辅助触点便打开。这样在断路器手动分闸或保护跳闸后，即使合闸回路有故障，处于接通状态，正操作电源+KM 被接通，也不会再合闸，起到防跳保护作用。此时断路器只分闸一次。

3.2 断路器处于分闸状态时防跳回路的动作过程

断路器处于分闸状态，如果合闸回路发生故障，处于接通状态，断路器会误合闸。如果此时合闸于事故，或者手动合闸于事故，而且手动合闸时间过长，则正操作电源+KM 接通到合闸回路时，断路器合闸后，其常开辅助触点闭合，使防跳继电器 K1 吸合并自保持，此时合闸线圈回路被断开。无论是手动合闸事故，手动合闸保持时间过长，还是因为合闸回路发生故障处于接通状态时出现事故跳闸，跳闸后都不会再合闸，防跳回路起到防跳保护作用。此时断路器先合闸一次，接着分闸一次，也只能动作两次。

4 现场实际与解决措施

综上考虑，为方便操作及满足有关规范规定发电厂二次回路在符合要求的前提下应尽量简单的要求，现场将综合保护测控装置的防跳功能去除。综合保护测控装置操作板件配置有一对接点为去除内部防跳功能接点，只要在操作板件上将此接点短接即可。在操作时，注意避免产生寄生回路，出现新的问题。

新综合保护测控装置改造完成后，必须对断路器二次回路中的防跳继电器进行传动，并保证在模拟手合于故障条件下断路器不会发生跳跃现象。如果断路器二次回路中的防跳继电器动作时间大于断路器分闸时间，则在手合于故障时会发生断路器跳跃现象，传动时应采用正确的方法进行传动。以往采用的传动方法为：断路器在分闸位置，持续给断路器一个合闸命令，待断路器合好后再给一个分闸命令，断路器执行分闸后不再进行合闸即认为防跳功能正常。这种方法没有考虑防跳继电器也需要一定时间才能动作。如果动作时间较长，在断路器手合于故障时，防跳继电器线圈带电触点还未动作时断路器已经完成分闸转入准备合闸状态，防跳继电器线圈会失电，其触点得不到保持电流，防跳功能失去，在持续的合闸命令下，断路器会再次合入。

5 结语

防跳回路的存在防止了在手合断路器于故障线路且发生手合断路器接点粘连的情况下，由于保护动作跳闸与手合断路器接点粘连同时发生造成断路器在合闸与跳闸之间发生跳跃的情况的发生。由于综合保护测控装置和断路器操动机构都配置了防跳回路，为防止两套系统功能重复，在设备安装投运前，应按相关反措要求拆除一套防跳回路，确保设备的正常运行。

当所选用的断路器操动机构内部有防跳功能时，可优先采用操动机构内部的防跳功能。此种方案二次回路设计比较简单，此时综合保护测控装置内部的防跳功能应取消，以满足有关规范规定发电厂二次回路在符合要求的前提下应尽量简单的要求。

参考文献

[1] 国家电网公司人力资源部. 二次回路［M］. 北京：中国电力出版社，2010.
[2] 兀鹏越，董志成，陈琨，等. 高压断路器防跳回路的应用及问题探讨［J］. 电力自动化设备，2010，30（10）：106-109.
[3] 国家能源局. NB/T 35044—2014 水力发电厂厂用电设计规程［S］. 北京：中国电力出版社，2015.

作者简介

赵　晟（1988—　），男，广西南宁人，本科，助理工程师，主要从事继电保护相关工作。E-mail：271510870@qq.com

采用负序功率方向的变压器过流保护判据探讨

曹孝国，李德利，马文见

（南京南瑞继保电气有限公司，江苏　南京　211111）

【摘　要】　作为变压器的后备保护，复压方向过流保护广泛应用于各容量等级的变压器保护中。但对于两侧或三侧有源的三绕组变压器，在主变高压侧发生单相接地或者低压侧两相相间故障时，现有方向元件的中压侧方向过流保护存在误动的可能。本文提出一种采用负序功率方向元件为主要判据，正序电压极化量为辅助判据的过电流方向元件。理论分析和 PSCAD/EMTDC 仿真数据结果表明，该方向元件能可靠区分内部故障和外部故障，具有较好的选择性。

【关键词】　方向元件；负序功率；极化电压；选择性

0　引言

为反映变压器外部短路故障引起的过电流以及作为纵联差动保护和瓦斯保护的后备，变压器应装设反映相间或接地短路故障的后备保护，带延时跳开相应的断路器。为满足动作选择性的要求，在两侧或三侧有电源的三绕组变压器上配置复压闭锁的方向过流保护，作为变压器和相邻元件相间短路的后备保护。然而在高压侧发生单相接地或低压侧发生两相相间故障时，现有的方向过流保护会存在中压侧方向元件误开放而导致中压侧方向过流保护误动的情况。本文提出一种以负序功率方向为主判据，正序电压极化量方向元件为辅助判据的过流方向元件，进行理论分析并在 PSCAD/EMTDC 建立仿真模型。仿真数据结果表明，该判据能正确区分内部故障和外部故障。

1　现有方向元件分析

为防止区外故障误动作，而区内保护能可靠动作，变压器复压过流保护一般都带有方向元件，方向元件的采样数据取自本侧的电流、电压。目前应用较为广泛的主要有 90°接线的方向元件和以正序电压为极化量的方向元件。

1.1　90°接线的方向元件

90°接线方向元件接线方式见表 1。

表 1　　90°接线方向元件接线方式

接线方式	电流 I_g	电压 U_g
A 相方向元件	I_a	U_{bc}
B 相方向元件	I_b	U_{ca}
C 相方向元件	I_c	U_{ab}

当功率因数为 1 时，接入继电器的电流 I_g 与电压 U_g 间有 90°相角差，故称为 90°接线，并不表示发生短路时，加入功率方向元件的电压与电流相差 90°。正方向元件的动作方程，可表示为

$$\alpha-90^\circ \leqslant \arg\frac{\dot{U}_g}{\dot{I}_g} \leqslant \alpha+90^\circ$$

式中：α 为 90°接线的方向元件的内角，即 U_g与 I_g之间的夹角，当 U_g超前 I_g的相角正好为 α 时，正方向动作最灵敏。

1.2　以正序电压为极化量的方向元件

以正序电压为极化量的方向元件采用 0°接线方式，利用同名相的正序电压与该相电流做相位比较，用于保护正方向短路的方向元件，其最大灵敏角取 β，动作方程为

$$\beta-90^\circ \leqslant \arg\frac{\dot{U}_{1\varphi}}{\dot{I}_\varphi} \leqslant \beta+90^\circ$$

根据文献［2］的分析，以正方向 B、C 两相金属性短路故障为例，保护安装处的 U_b 超前于 I_b 最大灵敏角，所以 B 相方向元件最灵敏，C 相元件也能动作，但不在最大灵敏角方向上；若 B、C 两相经过渡电阻接地，U_b 超前于 I_b 的角度虽略有减少，I_b 电流不在最大灵敏角方向上，但 B 相方向元件仍然能灵敏动作。U_c 超前于 I_c 的角度也略有减少，向最大灵敏角靠拢，所以 C 相方向元件趋于更能动作；正方向三相短路时三相对称，三个方向元件动作行为相同，均能灵敏动作。单相接地故障时，故障相方向元件虽不处于最大灵敏角方向，但也能较灵敏动作。

2　现有方向元件的不足

对于两侧或三侧有源的三绕组变压器而言，中压侧配有可经电压闭锁的方向过流保护，TA 正极性端在母线侧，设置方向元件故障灵敏角为 225°。当低压侧发生两相相间故障时，复压条件开放，过流元件也满足，此时中压侧 I 段方向过流能否动作取决于方向条件是否满足。下面以低压侧 A、B 相间故障来验证采用正序电压与相电流进行比相的方向判据的动作情况。低压侧 A、B 相间故障时，中低压侧对应的电压、电流如图 1 所示。

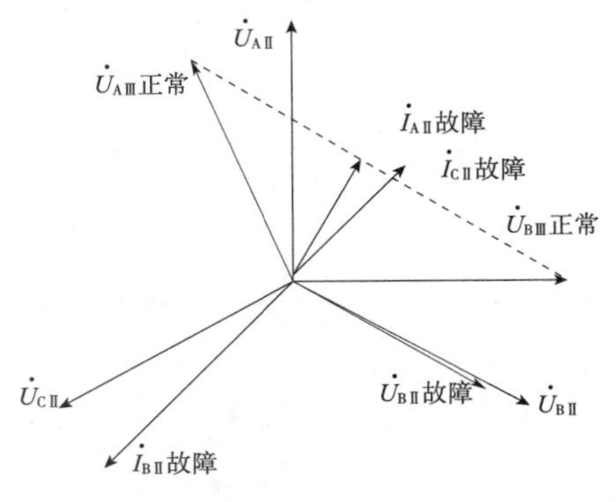

图 1　低压侧相间故障时中低压侧电压电流

由图 1 可见，对于 C 相方向元件，电压与电流的相角差约为 160°，落入该相的动作区，中压侧方向过流保护动作。

而对于高压侧单相接地故障，高中压侧的电压、电流如图 2 所示。

以高压侧 C 相接地为例，中压侧 A 相电压、电流的相角差约为 160°。落入 A 相的动作区，导致方向元件误判。

对于低压侧三相故障，中压侧方向元件不会失去选择性，如图 3 所示。

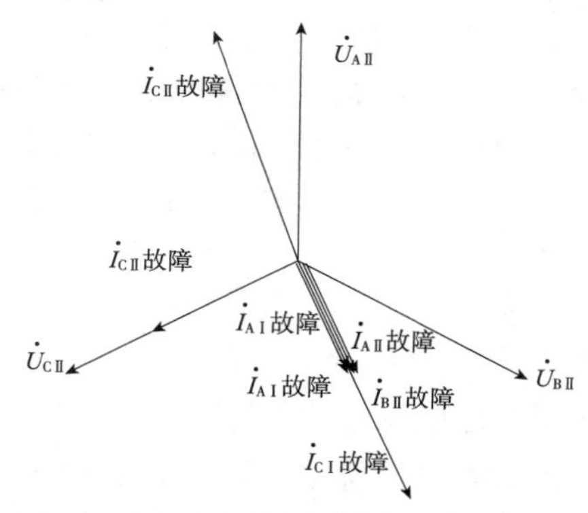

图 2　高压侧单相接地故障时高中压侧电压、电流

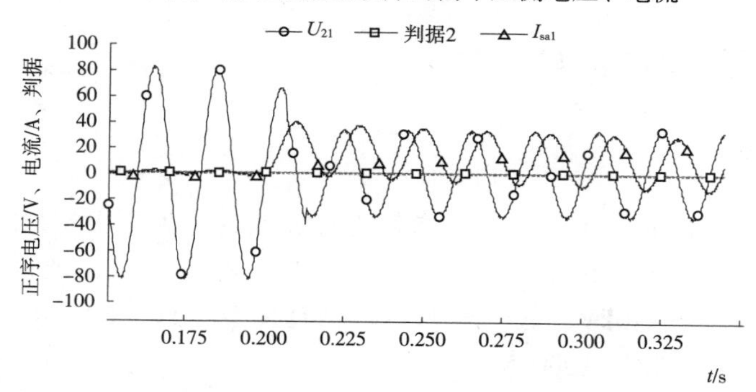

图 3　低压侧三相故障时中压侧方向元件

图 3 中 U_{21} 为以 A 相为特殊相得到的正序电压，I_{sa1} 为 A 相电流，判据 2 为各相正方向元件取或门，以下图 6~图 12 中定义与此相同。为波形显示需要，电流波形放大 20 倍显示。

3　负序功率方向元件

针对上述分析，可以看出方向过流元件在其他侧发生不对称故障时，可能会发生误动的现象，有必要采取措施。本文提出以负序功率方向元件为主判据，带记忆的正序电压极化量为辅助判据的功率方向元件，主要分为：①当负序功率正方向元件动作时，保护方向元件开放；②当负序功率反方向元件动作时，保护元件闭锁，反方向元件优先级高于正方向元件，为防止非全相运行发生振荡而误开放，反方向元件动作返回后延时开放正方向元件；③当负序功率正反方向元件均不动作时，故障电流与带记忆的正序极化电压比相，正方向动作，反方向闭锁，主要用于三相故障时方向元件开放保护。逻辑简图如图 4 所示。

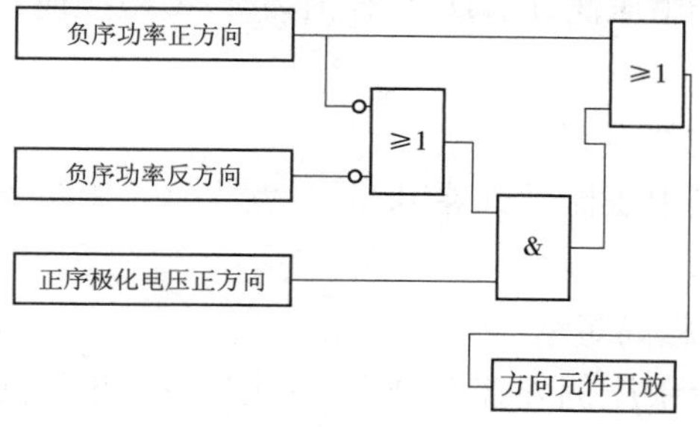

图 4　方向元件开放判据逻辑图

以 Y_N，d 变压器内部低压侧 A 相绕组发生匝间短路为例，说明负序功率方向动作情况。设匝间短路发生在 d 侧绕组的 A 相上，这时短路部分的短路匝可看作 Y_N接线的第三绕组，在该绕组端部发生假想的单相接地短路，而非短路匝仍为 d 接线。对多电源侧的变压器，规定 TA 正极性端在母线侧，则当变压器发生匝间短路时，得到负序电流与负序电压的关系为

$$\dot{U}_{m2}=-\dot{I}_{m2}Z_{m2}$$

$$\dot{U}_{n2}=-\dot{I}_{n2}Z_{n2}$$

且变压器各侧负序电流超前负序电压的相角为 100°~120°；而当变压器外部任一侧发生不对称短路时，该侧负序电流滞后本侧负序电压的相角为 70°~80°。由上可见，借助负序电流和负序电压的相位关系不同，可区分匝间短路和外部短路。

4 负序功率方向元件仿真分析

4.1 仿真模型介绍

PSCAD/EMTDC 是目前广泛使用的电磁暂态计算软件，采用 PSCAD/EMTDC 进行建模仿真，仿真模型采用三卷变，接线方式为 Y_N，Y_N，D，电源内阻 0. 168+j0. 138Ω，电压等级为高压侧 220kV，中压侧 110kV，低压侧 35kV。仿真模型图如图 5 所示，其中中压侧 TV 变比为 110kV/100V，TA 变比为 1000/5。

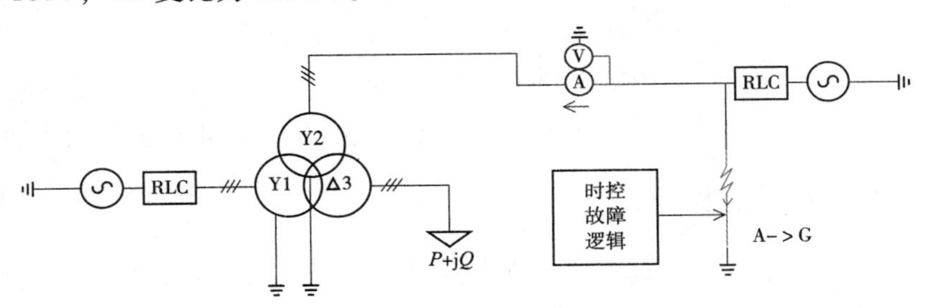

图 5　仿真模型图

4.2 变压器中压侧外侧不对称故障

模拟主变中压侧外部发生单相接地故障、两相故障情况下的负序功率动作元件动作情况。

4.2.1 变压器中压侧单相接地

在仿真软件中模拟主变中压侧外部在 0. 2s 时发生 A 相接地，仿真波形及负序功率判据动作情况如图 6 所示。

4.2.2 变压器中压侧两相接地

在仿真软件中模拟主变中压侧外部在 0. 2s 时发生 A、B 两相接地，仿真波形及负序功率判据动作情况如图 7 所示。

4.2.3 变压器中压侧两相相间短路

在仿真软件中模拟主变中压侧外部在 0. 2s 时发生 A、B 相间短路，仿真波形及负序功率判据动作情况如图 8 所示。

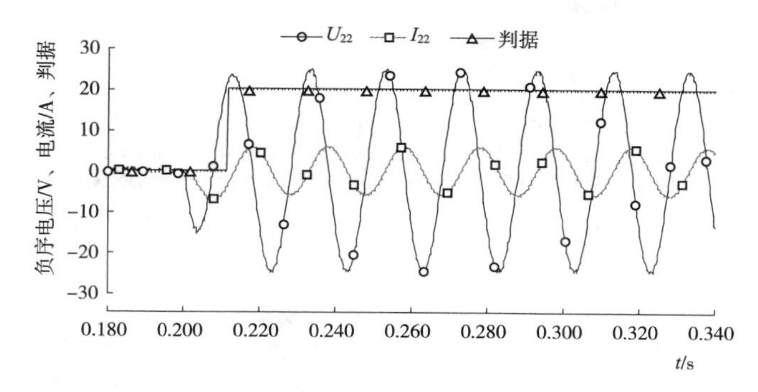

图 6　主变中压侧单相接地时负序功率判据

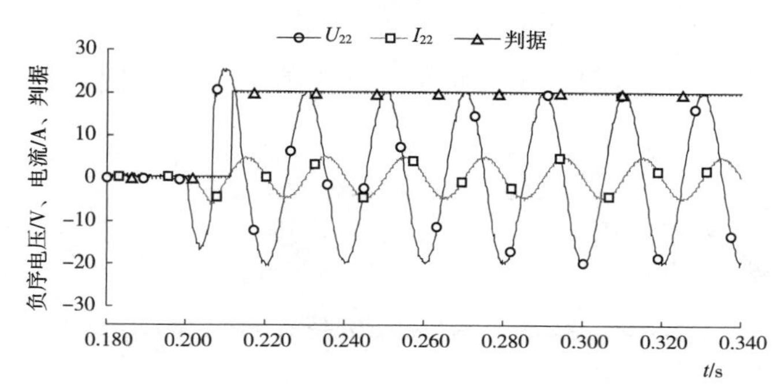

图 7　主变中压侧两相接地时负序功率判据

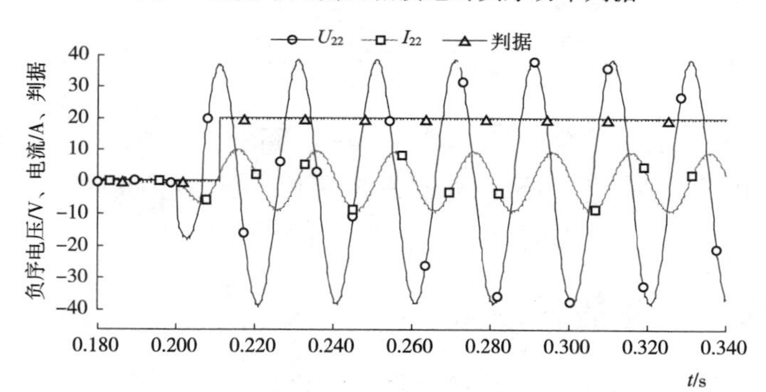

图 8　主变中压侧两相相间短路时负序功率判据

图 6~图 8 中 U_{22}为中压侧二次负序电压，I_{22}为中压侧二次负序电流，判据为负序功率正元件动作情况，以下仿真波形中定义均与之相同。

综上可见，在中压侧 TA 外部发生各种类型不对称故障时，负序功率元件均能可靠动作。

4.3　变压器中压侧出口处三相故障

4.3.1　变压器中压侧 TA 外侧三相短路

在仿真软件中模拟主变中压侧外部在 0.2s 时发生三相出口处短路，仿真波形及方向元件动作情况如图 9 所示。正序极化量电压带记忆，当正序电压低于某门槛值时，取故障发生前 20ms 记忆正序电压值进行比相。

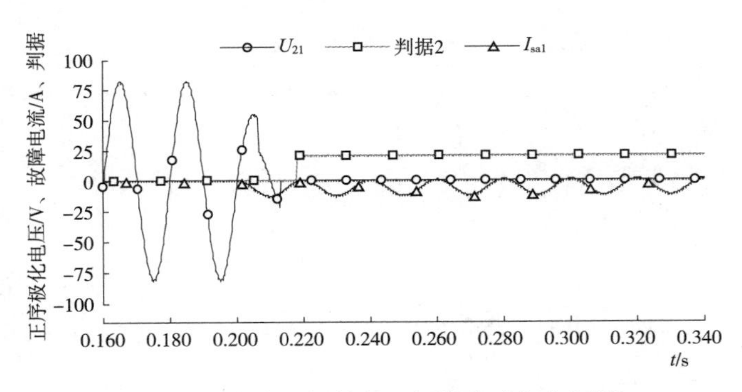

图 9　主变中压侧外部三相短路时方向判据

4.3.2　变压器中压侧 TA 内侧三相短路

在仿真软件中模拟主变中压侧 TA 内侧在 0.2s 时发生三相金属性短路，仿真波形及方向元件动作情况如图 10 所示。

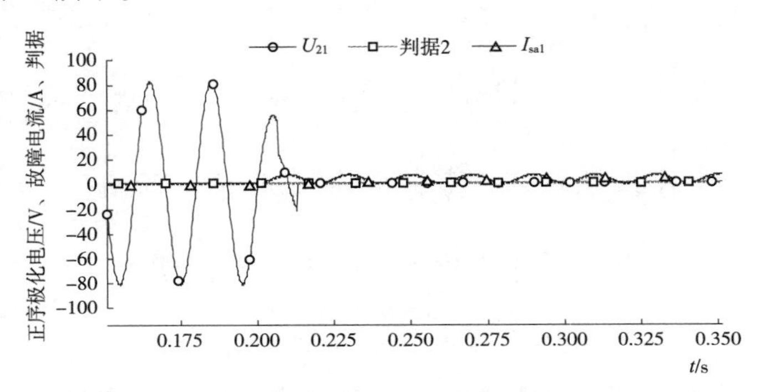

图 10　主变中压侧 TA 内侧三相短路时方向判据

由图 9、图 10 可见，在主变中压侧外部发生三相金属性短路时，本文所采取方向元件能可靠判别并开放，而对于 TA 内侧故障，方向元件可靠闭锁。

4.4　变压器内部发生匝间故障

根据前面的理论分析，变压器内部发生匝间短路，可等效于在 Y_N 接线的第三绕组发生单相接地，因此对于中压侧保护而言，变压器内部匝间故障与主变高压侧单相接地效果等效，模拟主变高压侧 A 相接地，仿真波形如图 11 所示。

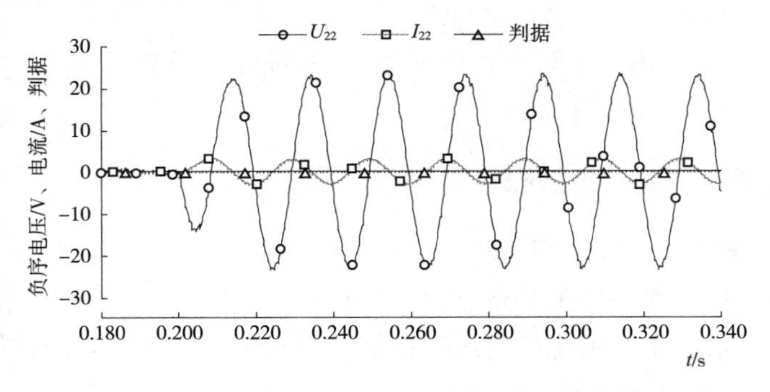

图 11　主变高压侧单相接地时负序功率判据

4.5 变压器低压侧发生相间故障

模拟主变低压侧 A、B 相间故障，校验负序功率方向元件的动作情况，仿真波形如图 12 所示。

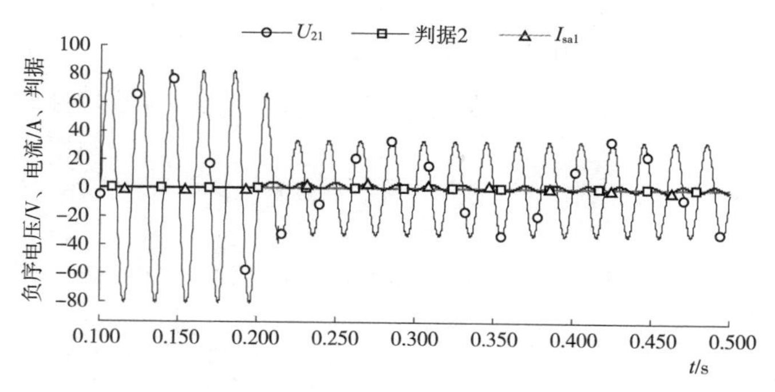

图 12　主变低压侧相间故障时负序功率判据

由图 3、图 10~图 12 可见，在高压侧单相接地、变压器内部匝间短路和低压侧两相相间故障时，负序功率元件可靠闭锁，有效防止中压侧方向过流元件误动作；当负序功率正反方向元件不动作时，采用带记忆的正序电压做极化量的比相元件在主变高压侧 TA 外侧发生三相金属性短路时可靠开放，而高压侧 TA 内侧发生三相金属性短路和低压侧发生三相金属性短路时可以有效判断，不开放保护方向元件。

5 结语

本文针对目前主变中压侧复压方向过流判据的不足，提出以负序功率方向为主判据，正序电压为极化量方向元件为辅助判据的过流方向元件，进行理论分析并在 PSCAD/EMTDC 建立相应的仿真模型。仿真结果表明，该方向元件在其他侧发生故障时不会失去选择性，而本侧区内故障时能可靠动作，为一则实用、有效的判据。

参考文献

[1] 朱声石. 高压电网继电保护原理与技术 [M]. 北京：中国电力出版社，2005.

[2] 江苏省电力公司. 继电保护原理与实用技术 [M]. 北京：中国电力出版社，2008.

[3] 景敏慧. 距离继电器正序极化电压 [J]. 电力系统自动化，2010，34 (1)：51-54.

[4] 安艳秋，高厚磊. 正序故障分量及其在继电保护中的应用 [J]. 电力系统及其自动化学报，2003，15 (4)：76-78.

[5] 唐起超，王赞基，王维俭. 多绕组变压器内部短路稳态分析（一）建模与仿真 [J]. 电力系统自动化，2006，30 (10)：44-47.

[6] Sidhu T S, Gill H S, Sachidev M S. A Power Transformer Protection Technique with Stability During Current Transformer Saturation and Ratio-mismatch Condition [J]. IEEE Trans on Power Delivery, 1999, 14 (3): 798-804.

[7] 蒋伟，吴广宁，黄震，等. 短路故障对部分接地方式下 220kV 变压器影响分析 [J]. 电力系统自动化，2007，31 (21)：98-101.

[8] Pedro Rodriguez, Josep Pou, Joan Bergas, et al. Decoupled Double Synchronous Reference Frame PLL for Pow-

er Converters Control. [J]. IEEE Transactions on Power Electronics, 2007, 22 (2): 584-592.
[9] 聂娟红，陆于平. 主设备保护中功率方向元件的接线方式和内角整定研究 [J]. 电力自动化设备，2002，22（9）：6-10.
[10] 赵永彬，陆于平. 90°接线功率方向继电器的分析与改进 [J]. 电力系统及其自动化学报，2006，18（3）：89-93.

作者简介

曹孝国（1973— ），男，工程师，主要研究方向为电力系统继电保护应用与研究。E-mail：Caoxg@nrec.com

李德利（1979— ），男，工程师，主要研究方向为电力系统继电保护应用与研究。E-mail：Lidl@nrec.com

马文见（1973— ），男，工程师，主要研究方向为电力系统继电保护应用与研究。E-mail：Mawj@nrec.com

浅谈断路器三相位置不一致的保护配置问题

贾建华

（晋能电力集团有限公司嘉节燃气热电分公司，山西　太原　030032）

【摘　要】　某电厂220kV系统GIS设备分相操作的断路器操作箱渗入雨水，导致直流接地，造成断路器本体三相不一致保护动作，跳开三相断路器。分析断路器不一致保护配置方式优缺点后，建议采用保护装置的不一致保护功能或在断路器不一致保护中引入电流判据来杜绝此类现象。

【关键词】　三相不一致；断路器本体；保护装置

0　引言

220kV及以上分相操作的断路器均配置三相位置不一致保护。对三相不一致保护如何配置问题，国家电力调度通信中心于2005年11月发布的《国家电网公司十八项电网重大反事故措施》（试行）中明确规定，220kV及以上电压等级的断路器均应配置断路器本体的三相位置不一致保护。在电厂实际运行中出现了因直流系统接地而造成断路器本体三相不一致保护动作跳断路器现象，本文对不一致保护的配置方式进行讨论分析。

1　断路器三相不一致保护实现方式

220kV系统分相操作的断路器都配有三相不一致保护，在断路器三相位置不一致时，使断路器三相都断开，防止负序及零序电流损害设备。断路器三相位置不一致保护有两种配置方式。

1.1　保护装置的三相不一致保护

保护装置中引入断路器的三相位置接点，并通过零序及负序电流判别后，保护动作于断路器三相跳闸。原理简图如图1所示。

图中，BH为保护装置；“1”为控制回路正电源；“2”为控制回路负电源；QFA为断路器A相辅助接点；QFB为断路器B相辅助接点；QFC为断路器C相辅助接点；TQ为断路器的跳闸线圈。

断路器三相常开辅助接点并联，然后与三相常闭辅助触点并联后再串联，再经电流元件判别（负序及零序）；断路器三相位置不一致时，必然产生零序及负序电流。断路器辅助接点及电流判据两个条件判别都满足后，经一定延时（大于重合闸时间）跳开断路器三相。

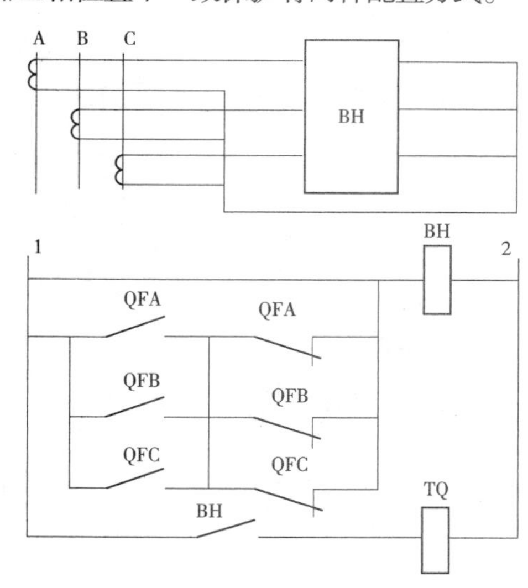

图1　不一致保护原理简图

1.2 断路器本体的三相不一致保护

断路器本体三相位置不一致则直接动作于断路器三相跳闸。某高压 GIS 厂家生产的 220kV GIS 线路断路器三相不一致保护原理简图如图 2 所示。

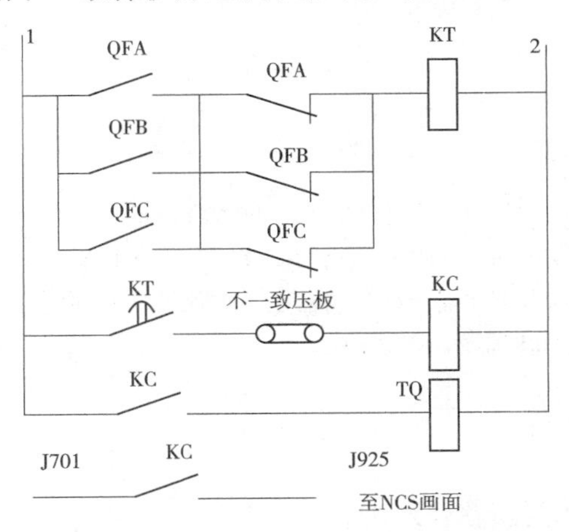

图 2　断路器本体不一致保护原理简图

图中，“1”为控制回路正电源；“2”为控制回路负电源；QFA 为断路器 A 相辅助接点；QFB 为断路器 B 相辅助接点；QFC 为断路器 C 相辅助接点；KT 为不一致延时继电器，设置于断路器汇控柜内；KC 为不一致出口继电器，设置于断路器汇控柜内；TQ 为断路器的跳闸线圈。

采用断路器辅助接点三相常开接点并联后与三相常闭接点并联后再串联，经延时后直接启动断路器三相跳闸。

图 2 中，KC 继电器接点一对用于启动跳闸线圈；另一对用于至集控室 NCS 画面发信报警。

2　断路器三相不一致保护实现方式分析

2.1　保护装置的三相不一致保护

经断路器辅助接点判别断路器三相位置不一致后再经电流判别，两个条件都满足，则断路器三相跳闸。

2.1.1　优点

经两个判据判别，动作可靠性高，保护不易误动作。

2.1.2　缺点

（1）判别回路路径长，环节多，保护容易拒动作。

（2）两个判据会导致动作时间略长。

2.2　断路器本体的三相不一致保护

经断路器辅助触点判别断路器三相位置不一致则断路器三相跳闸。

2.2.1 优点

在断路器本体形成保护，受断路器外影响的环节少，动作速度快。

2.2.2 缺点

断路器辅助接点不可靠或回路接地短路会造成保护误动作。

3 案例及分析

3.1 案例

2014年某投运电厂220kV系统为户外GIS设备，2条送出线路断路器为分相操作机构，断路器不一致保护采用断路器本体三相不一致保护。该电厂断路器本体的不一致保护原理接线图如图2所示。

由于持续阴雨天气，2016年夏天，雨水渗入一条出线的A相断路器操作机构箱内，由于雨水浸湿，直流系统正、负极绝缘水平降低而接地短路，使得控制电源正极接通至KT继电器线圈，继电器动作，造成断路器本体的不一致保护动作，断路器跳闸；同时发出“断路器不一致保护动作”信号。

3.2 案例分析与解决策略

3.2.1 案例分析

（1）断路器三相并未真实不一致而不一致保护动作，应评价为误动作。

（2）A相断路器辅助接点由于雨水浸湿启动三相位置不一致延时继电器，这时未发出“断路器三相不一致”报警信号。

（3）国家电力调度通信中心于2005年11月发布的《国家电网公司十八项电网重大反事故措施》（试行）规定：“220kV及以上电压等级的断路器均应配置断路器本体的三相位置不一致保护。”“断路器三相位置不一致保护应采用断路器本体三相位置不一致保护。”该电厂断路器不一致保护采用断路器本体的保护，满足反措要求。

3.2.2 解决策略

（1）断路器三相不一致采用保护装置的不一致保护，则此次事故可以避免。

（2）使用KT继电器的瞬动接点将“断路器三相位置不一致”报警信号在断路器接点不正常时无延时发至NCS画面，此信号比“不一致保护动作”信号提前至少一个KT的延时，便于故障分析。

（3）断路器本体三相不一致保护引入负序电流及零序电流判据，同时满足接点判据及电流判据则出口跳开三相断路器，则可以避免此次事故发生。

4 结语

从现场设备运行情况可以得出以下结论：

（1）断路器三相位置不一致采用保护装置的不一致保护功能，能够在断路器三相位置不一致时可靠动作；在断路器辅助接点回路等直流控制回路异常时，不会误动作。

（2）现阶段实际应用中的断路器本体不一致保护有误动的隐患。

因此建议：①断路器三相位置不一致保护宜使用保护装置的不一致功能；②断路器本体不一致保护引入电流判据。

作者简介

贾建华（1972—　），女，山西阳泉人，本科，工程师，主要从事继电保护工作。E－mail：18835109769@163.com

水轮发电机组保护与励磁系统限制定值整定配合分析

王思良，王付金

（二滩水力发电厂，四川　攀枝花　617000）

【摘　要】　本文详细分析了水轮发电机组保护与励磁系统限制相关定值之间的配合整定关系与要求，结合桐子林水电站实际情况提出了两者配合整定的方法与详细步骤，为水轮发电机组保护与励磁系统定值合理配合整定提供了参考。

【关键词】　整定配合；励磁限制；失磁保护；定子过负荷；转子过负荷；过激磁

0　引言

水轮发电机组励磁系统和继电保护系统均独立配置，励磁系统一般配备完善的过励限制、低励限制、定子电流限制以及 U/f 限制等相关功能，保护系统则配置与之相对应的转子过负荷保护、发电机失磁保护、发电机定子过负荷保护、发电机过激磁保护等。励磁系统各限制功能出发点在于在保证安全的前提下进行合理及时的调节，将发电机维持在稳定运行状态；保护系统配置的原则是最大限度地保证发电机设备安全与系统的稳定运行，及时、正确地切除故障设备。因此，励磁系统限制调节功能与发电机保护功能应协调配合，通过合理整定，达到既充分发挥发电机励磁调节能力，又保障发电机设备安全与系统稳定运行的最终目的。

在许多工程实际中，励磁系统与继电保护系统分开整定、维护管理，缺乏统一的配合整定或校核方案，容易出现未进行统一校核的情形，甚至由于理解偏差而未实现配合或配合不当，给发电机及系统安全稳定运行带来较大隐患。《防止电力生产事故的二十五项重点要求》及《国家电网公司十八项电网重大反事故措施》等文件明确要求，应仔细检查和校核发电机失磁保护的整定范围和低励限制特性，应根据发电机允许过激磁的耐受能力进行发电机过激磁保护的整定计算，应与励磁调节器 U/f 限制相配合。因此，有必要从配合要求和工程实际整定计算上对发电机保护系统与励磁系统限制定值进行整定配合分析与研究。

1　保护与励磁系统限制定值整定分析

1.1　过励限制与发电机转子过负荷保护

过励限制器的作用是：在励磁调节器将增加励磁电流以维持机端电压的恒定时，为了防止转子绕组过热而损坏，当其电流越过一定的值时起作用，通过励磁控制系统综合放大回路输出一个减小励磁的调节信号，从而自动限制发电机励磁电流，降低发电机机端电压。过励限制允许励磁电流大于额定励磁电流，采用反时限特性曲线允许励磁系统在过励状态运行一段时间，使发电机可以在机端电压小幅下降时稳定运行。因此，过励限制启动定值应低于发电机转子绕组过负荷保护，同时还应满足强励动作的时间要求。同时，发电机制造厂家会给出发电机转子过负荷能力曲线。因此，励磁过励限制、发电机转子绕组过负荷保护、发电机转子过负荷能力三者时间应满足依次递增的关系。

1.2 低励限制与发电机失磁保护

发电机低励运行期间，其定子、转子间磁场联系减弱，发电机易失去静态稳定。为了确保一定的静态稳定裕度，励磁控制系统在设计上均配置了低励限制回路，即在一定有功功率下，无功功率滞相低于某一值或进相大于某一值时，在励磁控制系统综合放大回路中输出一个增加机端电压的调节信号，使励磁增加。限制无功功率，使机组在进相运行时不能超过限制曲线，因为当机组超出允许的运行范围时，机组将会失去稳定，为了保证机组的稳定运行。低励限制器必须在机组超过限制区之前将定子电压升高，以使机组运行点回到允许的允许范围之内。

发电机失磁故障是指发电机的励磁突然消失或部分消失。发电机发生失磁故障的常见原因有转子绕组故障、励磁机故障、自动灭磁开关误跳闸以及回路发生故障等。当发电机完全失去励磁时，由于发电机的感应电势随着励磁电流的减小而减小，因此其励磁转矩也将小于原动机的转矩，转子加速、功角增大。当功角超过静态稳定极限角时，发电机与系统失去同步。当发电机异步运行时，将对发电机及电力系统产生巨大的影响：发电机转子和励磁回路过热、系统的电压下降甚至崩溃。特别是对于水轮机，由于其异步功率较小，必须在较大的转差下运行，才能发出较大的功率；由于调速器不够灵敏、时滞大，可能在功率未达到平衡时就已超速，使发电机与系统解列；由于其同步电抗较小，异步运行时，则需要从电网吸收大量的无功功率；由于其纵轴和横轴不对称，异步运行时，机组振动较大等因素的影响，因此发电机不允许失磁。

1.3 定子电流限制与发电机定子过负荷保护

受原动机驱动极限、发电机制造工艺及系统动态稳定的制约，发电机正常运行时必须对定子电流进行限制。定子电流限制器针对发电机运行到超出额定有功功率的情况。当发电机输出功率超过额定有功功率时，定子电流限制将代替励磁电流限制，成为发电机容量的主要限制因素。

定子过负荷保护反映定子绕组的平均发热状况，一般配置为定时限报警、反时限跳闸。

1.4 *U/f* 限制与发电机过激磁保护

当发电机出口 *U/f* 值较高时，主变和发电机定子铁芯将过激磁，铁芯的工作磁密升高、铁损增加，导致设备绝缘损坏。为了避免这种现象，当 *U/f* 超过整定值时，通过过激磁限制器向励磁控制系统综合放大回路输出一个降低励磁的调节信号。发电机过激磁保护用于防止发生过激磁故障时造成设备损坏，同样采用 *U/f* 原理，一般配置有定时限与反时限保护。

2 实例配合分析

2.1 设备参数

桐子林水电站是雅砻江下游最末一个梯级电站，共装设 4 台单机容量为 150MW 的轴流转桨式水轮发电机组。发电机基本参数如下（$S_B=100$MV·A）：

发电机 $X'_d=0.1956$，$X_d=0.5652$，$X_q=0.3840$（取不饱和值）；主变 $X_T=0.073$；系统最小运行方式 $X_{s.max}=0.0162$；系统联系电抗（包括升压变压器电抗，对应于最小运行方式）$X_S=X_{s.max}+X_T=0.0892$。

2.2 过励限制与发电机转子过负荷保护配合分析

过流限制计算式为

$$T=\frac{A}{\left(\frac{I}{I_p}\right)^a-1}$$

式中：I 为转子电流标幺值，$1.1<I<2.0$；I_p 为长期运行值，取 1.1；a 为常数，$a=2$；A 为反时限常数，$A=23.0579$；T 为过励限制时间，$T_{Imax}=10$s。

发电机转子过负荷保护计算式为

$$T=\frac{C}{\left(\frac{I_{fd}}{I_{jz}}\right)^2-1}$$

式中：C 为转子绕组过热常数，56.89；I_{fd}为转子回路电流；I_{jz}为转子回路基准电流值，取保护装置生产厂家建议的 $I_{jz}=1.02I_{fdn}$。

发电机转子过负荷能力计算式为

$$T=\frac{150}{\left(\frac{I_f}{I_{fn}}\right)^2-1}$$

式中：I_f为转子回路电流；I_{fn}为转子回路额定电流值。

因此，三者配合关系如图 1 所示。

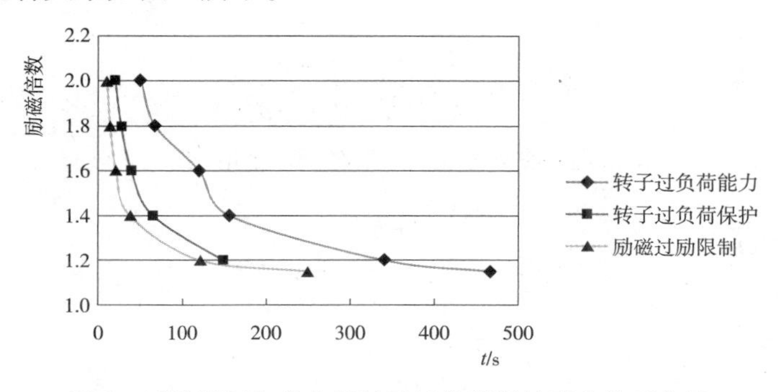

图 1 过励限制与发电机转子过负荷保护配合关系曲线

可以看出，励磁过励限制先于发电机转子过励保护动作，且在发电机转子过负荷能力范围内，满足要求。

2.3 低励限制与发电机失磁保护配合分析

桐子林水电站励磁系统的欠励限制特性曲线由 P/Q 限制、欠励侧定子电流限制和最小励磁电流限制三段曲线构成，其中 P/Q 限制用于防止发电机进入不稳定运行区域。可以用 6 个无功功率值对应 6 个有功功率水平（$P=0\%$，$P=20\%$，$P=40\%$，$P=60\%$，$P=80\%$，$P=100\%$）来设定限制曲线。在桐子林水电站安装调试中，完成了对 4 台机组的励磁系统欠励限制器的静态模拟试验和进相试验工作，得到限制曲线定值。6 点拟合曲线定值见表 1。

表 1　桐子林水电站励磁系统低励限制 6 点拟合曲线定值

序号	有功功率 P/MW	有功功率 P/p. u.	无功功率 Q/Mvar	无功功率 Q/p. u.
1	0	0	-65	-0.65
2	30	0.3	-60	-0.60
3	60	0.6	-55	-0.55
4	90	0.9	-50	-0.50
5	120	1.2	-45	-0.45
6	150	1.5	-40	-0.40

发电机失磁保护曲线和低励限制曲线的整定值在不同的平面上，即发电机失磁保护的阻抗曲线的整定计算位于阻抗平面，而励磁系统的低励限制曲线的整定计算位于功率圆平面。为便于分析和比较，将两者归算到统一的 $P-Q$ 平面上进行核算。

$P-Q$ 平面的动作特性与 $R-X$ 平面相关关系为

$$R=U^2P/S^2$$

$$X=U^2Q/S^2$$

相关研究资料表明，对于凸极发电机，静稳极限阻抗轨迹为滴状曲线（即苹果圆），可以用可靠包围苹果圆的圆来进行拟合，再映射至 $P-Q$ 平面，圆外为动作区。

静稳边界阻抗圆方程为

$$R^2+(X-X_0)^2=R_0^2$$

将 X、R 表达式代入可得

$$P^2+\left(Q-\frac{X_0U^2}{X_0^2-R_0^2}\right)=\left(\frac{R_0U^2}{X_0^2-R_0^2}\right)^2$$

因此，可靠包围苹果圆的静稳圆圆心 X_0、半径 R_0 可取为

$$X_0=-\frac{\dfrac{X_d+X_q}{2}-X_s}{2}=-0.1927$$

$$R_0=\frac{\dfrac{X_d+X_q}{2}+X_s}{2}=0.2819$$

失磁保护低电压判据整定为85V，因此按85%U_n将其映射至$P-Q$平面，则圆心和半径分别为（考虑10%~20%的静态稳定储备系数、5%~10%的参数误差及一定的可靠系数，即静稳圆坐标和半径的标幺值均除以1.4后得到有裕度的静稳圆）

$$Q_0=\frac{0.85^2X_0}{1.4\ (X_0^2-R_0^2)}=2.35$$

$$R'_0=\frac{0.85^2R_0}{1.4\ (R_0^2-X_0^2)}=3.44$$

低励限制与发电机失磁保护配合关系曲线如图2所示。

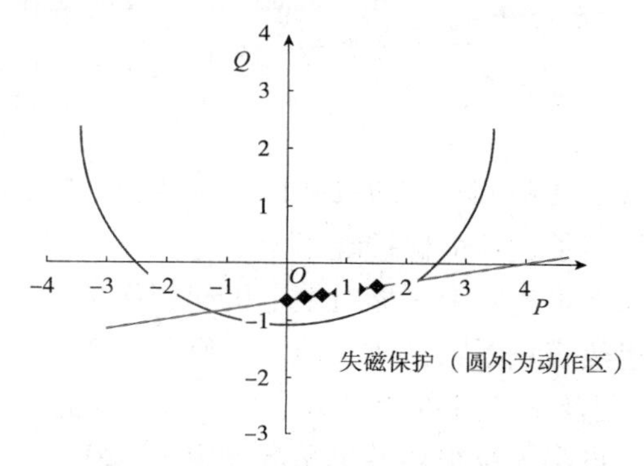

图2　低励限制与发电机失磁保护配合关系曲线

从图2中可以看出，在$P-Q$平面上，失磁保护静稳圆完全处于低励限制曲线下方，低励限制先于失磁保护动作，两者相互之间裕度合理、配合关系正确。当然，定值配合仅仅是从整定计算的角度考虑发电机低励限制与失磁保护的静态配合关系，即使静态配合关系正确，仍应考虑低励限制的动态行为及其影响，在发电机投运时进行进相试验时实际验证两者的配合关系。

2.4　定子电流限制与发电机定子过负荷保护配合分析

定子电流限制限制计算式为

$$T=\frac{A}{\left(\frac{I}{I_p}\right)^a-1}$$

式中：I为定子电流标幺值，$1.05<I<1.5$；I_p为长期运行值，$I_p=1.05$；a为常数，$a=2$；A为反时限常数，$A=46.1157$；T为过励限制时间，$T_{Imax}=60s$。

发电机定子过负荷保护公式为

$$T=\frac{K_{tc}}{I_*^2-K_{sr}^2}$$

式中：K_{tc}为定子绕组热容量系数，原整定计算取为150；I_*为以定子额定电流为基准的标幺值；K_{sr}为散热系数，$K_{sr}=1.02$。

发电机定子过负荷能力为

$$T=\frac{150}{\left(\frac{I}{I_n}\right)^2-1}$$

式中：I 为定子回路电流；I_n为定子回路额定电流值。

三者配合关系如图3所示。

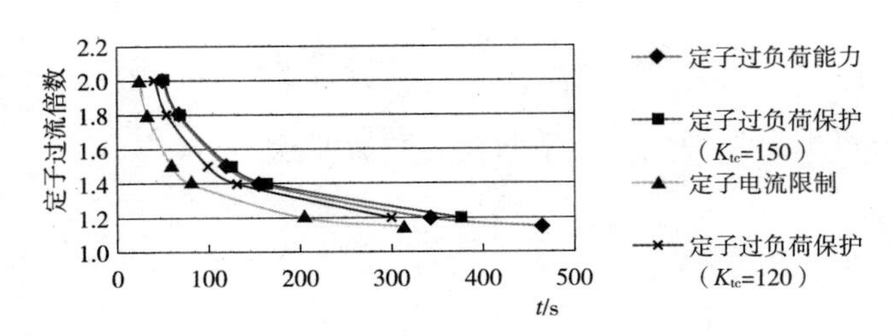

图3　定子电流限制与发电机定子过负荷保护配合关系曲线

从图3可以看出，虽然定子过负荷保护晚于定子电流限制器，但同时也晚于定子过负荷能力时间，因此定子过负荷保护实际上未能对发电机起到保护作用。因此，考虑与定子过负荷能力的配合，将定子绕组热容量系数 K_{tc} 取为120，则如图3所示，定子过负荷保护（K_{tc}=120）能与定子电流过励限制及定子过负荷能力合理配合。因此，基于三者配合关系，建议修改定子过负荷保护定值，将定子绕组热容量系数整定为120。

2.5　*U/f* 限制与发电机过激磁保护配合分析

U/f 限制采用定时限，*U/f* 限制恒比例整定值为1.06，过激磁保护反时限 *U/f* 启动整定值为1.1，6组定值为（1.25，10s），（1.20，55s），（1.15，295s），（1.13，720s），（1.12，960s），（1.10，1440s）。

根据制造厂家提供的发电机过激磁能力曲线，两者配合关系如图4所示。

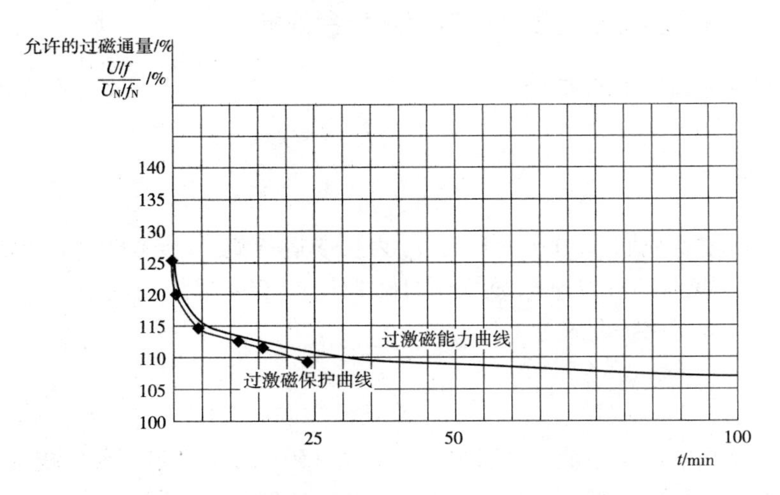

图4　桐子林发电机过激磁保护与过激磁能力配合关系曲线

显然，*U/f* 限制动作将早于过激磁保护动作，过激磁保护先于过激磁能力曲线要求的时间动作，满足配合要求。

3 结语

发电机组保护定值与励磁系统限制定值整定应进行配合关系核算，在发电机能力限制曲线范围内合理配合，保证发电设备与系统的安全稳定运行。本文对两者配合要求进行了分析，并结合实例计算提出了配合整定的方法与详细步骤，为水轮发电机组保护与励磁系统限制定值整定提供工程应用参考。

参考文献

[1] 王维俭，桂林，王雷，等. 发电机失磁保护定值整定的讨论 [J]. 电力自动化设备，2009，29 (3)：1-3.

[2] 刘伟良，荀吉辉，薛玮. 发电机失磁保护与低励限制的整定配合 [J]. 电力系统自动化，2008，32 (18)：77-80.

[3] 郭春平，余振，殷修涛. 发电机低励限制与失磁保护的配合整定计算 [J]. 中国电机工程学报，2012，32 (28)：129-132.

作者简介

王思良（1986— ），男，湖北黄冈人，工程硕士，工程师，从事水电厂继电保护与安全自动化设备技术管理工作。E-mail：siliangw@126.com

水轮发电机组振动摆度超标原因分析及处理

肖记存

（新疆新华波波娜水电开发有限公司，新疆　和田　848000）

【摘　要】　振动摆度是影响水轮发电机组安全稳定运行的重要因素之一，本文介绍了波波娜水电厂1号水轮发电机组振动摆度的超标问题，从水力因素、机械因素、电磁因素等原因进行了分析，并提出了相应的解决处理方案。机组大修处理后，1号水轮发电机振动摆度达到设计标准范围。

【关键词】　水轮发电机组；振动摆度；分析；处理

0　引言

水轮发电机组振动摆度超标会造成机组各连接部件松动，各转动部件与静止部件之间产生的摩擦力方向力矩增大，甚至导致转子扫膛而损坏；同时引发管线、部件受力疲劳，焊接部位形成裂缝并扩大至断裂，对水轮发电机的运行造成较大的危害，并影响机组的运行寿命。

1　概述

波波娜水电站为引水式发电站，布置三台悬式水轮发电机组。水轮机为立轴混流式，设计水头242m，设计出力50MW，设计流量23.47m^3/s，额定转速428.6r/min，飞逸转速700r/min，转轮标称直径2350mm，吸出高度-6m。发电机额定容量55.5556MVA，额定功率50MW，定子额定电流3054.7A，定子额定电压10.5kV，功率因素（滞后）0.85，额定频率50Hz，额定励磁电流655A，额定励磁电压235V，额定相数三相，额定转速428.6r/min，飞逸转速700r/min。发电机与水轮机各布置独立转轴，转轴面为法兰面并通过连轴螺栓打紧。

波波娜水电站1号水轮发电机组在大修前，上导摆度X方向为0.32mm，Y方向为0.25mm；下导摆度X方向为0.33mm，Y方向为0.19mm；水导摆度X方向为0.34mm，Y方向为0.18mm。按照相关规程规范要求，水轮机导轴承的绝对摆度不得超过30mm，1号水轮发电机组摆度超标，已威胁机组安全稳定运行。

2　原因分析

水轮发电机组产生振动摆度是由转动部分不平衡造成的，其中主要包括水力不平衡、机械不平衡及电磁不平衡三类。根据1号水轮发电机组运行工况及振动摆度实测数据分析，机组空转工况下，下导摆度较大，上导及水导摆度较为理想；空载及带负荷工况下，下导摆度略微增大，上导及水导摆度增大较多。根据上述实测数据分析，导致振动摆度超标的主要原因应从以下方面分析。

2.1 水力因素

造成水轮发电机组振动摆度的水力因素主要有：过流部件存在气蚀或磨蚀现象；流道中卡有块石、木屑等杂物；导叶开度不均衡引起转轮压力分布不均衡；转轮室密封不均匀，动环与定环之间存在偏心；转轮止漏环偏心水流分布不均。

2.2 机械因素

造成水轮发电机组振动摆度的机械因素主要有：水轮发电机连轴不同心及各部导轴承瓦间隙超过设计值，引起机组轴线不对中；推力头中心线与大轴中心线不重合或镜板下绝缘胶木板厚薄不一致（不均质），定子机座及上机架机座不水平等，引发机组轴线不正；转子本体质量不平衡产生旋转不平衡力。

2.3 电磁因素

造成水轮发电机组振动摆度的电磁因素主要有：转子磁极、磁极键及磁极撑块松动；定子、转子相间不平衡及匝间短路；定子、转子空气间隙不均匀。

3 处理方法

针对上述分析及机组运行工况，根据2号、3号机组振动摆度超标处理经验，处理的重点应在过流部件气蚀磨蚀、导轴承瓦间隙、转子磁极、磁极键及磁极撑块松动等方面。这些缺陷处理必须在机组大修中完成，2016年3月电厂对1号水轮发电机组进行了大修。

3.1 水力部分平衡检查

水轮机过流部件无任何杂物，泄水锥、转轮完好，无零件脱落现象；导叶本体及导叶上下端面（顶盖下端面、底环上端面）抗磨板有轻微气蚀磨蚀现象（最大深度1mm）；导叶部分端面（最大1.8mm）、立面间隙（最大1.35mm）超过设计值，转轮整体下沉2mm。由以上检查可知，水轮机水力部分存在不平衡现象，是造成机组振动摆度超标的原因之一。

3.2 机械部分平衡检查

拆机后对水轮发电机组机械部分进行了全面检查，定子、上下机架及导轴承瓦座等各部结构完好；对水轮发电机连轴盘车、推力轴承受力测试及定子水平测试，机组轴线及定子水平均满足规程要求，转子动平衡铁块完好，转子本体无零部件脱落。通过以上检查，未发现异常现象，说明机组机械部分平衡满足要求。

3.3 电磁部分平衡检查

电磁平衡检查主要包括对定转子空气间隙、电气试验及转子磁极松动的检查。对发电机定转子上、下端空气间隙进行测量，空气间隙基本均匀，各气隙与平均气隙之差未超过平均气隙值的10%，满足设计及规程要求；定子电气试验合格，转子绝缘值0.4MΩ，低于标准值0.5MΩ，为了判断转子各磁极的绝缘情况，进行了匝间和阻抗试验，确认转子1号、13号磁极匝间短路；对转子本体进行检查，发现90%磁极键出现松动，所有磁极撑块均出现松动现象。通过以上检查，磁极键、磁极撑块松动及磁极匝间短路造成电磁部分不平衡，是引发机组振动摆度的主要原因。

4 处理过程

4.1 水轮机及其过流部件

对导叶及导叶上下端面抗磨板等气蚀磨蚀部位进行补焊打磨抛光处理，处理面无高点毛刺；调整推力瓦抗重螺栓，使转轮整体上移2mm；调节导叶轴套定位螺栓及调速器压紧行程，使导叶立面、端面间隙满足规程要求。

4.2 发电机转子检修处理

4.2.1 转子磁极键及撑块处理

在转子松动的磁极键中垫入0.50mm磁极垫片，并且打紧后连焊。在磁极撑块松动的撑块中加入2~4mm羊毛毡，并在锁紧磁极撑块螺栓上加入10~18mm的垫铁，锁紧磁极撑块螺栓，然后用保险片锁定。磁轭锁紧螺母有裂纹的用焊条重新焊接。

4.2.2 转子磁极匝间短路处理

将转子1号、13号磁极拆出。拔出线圈，经称重1号磁极线圈449.1kg，13号磁极线圈450.9kg，更换新线圈后1号448.9kg、13号451.2kg，重量均符合设计规范要求。更换线圈后，经反复测量，将1号磁极垫的2片1mm磁极垫片、13号磁极垫的1片0.50mm磁极垫片挂装；挂装后调整磁极高程，调整完毕后使用磁极键然后打紧。打紧后将上、下引出线与相邻磁极引出线对接，用铜套压紧，然后使用松香与锡用烫金棒烫锡，内部使用云母带包扎，外部用玻璃丝带包扎；包扎完毕在外面涂上一层环氧树脂，然后将磁极撑块安装撑紧。回装后重新做匝间、阻抗以及绝缘试验，试验数据均符合设计规范要求。

4.3 盘车

为了检验发电机与水轮机轴线与机组中心是否重合，同心度是否满足规程要求，需要通过盘车进行大轴垂直度、发电机与水轮机同心度、镜板与大轴垂直度等检验。为了检验并调整连轴法兰结合面处的连接质量，先进行发电机轴盘车。在上导轴承$+X$、$-X$、$+Y$及$-Y$方向各选一块瓦做支撑，瓦与大轴间隙保持在0.03mm内，以保持盘车时轴瓦不摩擦大轴为宜。按照机械盘车的方法，在上导、下导及连轴法兰处的$+X$、$-X$、$+Y$及$-Y$方向各设置一块百分表，检测以上部位的垂直度。如上导、下导处垂直度不合格，按照下导盘车数据可对推力轴承绝缘胶木板进行厚度研磨，直至上导、下导处垂直度合格。然后进行发电机与水轮机连轴盘车，如下导、水导处垂直度不合格，按照上导、下导盘车数据可在连轴法兰面处加垫1mm左右薄铜片，直至上导、下导及水导处垂直度合格。为了掌握翔实的盘车数据，增加盘车摆度测点，在上导、推力头、下导、连轴法兰及水导测点设置百分表测量。最终盘车数据见表1。

表 1　　最终盘车数据　　单位：$\times 10^{-2}$mm

盘车点	1	2	3	4	5	6	7	8
上导	1	−1	0	−0.5	−1	−0.5	−1	−1
全摆度	2	−0.5	−1	0.5				
净全摆度	0	2	−0.5	0				
下导	1.5	1.5	−0.5	1.5	3.5	0	0	1
全摆度	2	1.5	0.5	0.5				
净全摆度	1	3.5	3.5	3.5				
水导	8	8	0	4	5	3	4	8
全摆度	3	5	4	4				
净全摆度	1	5.5	3	3.5				

1 号水轮发电机组完成大修后，机组在空转、空载及带负荷状态下的摆度均达到规程要求。大修前和大修后的具体数据见表 2。

表 2　　大修前和大修后具体数据对比　　单位：$\times 10^{-2}$mm

工况	位置	上导		下导		水导	
		大修前	大修后	大修前	大修后	大修前	大修后
空转	X	20	7	29	7	18	8
	Y	11	8	12	7	8	7
空载	X	29	8	28	8	31	9
	Y	20	8	16	8	15	7
满负荷	X	32	9	33	9	34	9
	Y	25	8	19	8	18	8

5　结语

水轮发电机组振动摆度超标是水力、机械及电磁因素的耦合影响，通常来源于电磁不平衡，大的电磁不平衡力的产生与转子磁极及磁极键的各种缺陷有关。处理振动摆度的主要方式是根据机组的运行工况及实测数据，针对振动摆度现象及特点，采取合理的方法进行检修处理。波波娜水电厂 1 号水轮发电机组振动摆度超标的处理就是从诸多影响因素中分析判断，找到振动摆度超标的根源，并有针对性地进行处理，使机组振动摆度满足安全稳定运行要求。

参考文献

[1] DL/T 838—2003 发电企业设备检修导则 [S]. 沈阳：辽宁教育出版社，2003.
[2] 陈造奎. 水力机组安装与检修 [M]. 3 版. 北京：中国水利水电出版社，1998.
[3] 刘万军，黄海均. 二滩水电站机组轴线调整 [J]. 四川水力发电，2000，19 (2)：55-60.

作者简介

肖记存（1984— ），男，河南唐河人，本科，主要从事发电厂安全技术管理工作。E-mail：1505468537@qq.com